消防工程数值模拟与仿真：

PyroSim+Pathfinder

黄有波　杨　凯◎主　编
董炳燕　吕淑然◎副主编

化学工业出版社

·北京·

内容简介

本书结合作者多年的教学和培训实践，在介绍火灾仿真软件和人员疏散模拟软件算法原理及参数设置影响因素的基础上，全面讲解了 FDS、PyroSim、Pathfinder 等各类型典型消防仿真软件的操作与应用技术。全书内容编排紧密结合安全工程、消防工程、建筑安全工程教学需要和特点，选材新颖，注重实用，循序渐进，便于读者学习掌握。

本书可作为高等院校安全工程、消防工程、建筑工程专业本科、研究生的教材，也可供广大安全、消防科技工作者使用。

图书在版编目（CIP）数据

消防工程数值模拟与仿真：PyroSim+Pathfinder /
黄有波，杨凯主编. —北京：化学工业出版社，2024.5
ISBN 978-7-122-45228-3

I. ①消… II. ①黄… ②杨… III. ①消防-工程-数值
模拟②消防-工程-仿真 IV. ①TU998.1

中国国家版本馆 CIP 数据核字（2024）第 055003 号

责任编辑：刘丽宏　　　　　　　　文字编辑：侯俊杰　温潇潇
责任校对：王　静　　　　　　　　装帧设计：王晓宇

出版发行：化学工业出版社
　　　　　（北京市东城区青年湖南街 13 号　邮政编码 100011）
印　　装：河北延风印务有限公司
787mm×1092mm　1/16　印张 16½　字数 440 千字
2025 年 1 月北京第 1 版第 1 次印刷

购书咨询：010-64518888　　　　售后服务：010-64518899
网　　址：http://www.cip.com.cn
凡购买本书，如有缺损质量问题，本社销售中心负责调换。

定　　价：69.80 元　　　　　　　版权所有　违者必究

前言

在各种灾害中，火灾是普遍威胁公众安全和社会发展的主要灾害之一。据统计，全球每天发生火灾 1 万余起，日均致死 2000 多人，伤 3000-4000 人。经国家消防救援局统计，2023 年上半年全国共接报火灾 55 万起，死亡 959 人，受伤 1311 人，直接财产损失 39.4 亿元。以上数据表明，火灾给国家和人民群众的生命财产造成了巨大的损失，总结以往造成群死群伤及重大经济损失的特大火灾教训，最重要的是要增强火灾烟气的探测能力和提高人员火场疏散与逃生的能力。

一旦火灾发生，火场人员会因吸入火灾烟气而窒息或中毒死亡，但只要消防系统设置合理，火场人员冷静运用火场自救知识就能顺利逃生。同时，火灾发生时的逃生个体会出现恐慌、从众等心理，逃生时经常出现一个出口拥挤不堪，而另一个出口却无人通过的低效率现象。因此，利用数值模拟软件可以得到一系列有关烟气、温度、毒气等相关参数，以此为依据对实际工程进行性能化设计，以保证一旦火灾发生，热烟气和毒气浓度能控制在安全范围内，从而避免威胁群众生命安全。此外，还可以借助数值模拟软件模拟应急疏散恐慌人群行为，优化人群逃生空间，根据工程仿真结果，设计有效的疏散和干预方法，有助于减少群体恐慌行为造成的经济损失和人员伤亡。

此外，笔者在教学和实践中发现，学生及工程人员对火灾动态仿真及人员疏散仿真学习热情高，渴望了解火灾仿真和人员疏散仿真的理论基础。为满足安全工程、消防工程、建筑安全工程以及制定疏散应急演练教学、科研及设计的需要，结合笔者多年教学实践和科研工作编写了本书。

全书内容结合安全工程、消防工程、建筑安全工程教学需要和特点，介绍了火灾仿真的基本控制方法、火灾模型、消防系统、疏散仿真模型等基础理论；书中以 PyroSim 及 Pathfinder 的流行版本为基础，重点说明了 PyroSim 和 Pathfinder 数值模拟操作，结合火灾仿真案例对软件应用做了详尽解读。

PyroSim 是由美国 Thunderhead Engineering 公司研发的火灾动态模拟仿真程序，其计算核心为 FDS（Fire Dynamic Simulation）。Pathfinder 是一套由美国 Thunderhead Engineering 公司研发的简单、直观、易用的新型智能人员紧急疏散逃生评估系统，其涵盖了 SFPE 人员疏散算法和 Steering 算法模式，精确每个个体特征及疏散行为。

本书可作为高等院校安全工程、消防工程、建筑工程专业本科、研究生的教材，希望本书的出版有助于我国安全工程、消防工程、建筑安全工程的人才培养。

本书由重庆科技大学黄有波、董炳燕，北京石油化工学院杨凯和首都经济贸易大学吕淑然结合多年的研究与应用实践撰写而成。全书共 9 章，第 1～6 章主要由黄有波、董炳燕编写，第 7～9 章主要由杨凯、吕淑然编写。黄有波负责总体书稿编写方案的制定和实施，刘茜、汪彬、罗成佳、廖梓富、王若彤、翟曼如、吴昊在数据处理、模型分析及具体内容编写等方面做了大量工作，李炎锋教授、李嘉欣博士、许德胜博士、苏枳鹤博士对本书的编写提供了很多建议和帮助。此外，本书的出版还得到了北京环中睿驰科技有限公司的协助，北京环中睿驰科技有限公司提供了 PyroSim（2024）试用版。在此谨向参与此书编写和出版工作的个人和单位表示衷心的感谢。

　　由于作者水平有限，书中不足之处在所难免，敬请广大读者批评指正。

编者

欢迎加作者微信
交流技术问题

目录

第1章
概述

1.1 消防工程仿真发展现状

火灾防控是日常生活中的重中之重。随着技术的发展,消防安全仿真成了一种引人注目的技术和方法。消防安全仿真利用数值模拟技术,通过数学模型分析火灾中的数值变化和有可能突发的情况,做到更好地现场预测和安全防护。通过数值模拟技术可大幅度减少对模拟火灾过程中各种人力、物力、财力的投入,只需要掌握数据模型就可以做到比实际测试更高效和安全的数据采集。当前,数值模拟技术已经在消防指挥、火灾事故调查、消防安全评估和防火设计等过程中得到了广泛的应用。

1.1.1 火灾烟气模拟技术

随着计算机技术的不断进步,火灾烟气模拟技术在消防工程中得到了广泛应用和快速发展。火灾烟气模拟是指利用计算流体力学(computational fluid dynamics,CFD)等方法对火灾发生后的烟气运动、热力学变化和气体浓度分布进行模拟和预测的过程。通过火灾烟气模拟技术,消防工程师可以更准确地评估火灾的发展趋势、火灾烟气对人员安全的影响以及烟气扩散路径。通过火灾烟气数值模拟,有助于确定合适的疏散通道、设计有效的排烟系统,并为火灾现场的指挥决策提供科学依据。

在当前的消防工程实践中,存在多种火灾烟气模拟技术和模拟软件。这些技术和软件基于不同的理论模型基础开发得出,当前用于火灾烟气模拟的主要理论模型包括以下几类。

(1)经验模型 经验模型是一种简化的火灾烟气模拟方法,主要基于历史火灾数据和实验结果,建立一系列与火灾特性相关的经验公式和规则。常见的经验模型软件包括 FDTs(fire dynamic tools)、FIVE-Rev1 等。这些软件通过输入一些火灾参数,如火源大小、材料特性和房间几何结构等,可以预测火灾的烟气浓度分布和烟气扩散路径。它适用于相对简单的火灾场景,用于快速评估和初步设计。由于经验模型忽略了复杂的火灾烟气传播和热力学过程,因此计算速度较快,能够迅速得出初步结果。然而,经验模型的适用性有一定限制,主要适用于某些特定类型的火灾,如较小的单室火灾。

(2)双区域模型 双区域模型是一种常用的火灾烟气模拟方法,将热烟气层和冷空气层划分为两个独立的区域,分别模拟它们的烟气传播和热力学变化。常见的双区域模型软件包括 CFAST(consolidated fire and smoke transport)和 MAGIC(model of atria gas-phase fire and indoor air flow with combustion)等。这些软件在建筑火灾分析和排烟设计中得到广泛应用。

(3)场模型 场模型是一种基于计算流体力学原理的精细化火灾烟气模拟方法,它模拟火灾场景中的燃烧、烟气传播和热力学过程。该模型通过数值求解控制方程(如 navier-stokes 方程)来描述火灾场景中的流体运动和热传递。场模型的精细化模拟能力使其可以考虑更多复杂因素,如建筑几何形状、材料特性、燃烧化学反应等,并实时模拟火灾烟气的动态变化。常见的场模型软件包括 FDS（fire dynamics simulator）、Fluent、CFX 和 Flacs 等。

随着消防仿真技术的不断推进和计算能力的提升，火灾烟气模拟软件的精度和可靠性也在不断提高。消防工程师可以根据不同的火灾场景和模拟要求，选择合适的火灾烟气模拟方法和软件工具，为火灾风险评估和防控措施的制定提供科学支持。同时，不断深入的火灾烟气模拟理论研究也将进一步推动消防工程的发展，提高火灾安全性，保护人员生命财产安全。

1.1.2　人员疏散模拟计算

人员疏散模拟计算是在火灾烟气模拟技术的基础上，针对火灾场景中人员疏散行为规律进行研究的过程，并采用数学模型进行规律描述。20 世纪初的火灾中人员疏散行为研究初期，多采用观察描述、访问研究等定性分析的方法。然而，随着计算机技术的快速发展，火灾中人员的行为研究在 20 世纪 80 年代中期开始进入计算机模拟研究阶段。国内外研究人员运用网络技术、虚拟现实等技术手段，开发了许多火灾中人员应急疏散行为的计算机模型，这些模型通常在二维或三维建筑空间中进行模拟，以模拟真实火灾场景中人员的疏散行为。

人员疏散模拟计算的研究是建立在对人在正常情况和紧急情况下运动的量化研究基础之上，国内外的研究人员开发了一系列各具特色的人员逃生模型，这些模型有其各自的适用场所。根据逃生模型的应用特征，人员疏散模型可分为优化类模型、模拟类模型和风险评估类模型。

（1）优化类模型　优化类模型假定人员疏散是按照最有效的方式进行，忽略了外部环境和人员的其他非疏散行为。这类模型主要关注最短的疏散时间和最优的逃生路径，对疏散策略进行优化设计。

（2）模拟类模型　模拟类模型可以表现实际的疏散行为和运动，不仅能得到较为准确的结果，也能较真实地反映疏散时所选择的逃生路线和所作的决定。这些模型通常基于较为复杂的行为规则和物理参数，能够更加真实地模拟火灾中人员的行为。

（3）风险评估类模型　风险评估类模型能对事故风险进行量化，并通过多次重复模拟估算人员疏散中相关的统计数据。这类模型常用于对火灾安全评估和风险管理，以指导消防设施的优化配置和火灾预防措施的制定。

除了按照应用特征分类，人员疏散模型还可以根据模型中人员的行为决定方法进行划分，包括无行为准则模型、函数模拟行为模型、复杂行为模型、基于行为准则的模型和基于人工智能的模型。

（1）无行为准则模型　无行为准则模型完全依赖人群的物理运动和建筑空间的物理表达来决定人员的疏散情况并作出相应的预测和判断。这类模型通常简单易用，适用于一般情况下的疏散模拟。

（2）函数模拟行为模型　函数模拟行为模型中，人的运动和行为完全由单个或者一组方程控制，人员的运动和行为也可根据这些方程进行修正。这些模型对人员的行为进行较为精确的建模，能够模拟人员在紧急情况下的反应。

（3）复杂行为模型　复杂行为模型并不明确表示人员的行为决定准则，而是通过一系列统计数据（心理和社会的影响）含蓄地处理人员的行为。这类模型综合考虑人员的心理特征和社会影响，能够更好地模拟人员在紧急情况下的复杂行为。

（4）基于行为准则的模型　基于行为准则的模型则明确承认人员具有个体特性，允许人员按照事先确定的行为准则来做出决定和运动，这些准则将在一些特殊场合下起作用。这类模型更贴近真实人员的行为，对于特定场景的模拟更为准确。

（5）基于人工智能的模型　基于人工智能的模型将人员设计成能对周围环境进行智能分析的智能体，从而准确地表现模型中人员的决定过程。这些模型在模拟人员的智能行为和决策方面具有优势，但计算复杂度较高。

最后一种分类方法基于模型物理空间的模型方法，将模型分为粗糙网络模型、精细网络模型和连续性模型（社会力模型）三类。

（1）粗糙网络模型　粗糙网络模型不注重详细的建筑布局和大小，采用每个网格节点都可以表示一个房间或走廊的方式，并按照建筑中的实际情况，用代表出口的弧线将这些网格节点连接起来，弧线上的权值表示该出口的疏散能力。这类模型常用来模拟高层建筑的疏散，适用于对大规模建筑进行整体疏散模拟。

（2）精细网络模型　精细网络模型将建筑平面空间划分为瓦片状的网格或者网点，可以准确地表示建筑平面空间的形状及其内部障碍物的位置。在疏散模拟过程中，任一时刻模型中的每个人都有准确的位置信息，这使得模拟更为真实和精细。这类模型适用于对建筑内部空间复杂的场所进行疏散模拟，如商场、医院等。

（3）连续性模型　连续性模型基于多粒子自驱动系统的框架，假定人员个体具有思考和对周围环境作出反应的能力。它使用一般的力学模型来模拟步行者恐慌时的拥挤动力学，更加注重个体行为的细节和复杂性。然而，由于模型的复杂性，连续性模型需要花费大量的计算时间，计算效率较低，因此在实际应用中往往用于特定的研究场景。

综上所述，人员疏散模拟计算是火灾烟气模拟技术的重要补充，通过对人员逃生行为规律的研究，可以为消防工程提供科学依据和决策支持。根据逃生模型的不同分类方法，可以选择合适的模型来模拟特定场景下的人员疏散行为，从而有效地优化建筑的疏散设计和火灾应急预案。随着计算机技术的不断进步，人员疏散模拟计算将在消防工程领域发挥越来越重要的作用，提升火灾安全性和保障人员的生命安全。

目前，各国已发展了多种计算机避难计算模型，各种不同模型具有不同的设计理念、假设条件、适用场合、操作方式及输入输出参数值的差异。表1-1列出了一些国际上常用的人员疏散计算模拟软件，它们在消防工程领域扮演着重要的角色。

表1-1　常用的人员疏散计算模拟软件

软件名称	开发者	应用特征	数理方法
Pathfinder	Thunderhead Engineering公司	适用于评估建筑物内部、公共场所和火灾应急疏散的效率和安全性。它模拟人在火灾等紧急情况下的运动和行为，帮助确定合适的疏散通道和优化疏散计划	模拟
FDS+Evac	National Institute of Standards and Technology（NIST）	适用于模拟火灾对人员行为的影响，评估建筑疏散策略和设计防火安全方案	模拟
STEPS	University of Greenwich 等	适用于地铁站、机场等公共场所的人员疏散分析。它可以模拟人员在火灾、爆炸等紧急情况下的疏散行为，评估建筑物内部的疏散可达性和安全性	模拟
EXODUS	NIST	适用于人员疏散分析，主要用于评估建筑物、船舶、飞机等紧急情况下的人员疏散效率和安全性	模拟
Simulex	BRE 公司	适用于建筑物疏散模拟，用于评估建筑物内部的人员疏散效率和应急疏散计划的有效性	模拟
MassMotion	Oasys 公司	适用于模拟人员疏散和拥挤分析的软件，广泛用于车站、体育场等场所的人员疏散模拟	模拟
Fire Dynamics Simulator（FDS）	NIST	模拟火灾发展、烟气传播、温度变化等。是建模工具 PyroSim 的运算程序包，虽然不是专门的人员疏散软件，但可以与 Evac 等人员疏散软件联合使用	模拟
EvacuationSIM	IES 公司	适用于建筑物和公共场所的人员疏散分析。它能够模拟人员在火灾、紧急事件等情况下的疏散行为，帮助优化建筑物的疏散计划和安全策略	模拟

软件名称	开发者	应用特征	数理方法
Pathfinder Toolkit	Thunderhead Engineering 公司	适用于进一步优化建筑物的疏散计划和安全策略。它提供了更多的分析和模拟选项，以满足复杂场景下的需求	模拟
STEPS+	Arup 公司	适用于更精确地模拟建筑物内部的人员疏散行为。它支持更复杂的建筑结构和更真实的人员行为建模	模拟
SIMULEX-PLATFORM	BRE 公司	适用于模拟更大规模的建筑物内部人员疏散情况。它适用于复杂的建筑空间，如购物中心、展览馆等	模拟
EVACNET+	Thunderhead Engineering 公司	EVACNET+是一款用于室内人员疏散模拟的软件，广泛用于地铁站等场所的人员疏散分析	最佳化
PedGo	Mott MacDonald 公司	评估人员疏散的效率和安全性，为建筑物的疏散策略提供支持	模拟
EgressMaster	Arup 公司	用于评估地铁站、体育场等场所的人员疏散效率和安全性。它提供高级分析功能，支持复杂场景下的疏散模拟和优化	模拟
EVAC	Thule Institute 等	用于模拟建筑物、船舶和其他场所的疏散情况。它可以帮助评估建筑物内部的疏散路径和安全出口的需求	模拟
Legion	Oasys 公司	适用于人员疏散模拟的软件，可用于评估车站、体育场等公共场所的人员疏散效率和安全性。它支持复杂场景下的疏散分析和优化	模拟
SmartMove	Schranner AG	适用于室内人员疏散模拟的软件，广泛用于购物中心、展览馆、体育场等场所的疏散分析。它可以模拟人员在火灾等紧急情况下的运动和行为	模拟
ExodusFP	Integrated Environmental Solutions（IES）公司	评估人员疏散的效率和安全性，支持优化建筑物疏散策略	模拟
PAX-it	PAX-it 公司	适用于室内人员疏散模拟的软件，广泛用于车站、体育场等场所的疏散分析	模拟
FASTVENT	Dr. Peter Steenbergen	适用于火灾烟气模拟和人员疏散模拟的软件，主要用于评估建筑物内部的火灾蔓延和人员疏散的效率和安全性	模拟

1.2　消防仿真理论研究现状

在消防工程领域，消防仿真理论是实现火灾预防、安全评估和疏散规划的重要工具。随着计算机技术的发展和仿真软件的成熟，越来越多的研究机构和学者致力于消防仿真理论的研究和应用。目前，消防仿真理论已经取得了显著的进展，并在消防工程实践中得到广泛应用。

火灾模型理论是消防仿真理论的核心之一。研究人员通过对火灾燃烧过程的物理特性和行为规律的深入探索，建立了一系列火灾模型，包括燃烧模型、辐射传热模型、烟气生成模型和火焰形态模型等。这些模型基于热力学和燃烧科学原理，可以模拟火灾的热辐射、烟气浓度分布和火焰形态等参数，为火灾的预测和控制提供重要依据。

人员疏散模型理论是消防仿真理论的另一个关键领域。人员疏散模型研究人的行为决策和疏散过程，包括代理模型、行为模型和运动规则等方面的研究。这些模型考虑了人员的运动速度、行为决策、避让行为等因素，并根据环境和其他人员的动作进行调整。通过模拟大量人员的行为和决策过程，可以预测人的疏散路径、时间和密度等关键参数，为建筑物内人员的安全疏散提供科学依据。国内外学者还研究了人员疏散与建筑物结构、疏散通道设计等因素的关联性，提出优化建筑物设计和疏散策略的方法，以最大限度地提高人员疏散效率和安全性。随着对人类行为和认知过程的深入理解，人员疏散模型的精度和可靠性不断提高。

此外，烟气运动模型理论和通风模型理论也对消防仿真起着重要作用。烟气运动模型研究烟气在建筑物内的传播和排出过程，考虑了烟气的温度、速度、密度和浓度等因素，可以模拟烟气的传播路径、烟层形态和浓度分布等参数。通风模型研究建筑物内的气流运动、压力分布和通风效果，考虑了建筑物的通风系统、气流路径和排风口位置等因素，可以模拟建筑物内的气流速度、压力分布和通风效率等参数，美国 Thunderhead Engineering 专门研发了一款用于建筑通风压力检测的三维仿真模拟软件 Ventus，用以检测中庭、楼梯及地下空间建筑等空间内的通风压力分布。这些模型的应用可以帮助优化建筑物的通风设计，提高火灾控制和人员疏散的效果。

当前，消防仿真理论的研究正处于不断深入和发展的阶段。研究人员致力于提高消防仿真模型的精度和准确性，结合实际火灾案例和实验数据进行验证和改进。同时，随着大数据、人工智能和虚拟现实等新兴技术的兴起，消防仿真理论正朝着更加综合、精细和可视化的方向发展。这将为消防工程提供更全面、可靠和有效的工具，为火灾安全和人员疏散提供更好的保障。

1.3 消防仿真软件概述

在消防工程领域，仿真软件被广泛应用于模拟和分析火灾事件、烟气传播、热辐射以及消防系统的效果等方面。消防仿真软件能够基于计算流体动力学（CFD）等数值模拟方法，模拟火灾的发展过程、烟气的输运路径和温度变化等参数，以评估火灾对建筑物和人员的影响，并优化消防策略和设计。

1.3.1 火灾烟气模拟软件

火灾烟气模拟软件是一类用于模拟和分析火灾事件中火焰、烟气和热传输等过程的计算工具。这些软件基于计算流体动力学（CFD）和火灾科学原理，通过数值模拟方法来预测火灾的发展、烟气传播和热辐射等现象。火灾烟气模拟软件在消防工程、建筑设计、火灾安全评估和应急规划等领域具有重要应用价值，以下对常见火灾模拟软件做简要分析。

（1）CFAST　CFAST（consolidated fire and smoke transport）是由美国国家标准与技术研究所（NIST）开发的火灾和烟气传输模拟软件，属于双区域模型软件。CFAST 是一种工程级的火灾模拟工具，旨在模拟建筑物内火灾的发展和烟气传输过程。该软件基于物理原理和经验公式，可以估算火灾的发展速率、烟气生成和传播、温度变化以及热辐射等参数。它考虑了建筑物的几何形状、材料特性、通风系统和火灾特征等因素，并提供了一个相对简化的建模界面，使用户能够相对容易地进行火灾模拟。

CFAST 可用于评估建筑物的火灾安全性，包括烟气积聚和疏散、热辐射对人员和设备的影响以及火灾扩散对结构的影响。它被广泛应用于建筑物设计、火灾风险评估、消防系统规划和火灾调查等领域。CFAST 的特点之一是其相对简化的模型和用户友好的界面。它提供了一个直观的图形界面，使用户可以方便地设置建筑物参数、火灾场景和模拟参数，并可视化显示模拟结果。这使得用户可以快速进行初步的火灾模拟和评估。

需要注意的是，CFAST 是一种简化的火灾模拟工具，适用于相对简单的火灾情景。对于复杂的火灾问题，如大型建筑物或特殊火灾特征，可能需要使用更复杂的 CFD 软件来进行详细的模拟。

（2）PHOENICS　PHOENICS（parabolic hyperbolic or elliptic numerical integration code series）是一款商业化的 CFD 软件，其名称代表对抛物型、双曲型和椭圆型方程进行数值积分的系列程序。PHOENICS 的基本算法，如 SIMPLE 方法和混合格式，是由软件创始人 Spalding（英国学者）和 Patankar（美籍印度学者）等提出的。这些算法在 20 世纪 70 年代就被广泛应用于热流问题求解。PHOENICS 软件由英国的 CHAM 公司开发，首个版本于 1981 年发布。随着时间的推移，PHOENICS 发展成为一款功能强大的通用 CFD 软件，可用于模拟流体流动、传质传热、化学反应和燃烧等过程。

PHOENICS 采用有限容积法对偏微分方程进行数值求解。离散格式包括一阶迎风、混合格式和 QUICK 等。在压力与速度的耦合求解中，采用了 SIMPLEST 算法。此外，PHOENICS 还支持整场求解和点迭代、块迭代等方法，以及块修正技术以加速收敛。在湍流模拟方面，可选择使用零方程模型、低 Reynolds k-ε模型、RNG k-ε模型等。

PHOENICS 软件在众多领域有广泛的应用。软件自带了 1000 多个算例，并提供完整的输入文件，可以方便用户参考和应用。CHAM 公司将 PHOENICS 的应用范围总结为从 A 至 Z，涵盖了空气动力学、燃烧器、分离器中的分离、管道内流动、电子器件冷却、消防工程、地球物理研究、换热器、叶轮中的流动、射流、炉室中的传热、肺部中的流动、浇铸中的充填过程、喷嘴中的流动、油膜运动、尾流的扩散、空气质量、火箭、搅拌箱中的流动、浇口漏斗中的流动、城市污染预测、直升机流场分析、湿式冷却塔流场分析、降低燃烧中 NO$_x$ 排放等领域。

（3）FLUENT　FLUENT 是一款由美国 FLUENT Inc 于 1983 年推出的基于有限容积法的通用 CFD 仿真软件。它具有广泛的物理模型，能够快速准确地进行 CFD 分析，并在航空航天、航海、石油化工、汽车、能源、计算机/电子、材料、冶金、生物、医药等领域得到广泛应用。FLUENT 公司成为占据最大市场份额的 CFD 软件供应商。2006 年 5 月，FLUENT 被 ANSYS 收购，并集成到 ANSYS Workbench 环境下，使其与 ANSYS 公共 CAE 系统共享先进功能。

FLUENT 采用基于完全非结构化网格的有限体积法，并采用动态/变形网格技术来解决边界运动问题。它具有三种网格变形方式：弹簧压缩式、动态铺层式和局部网格重生式。FLUENT 独有的局部网格生成技术可应用于非结构化网格、大变形问题和物体运动完全由流动所产生的力决定的问题。在离散格式方面，FLUENT 采用一阶迎风、中心差分和 QUICK 等格式对对流项进行差分。它提供了多种湍流模型，包括标准 k-ε模型、雷诺应力模型、RNG k-ε模型等。FLUENT 能够处理各种物理问题，如定常和非定常流动、不可压缩和可压缩流动，以及涉及粒子/液滴蒸发、燃烧和多组分介质化学反应等。

FLUENT 软件系列包括通用的 CFD 软件 FLUENT、用于黏弹性材料层流流动模拟的基于有限元法的软件 POLYFLOW、用于传质传热分析的基于有限元法的软件 FIDAP、高度自动化的流动模拟工具 FloWizard、针对 CATIA 的 FLUENT for CATIA5、用于暖通空调工程的 AIRPAk、用于热控工程的 ICEPAK 以及专业的搅拌槽模拟软件 MIXSIM。可以看出，FLUENT 最大的特点是其功能强大。

（4）CFX　CFX 是一款由 ANSYS 公司开发的计算流体力学（CFD）软件。它是基于有限体积法的通用 CFD 求解器，广泛应用于多个领域，包括航空航天、汽车工程、能源、化工和环境工程等。CFX 提供了强大的功能和广泛的物理模型，可用于模拟和分析流体流动、传热和化学反应等复杂现象。

CFX 采用先进的数值求解方法和高度并行计算技术，能够处理各种流动问题。它支持不可压缩流动和可压缩流动、湍流流动、多相流动等多种物理模型。通过 CFX，用户可以模拟包括流体流动、传热、质量传输和相互作用等在内的多种流体现象。CFX 提供了丰富的物理模型，包括湍流模型、传热模型、化学反应模型等，以便更准确地模拟各种流体现象。它还支持自定义用户子程序和用户定义函数，以满足特定的模拟需求。

CFX 具有强大的后处理功能，可以生成流场、温度分布、速度矢量等可视化结果，并提供灵活的图表和报告生成工具。这有助于工程师和研究人员对仿真结果进行分析和解释，以支持设计优化和决策制定。CFX 广泛应用于流体动力学分析、气动性能评估、传热计算、气体/液体相互作用分析等。

（5）OpenFOAM　OpenFOAM（open source field operation and manipulation）是一款面向对

象的开源代码工具箱，最早由英国帝国理工学院的学生于 1989 年使用 C++语言开发。它采用有限体积法对偏微分方程组进行求解，并支持大涡模拟（LES）和雷诺平均（RANS）两种方式对可压缩流体的湍流流动进行模拟。OpenFOAM 支持任意三维多面体网格，能够处理复杂的几何结构，并支持区域分解并行计算。

OpenFOAM 包括了许多预编译的标准求解器、辅助工具和模型库，可用于对各种复杂问题进行数值模拟，如复杂流体流动、湍流流动、化学反应、换热分析、多相流和燃烧等现象。作为一个开放的平台，OpenFOAM 为研究者提供了灵活的开发环境，可以基于 OpenFOAM 开发满足特定需求的自定义 CFD 软件。

FireFOAM 是 FM Global 在 OpenFOAM 基础上开发的火灾模拟软件。该软件集成了流体力学、传热学、燃烧和多相流模型，是第一个包含详细水对火的抑制模型的软件。FireFOAM 不仅可以模拟火灾的发展和蔓延过程，还可应用于爆炸模拟。然而，由于缺乏详细的使用文档，FireFOAM 的应用范围目前主要限于少数研究机构和学者，在工程应用中较为罕见。

OpenFOAM 的主要特点和优势包括：

① 开源自由：OpenFOAM 是开源软件，用户可以自由获取、使用和修改其源代码。这为用户提供了极大的自由度，可以根据需要自定义和扩展软件，以满足特定的模拟需求。

② 强大的求解器：OpenFOAM 提供了一系列高效的数值求解器，可用于求解各种流体动力学问题。它支持不可压缩流动、可压缩流动、湍流流动和多相流动等，并提供了多种物理模型和边界条件。

③ 灵活的网格：OpenFOAM 支持任意三维多面体网格，能够处理复杂的几何结构。它提供了丰富的网格生成工具和处理工具，以帮助用户生成高质量的网格。

④ 多学科耦合：OpenFOAM 可以与其他工程领域的软件进行耦合，如结构力学、热传导等。这使得用户能够进行多学科的模拟和分析，更全面地研究和解决复杂的工程问题。

⑤ 并行计算：OpenFOAM 支持区域分解并行计算，可充分利用多核处理器和分布式计算集群的计算能力，提高求解速度和效率。

OpenFOAM 不仅包括了预编译的标准求解器、辅助工具和模型库，还提供了广泛的用户文档、案例和技术支持。它被广泛应用于航空航天、汽车工程、能源、环境工程等领域，成为进行 CFD 技术研究和软件开发的优秀平台。另外，FireFOAM 是基于 OpenFOAM 开发的火灾模拟软件，集成了流体力学、传热学、燃烧和多相流模型，专注于火灾和爆炸模拟。虽然 FireFOAM 的应用范围相对较窄，但它在火灾工程和相关领域的研究和分析中具有重要意义。

综上所述，OpenFOAM 作为一款开源的 CFD 软件工具，通过其开放性、灵活性和强大的功能，为工程师和研究人员提供了自定义和扩展的模拟环境，促进了 CFD 技术的发展和应用。同时，衍生软件 FireFOAM 专注于火灾模拟，并提供了更加专业化的功能和模型。这些软件为研究和解决复杂流体动力学问题提供了有力的工具。

（6）FLACS　FLACS（flame acceleration simulator）是一款由挪威公司 GexCon 开发的火灾和爆炸模拟计算工具。作为一种基于计算流体动力学（CFD）的数值模拟软件，FLACS 专注于预测和分析火灾和爆炸事件的发展过程，为火灾安全工程提供关键信息和工具。FLACS 软件具有以下特点和功能：

① 火灾和爆炸模拟能力：FLACS 被设计用于模拟和分析火灾和爆炸事件的各个方面。它可以预测火焰传播、烟气扩散、燃烧产物释放和爆炸冲击波等现象，帮助工程师和研究人员了解火灾和爆炸的行为和影响。

② 多物理场模拟：FLACS 支持多物理场的耦合模拟，包括流体流动、热传导、燃烧化学和爆炸冲击波等。通过综合考虑这些物理过程之间的相互作用，FLACS 能够提供更准确和真实的模拟结果。

③ 高分辨率网格和细节建模：FLACS 使用细粒度网格来捕捉火灾和爆炸过程中的细节特征。它支持高分辨率网格生成和自适应网格技术，以确保模拟的准确性和精度。

④ 各种火灾场景模拟：FLACS 可模拟各种火灾场景，包括民用建筑火灾、化工厂火灾、油罐火灾、矿井火灾等。用户可以根据实际情况模拟不同的火源、燃烧物质和环境条件，从而进行火灾安全评估和应急规划。

⑤ 结果可视化和后处理：FLACS 提供强大的可视化工具和后处理功能，可以生成火灾和爆炸模拟结果的图形、动画和报告。这些结果有助于用户分析和理解火灾和爆炸风险，并支持决策制定和安全改进。

FLACS 软件在火灾安全工程、工业安全、风险评估等领域得到广泛应用。它为用户提供了一种可靠的工具，用于模拟和预测火灾和爆炸事件，从而优化安全设计、减少风险，并保护人员和财产的安全。借助 FLACS 的功能和灵活性，工程师和研究人员能够更好地理解火灾和爆炸的过程，并制定相应的应对策略。

1.3.2　人员疏散模拟软件

人员疏散模拟软件是专门设计用于模拟和分析人员在紧急情况下的疏散行为和路径的工具。这些软件基于代理模型、计算流体动力学原理、行为模型等方法，能够模拟建筑物内的人员运动、疏散路径和疏散时间等关键参数。通过使用这些疏散模拟软件，用户可以根据科学依据评估人员疏散安全性，并开展疏散方案优化设计，减少人员伤亡，以下对常见人员疏散模拟软件进行简要介绍。

（1）Pathfinder　Pathfinder 是由 Thunderhead Engineering 开发的一款人员疏散模拟软件，基于 Agent-based 疏散算法理论建立的三维仿真软件。它基于个体或群体的行为特性，考虑个体之间相互影响，用以模拟人员的运动行为、疏散路径和疏散时间等参数。Pathfinder 提供了直观的图形界面和可视化工具，帮助用户进行人员疏散模拟和分析。

Pathfinder 是由美国 Thunderhead Engineering 公司开发的基于人员进出和运动的模拟器。它提供了图形用户界面的模拟设计和执行，以及三维可视化工具的分析结果。该运动的环境是一个完整的三维三角网格设计，以配合实际层面的建设模式。可以计算每个人员的独立运动并给予了一套独特的参数（最高速度、出口的选择等）。Pathfinder 可以导入 FDS 模型、BIM 模型、CAD 图纸等。

Pathfinder 采用的运算模式包括 SFPE 模式和 Steering 模式。SFPE 模式基于美国消防工程师手册中的算法建立，该算法中未考虑人员碰撞影响，但是列队将符合 SFPE 假设。Steering 模式综合路径规划、指导机制、碰撞处理来控制人员运动，如果人员之间的距离和最近点的路径超过某一阈值，可以再生新的路径，以适应新的形势，该模式更接近实际情况。

Pathfinder 是一个简单、直观、易用的新型智能人员紧急疏散逃生评估系统。它利用计算机图形仿真和游戏角色领域的技术，对多个群体中的每个个体运动都进行图形化的虚拟演练，从而可以准确确定每个个体在灾难发生时的最佳逃生路径和逃生时间。

Pathfinder 特点介绍：

① 内部快速建模与 DXF、FDS 等格式的图形文件的导入建模相结合；

② 三维动画视觉效果展示灾难发生时的场景；

③ 构筑物区域分解功能，同时展示各个区域的人员逃生路径；

④ 准确确定每个个体在灾难发生时的最佳逃生路径和逃生时间。

（2）Simulex　Simulex 是由 BRE 公司开发的人员疏散模拟软件。它采用代理模型和仿真技术，可以模拟建筑物内的人员行为，包括行走、排队和疏散等，为用户提供了一个直观和可视化的工具，用于分析和评估建筑物内人员疏散的效率和安全性。还考虑了建筑物的几何结构、通道宽度、出口位置等因素，并提供了可视化结果和报告。

Simulex 的主要特点和功能包括：

① 代理模型：Simulex 使用代理模型来表示建筑物内的个体人员。每个代理都具有独立的行为和决策能力，可以根据环境和其他人员的动作进行调整。这使得 Simulex 能够模拟复杂的人员互动和行为，更真实地预测疏散情况。

② 图形界面：Simulex 提供了一个直观和用户友好的图形界面，使用户能够轻松设计和执行疏散模拟。用户可以通过简单的操作设置建筑物的几何结构、人员分布和疏散路径等参数，并实时观察模拟结果。

③ 三维可视化：Simulex 通过三维可视化工具呈现模拟结果，包括人员的运动轨迹、疏散路径和拥挤程度等。这使用户能够直观地了解人员在不同场景下的行为和疏散效果，从而进行有效的评估和分析。

④ 建筑物区域分解：Simulex 支持对建筑物进行区域分解，可以同时展示不同区域的人员疏散路径。这有助于用户更好地理解不同区域之间的交互作用和影响，优化疏散策略，并提高整体疏散效率。

⑤ 逃生路径和时间确定：Simulex 能够准确确定每个个体在灾难发生时的最佳逃生路径和逃生时间。通过模拟大量人员的运动和决策过程，Simulex 能够提供可靠的结果，帮助用户评估和改进建筑物的疏散策略。

Simulex 的应用范围广泛，包括建筑物设计、火灾安全评估、紧急情况规划和建筑物改造等领域。它为用户提供了一个强大而直观的工具，用于模拟和分析人员疏散行为，提高建筑物内人员的安全性和疏散效率。无论是在火灾、地震还是其他紧急情况下，Simulex 都能帮助用户做出明智的决策，并改进建筑物的安全性。

（3）STEPS　STEPS（simulator for evacuation planning）是由 Gensym 公司开发的人员疏散模拟软件。它使用代理模型和仿真技术，模拟人员在紧急情况下的疏散行为，考虑了人员的行走速度、认知能力和决策行为等因素，并提供了可视化结果和统计分析。它提供了一个综合的模拟环境，以帮助用户优化建筑物内的人员流动和疏散过程。

STEPS 的主要特点和功能包括：

① 三维建模：STEPS 使用三维建模技术来表示建筑物和场所的几何结构。用户可以创建真实的建筑物模型，包括房间、楼梯、门和走廊等元素，并对其进行精确的布局和设计。这使得 STEPS 能够模拟各种建筑结构和复杂场景，以满足不同疏散规划需求。

② 人员模拟：STEPS 模拟人员的行为和决策过程。每个个体都具有独立的特征和行为模式，可以根据环境和其他人员的动作进行调整。用户可以设置人员的起始位置、目标位置和行走速度等参数，以模拟不同情况下的疏散行为。

③ 疏散路径分析：STEPS 能够生成人员的疏散路径和时间数据。它可以计算每个人员在疏散过程中所采取的最佳路径，并提供关于疏散时间、拥挤程度和瓶颈点等信息。这有助于用户评估和改进疏散策略，优化建筑物的安全性和疏散效率。

④ 疏散模拟和分析：STEPS 提供了灵活的疏散模拟和分析工具。用户可以执行多次模拟，并根据不同的疏散策略进行比较和评估。STEPS 还提供了可视化工具和图表以呈现模拟结果，帮助用户更直观地了解疏散行为和效果。

⑤ 可视化分析：STEPS 具有强大的可视化分析功能，可以生成三维动画和图形化结果，

展示人员的运动轨迹、疏散路径和拥挤程度等。这使用户能够更清晰地观察和理解疏散过程中的关键因素和变化，从而做出更准确的决策。

STEPS 在建筑物设计、公共场所规划、应急管理和火灾安全评估等领域得到广泛应用。它为用户提供了一个强大而直观的工具，用于模拟和分析人员疏散行为，优化疏散策略并提高人员的安全性。STEPS 的灵活性和可视化特点使其成为疏散规划和安全评估的重要工具，帮助用户做出明智的决策，并提供更安全的建筑和公共场所环境。

（4）MassMotion　MassMotion 是由 Oasys 公司开发的人员疏散模拟软件。它基于离散元模型和代理模型，可以模拟建筑物内大量人员的运动和疏散行为，考虑了人员之间的相互作用、避让行为和拥挤效应，并提供了可视化结果和动画演示。能够准确模拟人员的运动和交互行为，为疏散规划和安全评估提供有力支持。MassMotion 的主要特点和功能包括：

① 三维建模和可视化：MassMotion 基于三维建模技术，允许用户创建精确的建筑物模型和场所布局。用户可以构建复杂的几何结构，包括房间、楼梯、门、走廊和出口等，并进行直观的可视化展示。这使得用户可以准确地模拟不同场景下的人员流动和疏散过程。

② 人员行为建模：MassMotion 模拟人员的行为和决策过程，考虑到他们的个体特征、目标和交互行为。每个个体都具有独立的属性和行为模式，可以根据环境和其他人员的动作进行调整。这使得 MassMotion 能够模拟更真实的人员疏散行为。

③ 疏散路径分析：MassMotion 能够计算每个人员在疏散过程中采取的最佳路径，并提供关于疏散时间、瓶颈点和拥挤程度等信息。用户可以通过这些数据评估疏散策略的有效性，并优化建筑物的安全性和疏散效率。

④ 多场景模拟：MassMotion 允许用户创建和比较不同的场景模拟，以评估不同疏散策略的效果。用户可以模拟各种情况，包括火灾、紧急情况和拥挤状况，并通过结果分析来优化疏散计划和安全设计。

⑤ 数据可视化和分析：MassMotion 提供直观的可视化工具和图表，以呈现模拟结果和分析数据。用户可以生成三维动画、热力图、流动图和报告等，帮助他们更好地理解和解释疏散行为，支持决策制定和安全改进。

MassMotion 在建筑设计、城市规划、公共交通、体育场馆和商业中心等领域得到广泛应用。它为用户提供了一个强大的工具，用于模拟和分析人员流动，优化疏散策略，并提高建筑和公共场所的安全性。MassMotion 的准确性、可视化和灵活性使其成为人员疏散规划和安全评估的关键工具，帮助用户制定有效的疏散策略，确保人员的安全和顺畅疏散。

第2章
建筑火灾仿真基础理论

2.1 火灾仿真基本控制方程

建筑火灾仿真涉及多个控制方程，用于描述火灾的蔓延和烟气扩散等过程。以下是其中一些常见的控制方程。

热传导方程描述热量在建筑物中传导的过程。它基于热传导定律，考虑建筑材料的导热性能和热传导流量。

燃烧方程求解火源的燃烧过程，包括燃料燃烧化学反应、燃烧反应速率、热释放率和燃烧产物生成率等参数。

动量方程描述火势蔓延的气流运动。它考虑火焰和烟气对周围空气的脉动作用力、压力梯度和湍流效应，用于模拟火势的传播路径和速度。

质量守恒方程描述烟气的扩散和传输过程。它考虑烟气的生成、输运和烟团的蔓延，包括烟气的浓度、速度和质量守恒等参数。

能量守恒方程描述火源和烟气的能量交换过程。它计算火焰的温度、热辐射和传热，同时考虑建筑物表面的吸收和辐射。

这些方程通常以偏微分方程形式表示，并结合适当的边界条件和初始条件，形成一个完整的数值模型。利用数值方法（如有限元法、有限差分法或有限体积法）可以求解这些方程并模拟火灾的发展过程。

需要注意的是，具体的控制方程和模型选择会根据仿真的目标、建筑物的特点和所用软件的功能而有所不同。因此，在进行实际的建筑火灾仿真时，需要结合具体情况选择和应用相应的控制方程模型。

2.1.1 火灾控制方程概述

所谓的流动运动控制方程，指的是流体流动过程中所需要遵循的物理规律，最常见的流动控制方程包括质量守恒方程、动量守恒方程与能量守恒方程。针对不同的流动工况，控制方程可能还包括组分守恒方程、湍流方程、状态方程等。然而对于任何流动问题，都必须遵循质量守恒方程和动量守恒方程。

将质量守恒、动量守恒、能量守恒三大定律与一些物理和化学控制方程联立在一起，就可以组成一个描述火灾的控制方程组，通过求解方程组，可得到火灾各个参数随时间空间的变化情况。三个基本定律的数学表达式如下所述。

质量守恒方程（mass conservation equation）：任何流动都必须满足此定律。该定律可描述为单位时间内流体微元体中质量的增加，等于同一时间间隔内流入该微元体的净质量。

$$\frac{\partial \rho}{\partial t} + \frac{\partial (\rho u)}{\partial x} + \frac{\partial (\rho v)}{\partial y} + \frac{\partial (\rho w)}{\partial z} = 0 \tag{2-1}$$

式中，ρ 是密度，kg/m³；t 是时间，s；u、v 和 w 是速度矢量在 x、y 和 z 方向的分量。

动量守恒方程（momentum conservation equation）：动量守恒定律是任何流动都必须满足的基本定律。该定律可表述为微元体中流体的动量对时间的变化率等于外界作用在该微元体上的各种力之和。

$$\frac{\partial \rho}{\partial t} + \frac{\partial(\rho u)}{\partial x} + \frac{\partial(\rho v)}{\partial y} + \frac{\partial(\rho w)}{\partial z} = 0 \quad \frac{\partial(\rho u)}{\partial t} + \frac{\partial(\rho uu)}{\partial x} + \frac{\partial(\rho uv)}{\partial y} + \frac{\partial(\rho uw)}{\partial z}$$

$$= \frac{\partial}{\partial x}\left(\mu \frac{\partial u}{\partial x}\right) + \frac{\partial}{\partial y}\left(\mu \frac{\partial u}{\partial y}\right) + \frac{\partial}{\partial z}\left(\mu \frac{\partial u}{\partial z}\right) - \frac{\partial p}{\partial x} + S_u \quad (2\text{-}2)$$

$$\frac{\partial(\rho v)}{\partial t} + \frac{\partial(\rho vu)}{\partial x} + \frac{\partial(\rho vv)}{\partial y} + \frac{\partial(\rho vw)}{\partial z}$$

$$= \frac{\partial}{\partial x}\left(\mu \frac{\partial v}{\partial x}\right) + \frac{\partial}{\partial y}\left(\mu \frac{\partial v}{\partial y}\right) + \frac{\partial}{\partial z}\left(\mu \frac{\partial v}{\partial z}\right) - \frac{\partial p}{\partial y} + S_v \quad (2\text{-}3)$$

$$\frac{\partial(\rho w)}{\partial t} + \frac{\partial(\rho wu)}{\partial x} + \frac{\partial(\rho wv)}{\partial y} + \frac{\partial(\rho ww)}{\partial z}$$

$$= \frac{\partial}{\partial x}\left(\mu \frac{\partial w}{\partial x}\right) + \frac{\partial}{\partial y}\left(\mu \frac{\partial w}{\partial y}\right) + \frac{\partial}{\partial z}\left(\mu \frac{\partial w}{\partial z}\right) - \frac{\partial p}{\partial z} + S_w \quad (2\text{-}4)$$

式中，t 是时间，s；u、v 和 w 是速度矢量在 x、y 和 z 方向的分量；S_u、S_v 和 S_w 是动量守恒方程的广义源项。

能量守恒方程（energy conservation equation）：能量守恒定律是包含有热交换的流动系统必须满足的基本规律。该定律可描述为微元体中能量的增加率等于进入微元体的净热量加上体力与面力对微元体所做的功。该定律实际是热力学第一定律。

$$\frac{\partial(\rho T)}{\partial t} + \frac{\partial(\rho uT)}{\partial x} + \frac{\partial(\rho vT)}{\partial y} + \frac{\partial(\rho wT)}{\partial z}$$

$$= \frac{\partial}{\partial x}\left(\frac{k}{c_p} \times \mu \frac{\partial T}{\partial x}\right) + \frac{\partial}{\partial y}\left(\frac{k}{c_p} \times \mu \frac{\partial T}{\partial y}\right) + \frac{\partial}{\partial z}\left(\frac{k}{c_p} \times \mu \frac{\partial T}{\partial z}\right) + S_T \quad (2\text{-}5)$$

式中，c_p 为比热容；T 为温度；k 为流体的传热系数；S_T 为流体的内热源及由于黏性作用流体机械能转换为热能的部分。

通过求解上述方程组，可以得到火灾过程中烟气、温度、速度等参数的分布和变化，从而实现对火灾的建模和仿真。这些方程是基于火灾动力学原理和实验数据推导而来的，并在火灾研究和工程应用中得到广泛使用。

2.1.2 质量传输与热焓

对火的化学性质最基本的描述是碳氢化合物燃料与氧气发生反应，产生二氧化碳和水蒸气。因为火是一种相对低效的燃烧过程，涉及多种燃料气体，这些气体不仅仅包含碳和氢原子，所以在模拟中要跟踪的气体种类几乎是无数种。然而，为了使模拟易于处理，通常将燃料的数量限制为一种，并且将反应的数量限制为一两个。同时，也不排除由于进入的气流中缺乏足够的氧气，反应可能无法进行的可能性，就像封闭隔间中的火自行熄灭一样。即使是这种简化的化学方法，仍然需要追踪至少六种气体（燃料、O_2、CO_2、H_2O、CO、N_2）和烟气颗粒。如果假设一个简单反应，就只需要解两个输运方程，一个是燃料的，一个是生成物的。为了保证物质质量分数的可实现性，需要先求解每个物质质量密度的输运方程，然后将物质密度求和得到混合质量密度。

虽然燃料通常是单一气体，但空气和产物通常被称为"集总气体"。集总物质表示一起传输并一起反应的气体物质的混合物，从数值模型的角度来看，集总物质可以被视为单一物质（即集总物质具有单一传输性质）。事实上，质量输运方程对单一或集总的物质没有区别。例如空气是由氮、氧、微量水蒸气和二氧化碳组成的集总物质。使用符号 Z_A、Z_F 和 Z_P 来表示空气、燃料和产品的质量分数，集总质量分数与原始质量分数 $Y\alpha$ 呈线性相关。因此，从一种转换到另一种是执行矩阵乘法的简单问题。例如，甲烷在空气中的完全燃烧：

$$CH_4 + 2(O_2 + 3.76N_2) \longrightarrow CO_2 + 2H_2O + 7.52N_2 \tag{2-6}$$

表示为

$$Fuel + 2Air \longrightarrow Products \tag{2-7}$$

而原始物质可以通过：

$$\begin{bmatrix} 0.77 & 0.00 & 0.73 \\ 0.23 & 0.00 & 0.00 \\ 0.00 & 1.00 & 0.00 \\ 0.00 & 0.00 & 0.15 \\ 0.00 & 0.00 & 0.12 \end{bmatrix} \begin{bmatrix} Z_A \\ Z_F \\ Z_P \end{bmatrix} = \begin{bmatrix} Y_{N_2} \\ Y_{O_2} \\ Y_{CH_4} \\ Y_{CO_2} \\ Y_{H_2O} \end{bmatrix} \tag{2-8}$$

注意，矩阵的列是在一个给定的集总物质内的原始物质的质量分数。

每个集总物质的输运方程与单个物质的输运方程具有相同的形式：

$$\frac{\partial}{\partial t}(\rho Z_\alpha) + \nabla \cdot (\rho Z_\alpha \boldsymbol{u}) = \nabla \cdot (\rho D_\alpha \nabla Z_\alpha) + \dot{m}_\alpha''' + \dot{m}_{b,\alpha}''' \tag{2-9}$$

需要注意的是，右侧的源项表示来自蒸发液滴或其他亚网格尺度颗粒的附加质量，这些颗粒代表洒水车和燃料喷雾、植被和任何其他类型的小型、不可解析物体。假设这些物体不占体积，因此，它们被控制方程视为质量、动量和能量的点源。然而，要注意的是，蒸发的质量物质必须是一个显式输运方程可以求解的物质。例如水蒸气是燃烧的产物，但它也是由蒸发的喷头水滴形成的。在诸如此类的情况下，需要有一个明确的水蒸气传输方程来区分由燃烧形成的水蒸气和由水滴蒸发出来的水蒸气。这里 $\dot{m}_{b,\alpha}'''$ 是通过蒸发液滴或颗粒产生 α 物质的速率。

质量密度由 $\rho = \sum(\rho Z)_\alpha$ 得到，方程（2-9）对所有物质求和得到：

$$\frac{\partial \rho}{\partial t} + \nabla \cdot (\rho \boldsymbol{u}) = \dot{m}_b''' \tag{2-10}$$

计算流体力学模型的一个显著特征是其设计的流速状态（相对于声速）。高速流量代码涉及可压缩效应和冲击波，然而，低速求解器明确地消除了产生声（音）波的压缩效应。Navier-Stokes 方程描述了信息的传播速度与流体流动速度相当（火灾中的流体速度约 10m/s），但也与声波速度相当（静止空气中的声波速度约 340m/s）。求解这些方程的离散形式需要非常小的时间步长，来解释以声速传播的信息，这使得实际模拟变得困难。

根据 Rehm 和 Baum 的工作，通过将压力分解为"背景"分量和扰动，可以近似于状态方程。假设压力的背景分量可以因隔室而异。如果计算域内的体积与其他体积隔离，除了通过泄漏路径或通风管道，则将其称为"压力区"，并分配自己的背景压力。例如第 m 区内的压力场是其背景分量和流诱导扰动的线性组合：

$$p(X,t) = \bar{p}_m(z,t) + \tilde{p}(X,t) \tag{2-11}$$

注意，背景压力是 z、垂直空间坐标和时间 t 的函数。对于大多数隔间防火应用程序，$\bar{p}_m$ 随高度或时间的变化很小。然而，$\bar{p}_m$ 也考虑了增加了封闭隔室的压力，或暖通空调系统影响压力，或该域高度显著时对火灾的影响。环境压力场记为 $\overline{p}_0(z)$ ，注意，下标 0 表示计算域的外部，而不是时间 0，这是假设的大气压力分层，它同时作为控制方程的初始条件和边界条件。

对于低马赫数流来说，分解压力的目的是可以假设温度和密度成反比，因此状态方程（在第 m 个压力区）可以近似为

$$\overline{p}_m = \rho T R \sum_\alpha \frac{Z_\alpha}{W_\alpha} = \frac{\rho T R}{\overline{W}} \tag{2-12}$$

Z_α 是集合物质 α 的质量分数。状态和能量方程中的压力 p 被背景压力 $\overline{p}_m$ 取代，来省略掉那些传播速度比火灾应用中预期的典型流动速度快得多的声波。假设低马赫数有两个目的：首先，声波的滤波意味着数值算法的时间步长只受流动速度影响而不是声速；其次，修正后的状态方程导致方程组中减少了 1 个因变量。当速度场满足规定的热力学散度时，构造了适合热焓方程的守恒形式。

气体的分层源于这种关系：

$$\frac{\mathrm{d}\overline{p}_0}{\mathrm{d}z} = -\rho_0(z)g \tag{2-13}$$

式中，ρ_0 为背景密度；g 取 9.8m/s。代入式（2-12），背景压力可以写成背景温度 $T_0(z)$ 的函数：

$$\overline{p}_0(z) = p_\infty \exp\left(-\int_{z_\infty}^z \frac{\overline{W}g}{RT_0(z')}\mathrm{d}z'\right) \tag{2-14}$$

其中，下标无穷大通常是指地面。用户可以指定大气的线性温度分层，使 $T_0(z) = T_\infty + \Gamma_z$ ，其中 T_∞ 为地面温度，Γ 为递减率（例如 $\Gamma = -0.0098$K/m 为绝热递减率）。在这种情况下，$\overline{p}_0$ 和 ρ_0 分别由方程（2-12）和（2-14）导出。然后对于 $\Gamma \neq 0$ 的情况，压力分层可以表示成：

$$\overline{p}_0(z) = p_\infty \left(\frac{T_0(z)}{T_\infty}\right)^{\frac{\overline{W}g}{R\Gamma}} \tag{2-15}$$

2.1.3 动量传输与压力

向量恒等式为 $(\boldsymbol{u} \cdot \nabla)\boldsymbol{u} = \nabla |\boldsymbol{u}|^2/2 - \boldsymbol{u}\omega$ ，并定义每单位质量的停滞能量为 $H \equiv |\boldsymbol{u}|^2/2 + \tilde{p}/\rho$ ，动量方程可以写成：

$$\frac{\partial \boldsymbol{u}}{\partial t} - \boldsymbol{u}\omega + \nabla H - \tilde{p}\nabla\left(\frac{1}{\rho}\right) = \frac{1}{\rho}\left[(\rho - \rho_0)g + \boldsymbol{f}_b + \nabla \cdot \boldsymbol{\tau}\right] \tag{2-16}$$

$\boldsymbol{f}_b$ 表示由亚网格尺度的颗粒和液滴施加的阻力。黏性应力 $\boldsymbol{\tau}$ 通过梯度扩散与迪尔多夫涡流黏度模型得到的湍流黏度闭合。将式（2-16）简化写成：

$$\frac{\partial \boldsymbol{u}}{\partial t} + \boldsymbol{F} + \nabla H = 0 \tag{2-17}$$

因此，可以推导出压力的泊松方程：

$$\nabla^2 H = -\left[\frac{\partial}{\partial t}(\nabla \cdot \boldsymbol{u}) + \nabla \cdot \boldsymbol{F}\right] \tag{2-18}$$

散度的时间导数是时间进步法的一个重要特点。要注意泊松方程的右侧保留了一个包含扰动压力的项，$\tilde{p}\nabla(1/\rho)$ ，这一项解释了斜压扭矩。它包含在泊松方程的右侧，使用它在前一个时间步长的值。这种近似使我们能够求解泊松方程的可分离形式，对于这种形式，有针对均匀网格进行优化的快速直接求解器。

2.1.4 湍流与黏性方程

在大涡模拟 LES 中，"湍流模型"是指 SGS 通量项的闭合。在 FDS 中，梯度扩散是用于关闭 SGS 动量项和标量通量项的湍流模型。在开展仿真模拟中，需要紊流输运系数的模型：紊流（或涡流）黏度或紊流（或涡流）扩散系数。湍流扩散系数是用恒定的施密特数（对于质量扩散系数）或普朗特数（对于热扩散系数）获得的，如下所述，因此最重要的传输系数是湍流黏度 μ_t。

（1）常数系数斯马格林斯基模型 通过对斯马戈林斯基的分析，涡流黏度可以建模如下：

$$\mu_t = \rho\left(C_s\Delta\right)^2 |S|; |S| = \left[2S_{ij}S_{ij} - \frac{2}{3}(\nabla \cdot \boldsymbol{u})^2\right]^{\frac{1}{2}} \tag{2-19}$$

式中，$C_s = 0.2$ 为常数；$\Delta = (\delta x \delta y \delta z)1/3$ 为滤波器宽度。该模型在 FDS 版本 1 至 5 中使用。$C_s = 0.2$ 的值是 Lilly 对光谱截止滤波器（用于节能方案的隐式滤波器更接近于光谱截止而不是盒滤波器）的分析（生产等于耗散）得出的值。该常数值在 FDS 验证指南中衰减各向同性湍流的试验中得到了证实。

（2）动态斯马格林斯基模型 对于动态斯马格林斯基模型，等式中的 C_s 系数不再作为一个常数，而是基于局部流动条件进行计算。

（3）迪尔多夫模型（默认） 默认情况下，FDS 使用的是迪尔多夫模型的一个变体：

$$\mu_t = \rho C_v \Delta \sqrt{k_{sgs}}; k_{sgs} = \frac{1}{2}\left[(\overline{u} - \hat{u})^2 + (\overline{v} - \hat{v})^2 + (\overline{w} - \hat{w})^2\right] \tag{2-20}$$

式中，$\overline{u}$ 为网格单元中心处 u 的平均值（表示长度尺度为Δ的 LES 滤波速度）；$\hat{u}$ 为相邻单元上 u 的加权平均值（表示长度尺度为2Δ的测试滤波场）。

$$\overline{u}_{ijk} = \frac{u_{ijk} + u_{i-1,jk}}{2}; \hat{\overline{u}}_{ijk} = \frac{\overline{u}_{ijk}}{2} + \frac{\overline{u}_{i-1,jk} + \overline{u}_{i+1,jk}}{4} \tag{2-21}$$

术语 $\hat{v}$ 和 $\hat{w}$ 的定义类似，模型常数设为 $C_v = 0.15$。亚网格动能的代数形式基于 Bardina 等人的尺度相似模型中提出的思想（注意：迪尔多夫求解了 k_{sgs} 的输运方程）。

（4）弗雷曼模型 弗雷曼的涡流黏度模型如下：

$$\mu_t = \rho c \sqrt{\frac{B_\beta}{\alpha_{ij}\alpha_{ij}}} \tag{2-22}$$

其中，

$$B_\beta = \beta_{11}\beta_{22} - \beta_{12}^2 + \beta_{11}\beta_{33} - \beta_{13}^2 + \beta_{22}\beta_{33} - \beta_{23}^2; \beta_{ij} = \Delta_m^2 \alpha_{mi}\alpha_{mj}$$

$$\alpha_{ij} = \frac{\partial u_j}{\partial x_i} \tag{2-23}$$

弗雷曼模型背后的基本思想是扩展泰勒级数中的速度场，并对该场进行分析测试滤波，从而避免了动态模型中所需的昂贵的显式测试滤波操作。因此，这种模型价格便宜。然而，与常系数斯马戈林斯基不同的是，弗雷曼的模型是收敛的，使其适用于高分辨率的 LES 计算。

模型常数可能与斯马戈林斯基常数 $c \approx 2.5C_s^2$ 有关。由于弗雷曼的模型最适用于高分辨率的情况，我们以 $C_s = 0.17$ 为基础，对高分辨率衰变各向同性湍流产生准确的结果。因此，默认的弗雷曼常量被设置为 $c = 0.07$。

（5）重整化群（RNG）模型 重整化群（RNG）理论可以推导有效涡黏度 $\mu_{eff} = \mu + \mu_t$，由三次表达式给出：

$$\mu_{\text{eff}} = \mu \left[1 + H \left(\frac{\mu_s^2 \mu_{\text{eff}}}{\mu^3} - C \right) \right]^{\frac{1}{3}} \qquad (2\text{-}24)$$

式中，μ_s 是斯马格林斯基涡黏度（$C_s = 0.2$）；$H(x)$ 为 Heaviside 函数 ［如果 $x > 0$，$H(x)=x$，如果 $x \leqslant 0$，$H(x)=0$]。

对于高湍流强度（$\mu_t \gg \mu$）区域，RNG 恢复常系数斯马戈林斯基模型。然而，与常系数斯马戈林斯基不同的是，RNG 在低湍流区域自行关闭。

（6）自适应壁面局部涡流黏度模型　Nicoud 和 Ducros 的自适应壁面局部涡流黏度模型最初被认为是一种适当缩放壁面附近涡流黏度的方法。在斯马戈林斯基模型|S|中使用的不变量是在一堵墙附近的 $O(1)$，而 WALE 设计的不变量缩放为 $O(y^3)$，其中 y 是到墙的距离。因此，WALE 模型可以用来替代壁面附近的 Van Driest 阻尼。动态湍流黏度为

$$\mu_t = \rho \left(C_w \Delta \right)^2 \frac{\left(S_{ij}^d S_{ij}^d \right)^{\frac{3}{2}}}{\left(S_{ij} S_{ij} \right)^{\frac{5}{2}} + \left(S_{ij}^d S_{ij}^d \right)^{\frac{5}{4}}} \qquad (2\text{-}25)$$

其中，

$$S_{ij}^d S_{ij}^d = \frac{1}{6} \left(S^2 S^2 + \Omega^2 \Omega^2 \right) + \frac{2}{3} S^2 \Omega^2 + 2 IV_{S\Omega} \qquad (2\text{-}26)$$

$$S^2 = S_{ij} S_{ij}; \Omega^2 = \Omega_{ij} \Omega_{ij}; IV_{S\Omega} = S_{ik} S_{kj} \Omega_{jl} \Omega_{li} \qquad (2\text{-}27)$$

应变张量和旋转张量为

$$S_{ij} = \frac{1}{2} \left(\frac{\partial u_i}{\partial x_j} + \frac{\partial u_j}{\partial x_i} \right); \Omega_{ij} = \frac{1}{2} \left(\frac{\partial u_i}{\partial x_j} - \frac{\partial u_j}{\partial x_i} \right) \qquad (2\text{-}28)$$

Nicoud 和 Ducros 建议模型常数应该在 $0.55 \leqslant C_w \leqslant 0.60$ 的范围内。FDS 根据各向同性湍流衰减结果使用 $C_w = 0.60$。可见，WALE 也可用作体流涡黏度模型。

2.2　火灾仿真基本方法

火灾仿真软件是开展火灾研究和工程实践分析的一种重要工具，用于模拟和分析建筑物内火灾的蔓延过程、烟气扩散特性以及人员疏散情况。通过火灾仿真，我们可以有效评估建筑物的火灾安全性能，指导火灾预防与应急管理工作，提供科学决策依据。

传统的火灾安全评估方法主要依靠实验研究和经验公式，这些方法在某些情况下可行，但也有其局限性。实验研究成本高昂、时间耗费较大，而且难以控制实验条件的变化。经验公式往往基于已知的火灾数据和经验，对于复杂情况的预测能力有限。

相比之下，火灾仿真方法具有更大的灵活性和可靠性。它基于数学模型和物理原理，能够模拟和预测火灾过程中的各种参数和行为。通过输入建筑物的几何信息、材料特性和火灾场景等数据，火灾仿真软件可以模拟火势蔓延、烟气扩散、热辐射、人员疏散等关键过程，提供全面的火灾安全评估和优化方案。

使用火灾仿真还可以进行多种情景分析和优化。比如可以模拟不同火源位置、燃烧特性和消防设备布置方案的效果，比较其对火灾蔓延和疏散的影响，选择最优方案。此外，火灾仿真还可以评估建筑物对不同火灾情况的抵抗能力，为消防设计和应急预案提供科学依据。本节将简单介绍火灾仿真的三种模型：区域模型、场模型、网络模型。

2.2.1　火灾仿真方法概述

　　全尺寸火灾实验具有费用高、破坏性强和难以重复开展的特征，小尺寸火灾实验受相似模型影响，与全尺寸参数存在一定误差。因此，为了得到全尺寸火灾场景参数，数值模拟是当前开展火灾研究与风险评估等相关工作的重要方法。火灾烟气数值模拟主要采用网络模型、区域模型和场模型。其中，网络模型将一个受限空间作为一个控制体，假设控制体内的温度、组分浓度等参数均匀分布，多控制体形成整个计算域网络；区域模型是半物理模拟模型，通常将模拟受限空间划分为两个区域，即上部热烟气层和下部冷空气层，称为双区域模型；场模型是一种物理模拟手段，主要依据的学科为计算流体力学（computational fluid dynamics，CFD）和数值传热学（numerical heat transfer，NHT），场模型的主要理论依据为质量守恒、动量守恒和能量守恒。

　　场模型数值模拟的方法主要包括三种，分别为大涡模拟（large eddy simulation，LES）、雷诺时均方程（reynolds averaged navier-stokes equation modeling，RANS）和直接数值模拟（direct numerical simulation，DNS）。大涡模拟将包括脉动在内的湍流运动通过滤波方法分为大尺度运动和小尺度运动，大尺度运动通过求解微分方程直接求解，小尺度运动则通过亚格子模型模拟。雷诺时均方程方法引入 Boussinesq 假设，认为湍流雷诺应变与应力之间成正比关系，雷诺时均方程法总体上可分为湍流黏性系数法和雷诺应力方程法，前者又可分为混合长度、一方程和两方程模式，例如数值模拟软件 Fluent 中的雷诺应力模型（RSM）、Spalart-Allmaras 模型、k-ε 模型和 k-ω 模型等均属于此模型。但是雷诺时均方程法只能提供湍流的平均信息，因此雷诺平均模型没有普适性。直接数值模拟对湍流不需要引入任何假设，用三维非稳态的 Navier-Stokes 方程直接求解所有重要尺度的湍流运动，该方法必须采用很小的时间和空间步长，该方法对计算机内存和计算速度要求非常高，目前直接数值模拟只能用于层流和低雷诺数湍流运动，难以用于火灾模拟。

2.2.2　区域模型

　　区域模型是根据建筑内发生火灾后，将室内的气体划分成为上下两个区域层，即上层的热烟气区以及下层的冷空气区。在区域模型中，假设烟气浓度、室内压力、空间温度等多个条件是均匀分布的，即其各自的参数一定，其次通过质量守恒与能量守恒定理计算出各自的参数变化情况。统计来看，有 32 种模型是比较常用的区域模型，其中，有 18 种模型仅模拟单室火灾运动过程，其余则可以对多室情况的火灾运动过程进行模拟。无论是单室火灾模拟还是多室火灾模拟，区域模型主要应用于空间较小的实验，目前最新版本只能计算 30 个房间的结构形式，并且主要应用于处理轰燃火灾类型。但在对轰燃火灾的传统区域模型中，存在着机械地应用热烟气层温度或者热辐射强度这一标准的问题，杨立中等人在基于区域模拟的火灾发展模型中，通过对计算可燃物在火灾中接受总辐射能量或表面温度变化情况的判断，克服了这一问题。

　　总结来说，区域模型的主要特点，在对空间进行处理时，简便快捷，在数值算法处理上相对来说比较容易编写，在实验建模计算上所用时间相对比较短，并且对其硬件要求上不是很高。不足之处在于较为粗略的空间划分致使精确度不够，在空间内部的运动过程没有进行细致的建模。

2.2.3　场模型

　　场模型是根据能量、质量和动量守恒定律及化学反应方程，把模拟场景分割为大量的小空间，利用偏微分方程求解来对每个小空间进行相关计算，进而得到整体空间的温度场、流速场及烟气浓度场的实验结果。与网络模型相比，场模型的计算精确度较高，模拟结果也相对准确，但是工作量相对较大，对硬件要求相对较高，对实验的边界条件要求也相对严格。

相较于其他模型，场模型针对性较强，对火灾现场能够进行细致的呈现，模拟测试结果精度较高，可以对火灾现场的烟气运动等物理量进行准确的模拟。但数值算法编写繁琐，计算数据时间较长，对硬件要求较高。目前广泛应用的场模型软件有 CFX、FDS、FLUNET、JASMINE、PHOENICS、STAR-CD。其中：CFX 与 FDS 模型一般应用于室内住宅等建筑物的火灾模型；CFX 也可以用于室外火灾；FLUNET 由于在计算流体速度以及稳定性与精确性最为突出，主要用于流场和传热过程；JASMINE 主要用于模拟室内室外的烟气运动情况，通常用于室外的隧道等交通火灾现场模拟；PHOENICS 主要以低速流输运现象为主要模拟对象，通常用于在航天化工等火灾现场模拟；STAR-CD 通常用于比较复杂的燃烧现象。

2.2.4 网络模型

网络模型的实验原理是将主体建筑看作为一个完整的实验系统，系统中的单独空间是整个系统的每一个单独的网络节点，通过空气流通路径将各个空间连通起来，通过能量守恒定律、质量守恒定律等，可以测试对象的烟气浓度以及各个位置的压力分布等相关参数随着时间的变化而变化的一系列研究。日本、美国、荷兰、英国、加拿大等国家在网络模型的研究上有比较多的成果。例如 IRC 模型（加拿大）、BRE 模型（英国）、TNO 模型（荷兰）、CONTAMW 模型（美国）等。其中 CONTAMW 模型以计算速度和更可靠的结果等优势占主导地位。

网络模型的优点在于对实际连续空间进行了简化的处理，应用于受限空间数目较多的火灾研究。缺点在于每一个节点必须用一个均匀参数表示，适合比较均匀的场景进行烟气运动分析，这种模拟方式虽然比较容易，但是模拟结果比较粗略，距离真实情况有一定的偏差。同时为了简化计算往往将火源设置为稳态火源，也导致了计算结果不够真实。

2.3 动量传输模型

大涡模拟（large eddy simulation，简称 LES）是一种用于模拟湍流流动的计算流体力学方法。它基于湍流的基本特性，将流场中的湍流现象分解为大尺度和小尺度两部分，通过对大尺度湍流进行直接模拟，而对小尺度湍流采用模型化处理。

传统的雷诺平均湍流模型（reynolds-averaged navier-stokes，简称 RANS）在模拟湍流时会对流场进行时间平均，将湍流参数化为平均量，从而无法准确地捕捉细小的流动结构和湍流涡旋。而 LES 方法则通过直接模拟大尺度的湍流结构，可以更好地捕捉流场中的湍流涡旋和能量转移过程，提供更准确的结果。

直接数值模拟（direct numerical simulation，简称 DNS）是一种用于模拟流体力学中湍流流动的方法。与其他湍流模拟方法（如大涡模拟和雷诺平均时均模拟）不同，DNS 方法不需要任何湍流模型，直接求解完整的 Navier-Stokes 方程。

LES 方法的基本理论模型可以分为以下两个部分。

过滤操作：LES 方法首先对流场做空间平均，然后通过应用一个滤波器，将流场变量分解为大尺度和小尺度两部分。滤波器通常采用高斯滤波器或者中心差分方法。

亚格子模型：LES 方法通过对大尺度湍流的直接模拟，可以较好地捕捉湍流涡旋的演化。而对于小尺度湍流，在数值计算中通常采用亚格子模型来描述。亚格子模型使用不同的方法和公式对小尺度湍流进行建模，以模拟小尺度湍流的作用和影响。

2.3.1　DNS 与 LES 概述

湍流是一种高度非线性的复杂流动，目前湍流数值模拟方法可以分为直接数值模拟方法与非直接数值模拟方法两大类。

直接数值模拟（direct numerical simulation，DNS）就是直接对瞬态的 Navier-Stokes 方程湍流计算。由于 DNS 方法没有对湍流流动作任何假设与简化，理论上可以得到精确的计算结果。

但这也意味着必须同时解决整个范围的空间和时间尺度的湍流，由于湍流是多尺度的不规则流动，这就要求对空间和时间的分辨率需求很高。因此，该方法的计算量大、耗时长，依赖计算机内存。

在一个（0.1×0.1）m² 大小的高 Reynolds 流动区域中，包含尺度范围在 $10 \sim 100 \mu m$ 的涡，要描述所有的涡，则需要的网格节点数高达 $10^9 \sim 10^{12}$。同时湍流的脉动频率为 10kHz，因此时间的离散步长取 $100 \mu s$ 以下。只有在这种微小的时间和空间步长下，才能分辨湍流中详细结构和变化剧烈的时间特性。目前 DNS 还无法用于真正意义上的工程计算。

在 DNS 中，Navier-Stokes 方程以离散形式在整个流动域内进行求解。该方法使用高精度的数值方法将连续方程、动量方程和能量方程分别离散化，并通过迭代求解求得流场中每个时刻的速度和压力场。由于不使用模型进行湍流的参数化，DNS 可以提供对湍流流场的最准确描述。

由于 DNS 方法对流场的每一个湍流尺度都进行了解析，所以在计算上要求非常高的网格分辨率，涵盖了流动中最小的湍流结构。这也导致了 DNS 在计算规模和资源消耗方面的挑战，通常只能应用于相对简单的流动情况，如低雷诺数流动、二维流动或小规模的三维流动等。

DNS 方法的主要优点是提供了关于湍流流动的最详细和最准确的信息，能够揭示湍流产生、湍流结构和湍流能量转移等方面的细节。这使得 DNS 成为湍流研究、湍流理论验证和湍流模型开发的重要工具。

然而，由于计算资源的限制，DNS 方法在实际工程应用中的应用受到限制。因此，通常需要结合其他湍流模拟方法，如大涡模拟和雷诺平均 Navier-Stokes 模拟，来进行更复杂流动的模拟和分析，以平衡计算成本和模拟精度。

总之，直接数值模拟是一种通过离散求解完整的 Navier-Stokes 方程来模拟湍流流动的方法，提供了对湍流流场最准确和详细的描述。

大涡模拟 LES 用于模拟流动中的大尺度涡旋行为。相比于传统的雷诺时均（RANS）纳维-斯托克斯方法，LES 可以更准确地捕捉流动中的湍流结构。LES 将流动场分解为大尺度涡旋和小尺度涡旋，大尺度涡旋被直接模拟，而小尺度涡旋则被认为是一种随机噪声，并通过亚网格模型（SGS）计算。

LES 方法的基本原理是通过在时间和空间上对流场进行分解：将大尺度的湍流结构通过直接数值模拟（DNS）进行计算，而小尺度的结构则通过 SGS 模型计算。LES 方法在时间上的分解通常采用滤波器方法，通过对流场进行滤波来分离大尺度结构和小尺度结构。在空间上的分解通常采用泰勒级数展开，将流场分解为平均流量和流量扰动。

LES 方法的优点是可以提供更准确的流场预测，适用于需要对湍流结构进行精细分析的复杂流动问题。同时，LES 方法也存在一些挑战，如计算成本高和需要更高的计算资源等问题。因此，LES 方法通常适用于高性能计算领域和需要进行高精度模拟的工程和科学研究领域。

2.3.2　DNS 动量方程

在守恒形式下，速度第 i 个分量的 DNS 动量方程为

$$\frac{\partial \rho u_i}{\partial t} + \frac{\partial}{\partial x_j}\left(\rho u_i u_j\right) = -\frac{\partial p}{\partial x_i} + \frac{\partial \tau_{ij}}{\partial x_j} + \rho g_i + f_{\mathrm{d},i} + \dot{m}_\mathrm{b}''' u_{\mathrm{b},i} \tag{2-29}$$

在两项公式中，$f_{\mathrm{d},i}$ 表示由未解决的拉格朗日粒子引起的阻力。体积源项 $\dot{m}_\mathrm{b}''' u_{\mathrm{b},i}$，解释了蒸发或热解的影响。式（2-29）的适用条件是网格分辨率应该小于柯尔莫戈洛夫尺度，最小湍流涡流的长度尺度 η 表达式如下：

$$\eta \equiv \left(\frac{v^3}{\varepsilon}\right)^{\frac{1}{4}} \tag{2-30}$$

式中，v 是运动学黏度；ε 是黏性耗散的速率（动能通过黏度转化为热）。

$$\varepsilon \equiv \tau_{ij}\frac{\partial u_i}{\partial x_j} = 2\mu\left[S_{ij}S_{ij} - \frac{1}{3}(\nabla \cdot \boldsymbol{u})^2\right]; S_{ij} \equiv \frac{1}{2}\left(\frac{\partial u_i}{\partial x_j} + \frac{\partial u_j}{\partial x_i}\right) \tag{2-31}$$

在火灾场景中，η 通常在 1mm 量级。因此，DNS 对于所有的特殊研究火焰计算都是不切实际的。

2.3.3 LES 动量方程

LES 方程是通过将宽度为Δ的低通滤波器应用于 DNS 方程而导出的。通常 LES 采用一个体积滤波器求解有限元内的参数-网格解析量在物理上表示单元格的平均值。这种解释有点不准确，但对过滤的深入研究超出了当前技术的范围，因此理解为单元平均值就足够了。在 FDS 中，滤波器宽度取为单元体积的立方根，$\Delta = v_c^{1/3}$，$v_c = \delta_x\delta_y\delta_z$。那么对于任何连续场 φ，一个滤波场定义为

$$\overline{\phi}(x,y,z,t) \equiv \frac{1}{V_\mathrm{c}}\int_{x-\frac{\delta x}{2}}^{x+\frac{\delta x}{2}}\int_{y-\frac{\delta y}{2}}^{y+\frac{\delta y}{2}}\int_{z-\frac{\delta z}{2}}^{z+\frac{\delta z}{2}}\phi(x',y',z',t)\mathrm{d}x'\mathrm{d}y'\mathrm{d}z' \tag{2-32}$$

对于从米到公里的域大小，大多数 LES 火灾计算负担得起的网格分辨率范围从厘米到米。LES 的目标是明确地演化质量、动量和能量的单元平均值，同时考虑亚网格传输和化学对平均场的影响。为此，将箱式滤波器应用于 DNS 方程，以获得滤波后的方程。以动量方程为例，将式（2-32）代入式（2-30）得到：

$$\frac{\partial \overline{\rho u_i}}{\partial t} + \frac{\partial}{\partial x_j}\left(\overline{\rho u_i u_j}\right) = -\frac{\partial \overline{p}}{\partial x_i} - \frac{\partial \overline{\tau}_{ij}}{\partial x_j} + \overline{\rho} g_i + \overline{f}_{\mathrm{d},i} + \overline{\dot{m}_\mathrm{b}''' u_{\mathrm{b},i}} \tag{2-33}$$

单元格平均值 $\overline{\rho u_i u_j}$，在计算中本身并不是一个原始变量——无法计算条形下的项来推导式（2-33）。因此，我们必须分解这些项来计算，否则程序会因无法计算而自行关闭。下一步就是简单地应用 Favre 过滤器：

$$\frac{\partial \overline{\rho}\widetilde{u_i}}{\partial t} + \frac{\partial}{\partial x_j}\left(\overline{\rho}\widetilde{u_i u_j}\right) = -\frac{\partial \overline{p}}{\partial x_i} - \frac{\partial \overline{\tau}_{ij}}{\partial x_j} + \overline{\rho} g_i + \overline{f}_{\mathrm{d},i} + \overline{\dot{m}_\mathrm{b}''' \widetilde{u}_{\mathrm{b},i}} \tag{2-34}$$

当有一个 $\overline{\rho}$ 的解时，第一项是可分离的。但是仍然没有办法计算网格上的相关性 $\widetilde{u_i}\widetilde{u_j}$。不能简单地使用 $\widetilde{u_i u_j}$ 作为替代（这是"平方的平均值不等于均数的平方"的旧问题）。相反，亚网格尺度（SGS）应力定义为：

$$\tau_{ij}^{\mathrm{sgs}} \equiv \overline{\rho}\left(\widetilde{u_i u_j} - \widetilde{u_{ii}}\,\widetilde{u_j}\right) \tag{2-35}$$

将式（2-35）代入式（2-34）得

$$\frac{\partial \overline{\rho}\tilde{u}_i}{\partial t} + \frac{\partial}{\partial x_j}\left(\overline{\rho}\widetilde{u}_i\widetilde{u}_j\right) = -\frac{\partial \overline{p}}{\partial x_i} - \frac{\partial \overline{\tau}_{ij}}{\partial x_j} - \frac{\partial \tau_{ij}^{\mathrm{sgs}}}{\partial x_j} + \overline{\rho}g_i + \overline{f}_{\mathrm{d},i} + \overline{\dot{m}_{\mathrm{b}}'''\widetilde{u}_{\mathrm{b},i}} \qquad (2\text{-}36)$$

式（2-36）通常被称为 LES 动量方程（类似于柯西方程的本构模型尚未应用）。一旦我们找到一个合适的亚网格尺度应力 τ_{ij}^{sgs}，就可以代入初始变量或计算变量。

为了使式（2-37）成立，还需要进行一些修改。分解 SGS 应力，并应用牛顿黏度定律作为偏应力的本构关系。注意，$\overline{\tau}_{ij}$ 已经是黏性应力的偏量部分。总偏应力的关系式为

$$\tau_{ij}^{\mathrm{dev}} \equiv \overline{\tau}_{ij} + \tau_{ij}^{\mathrm{sgs}} - \frac{1}{3}\tau_{kk}^{\mathrm{sgs}}\delta_{ij} = -2\left(\mu + \mu_t\right)\left[\tilde{S}_{ij} - \frac{1}{3}\left(\nabla \cdot \tilde{\boldsymbol{u}}\right)\delta_{ij}\right] \qquad (2\text{-}37)$$

注意，δ_{ij} 是 Kronecker δ（如果 $i=j$，$\delta_{ij}=1$，如果 $i \neq j$ 为 $\delta_{ij}=0$）。湍流黏度 μ_t 需要计算得出。

压力项修正。在低马赫流的 LES 中，SGS 应力的各向同性部分必须被压力项同化。将亚网格动能定义为 SGS 应力轨迹的一半：

$$k_{\mathrm{sgs}} = \frac{1}{2}\tau_{kk}^{\mathrm{sgs}} \qquad (2\text{-}38)$$

修正后的过滤压力为

$$\overline{p} = \overline{p} + \frac{2}{3}k_{\mathrm{sgs}} \qquad (2\text{-}39)$$

将式（2-37）和式（2-39）代入式（2-36）得

$$\frac{\partial \overline{\rho}\tilde{u}_i}{\partial t} + \frac{\partial}{\partial x_j}\left(\overline{\rho}\tilde{u}_i\tilde{u}_j\right) = -\frac{\partial \overline{p}}{\partial x_i} - \frac{\partial \tau_{ij}^{\mathrm{dev}}}{\partial x_j} + \overline{\rho}g_i + \overline{f}_{\mathrm{d},i} + \overline{\dot{m}_{\mathrm{b}}'''\tilde{u}_{\mathrm{b},i}} \qquad (2\text{-}40)$$

注意，式（2-30）与 DNS 动量式（2-19）非常相似。因此，在讨论算法的数值细节时，我们可以放松滤波器形式。用户应该简单地理解，在 LES 上下文中，当写 τ_{ij} 时，其确切意思是 τ_{ij}^{dev}，类似地，LES 中的压力 p 指的是 "$\overline{p}$"。

2.3.4 亚网格动能

通过解析速度矢量将 LES 动量方程分散，导出了单位质量解析动能的输运方程，$K = \frac{1}{2}\widetilde{u_i}\widetilde{u_j}$。

$$\overline{\rho}\frac{DK}{Dt} = -\tilde{u}_i\frac{\partial \overline{p}}{\partial x_i} - \tilde{u}_i\frac{\partial \tau_{ij}^{\mathrm{dev}}}{\partial x_j} + \left(\overline{\rho}g_i + \overline{f}_{\mathrm{b},i}\right)\tilde{u}_i$$

$$\overline{\rho}\frac{DK}{Dt} + \frac{\partial}{\partial x_j}\left[\left(\overline{p}\delta_{ij} + \tau_{ij}^{\mathrm{dev}}\right)\tilde{u}_i\right] = \overline{p}\frac{\partial \tilde{u}_i}{\partial x_i} + \tau_{ij}^{\mathrm{dev}}\frac{\partial \tilde{u}_i}{\partial x_j} + \left(\overline{\rho}g_i + \overline{f}_{\mathrm{b},i}\right)\tilde{u}_i \qquad (2\text{-}41)$$

2.3.5 平均强迫速度场模型

平均强迫是常在数据同化中使用的一种技术，一般应用于风场模型中。给定一个垂直时变风场 $\boldsymbol{u}_\infty(z,t)$，假设它适用于整个计算域，在动量方程中加入一个强迫项：

$$\frac{\partial \boldsymbol{u}}{\partial t} = \cdots + \frac{\boldsymbol{u}_\infty - \overline{\boldsymbol{u}}}{\tau} \qquad (2\text{-}42)$$

其中，u 是大气的特定水平切片（通常是网格单元的单个水平行）上的平均速度矢量。松弛时间尺度 τ 由用户选择，使计算的速度场遵循指定的风场。在风稳定的情况下，τ 的值相当大，因此强迫项很小。然而，如果风场随时间波动较快，则需要根据一定的试错来选择 τ 的值。

2.4 湍流燃烧模型

模拟湍流中的化学反应在数学上具有挑战性，因为与反应相关的长度和时间尺度可能比模拟可以在空间和时间上解决的要低几个数量级。当燃料和氧化剂最初未混合（扩散火焰），并且动力学与混合相比很快时，简单的涡流耗散概念（EDC）模型就足够了。然而，对于更复杂的反应，如一氧化碳和烟尘的形成，反应和混合的时间尺度可能重叠，需要一个更普遍的方法。

为此，开发了一种简单的混合环境方法来消除 E 平均化学源项 $\dot{m}_\alpha'''$。对于纯扩散火焰，FDS 中使用的方法与 EDC 类似，但该方法并不局限于扩散火焰。每个计算单元都被认为是一个湍流间歇式反应器。在一个时间步长开始，每个单元都有某种程度混合的物质（反应物、生成物、惰性物质）的初始浓度。通常，混合速率主要由湍流决定。

2.4.1 反应时间尺度模型

在本小节中描述了一个基于流场局部状态的混合时间表达式。本节提出的模型背后的基本思想是考虑扩散、亚网格尺度（SGS）平流和浮力加速这三个物理过程，并将这些过程中最快的一个过程（局部）作为控制流动的时间尺度。

当 LES 滤波器宽度（单元大小）变化时，考虑 SGS 模型的行为是很重要的。扩散、SGS 平流和浮力加速度的混合时间随滤波器宽度的不同而不同，如果研究滤波器尺度的极限，就会出现一幅有趣的画面。参考图 2-1，沿着粗黑线从左向右移动，粗黑线代表假设流动条件下的时间尺度模型。

首先，反应时间尺度必须大于或等于化学时间尺度 τ_{chem}，它与火焰厚度的穿越时间成正比，$\tau_{\text{chem}} \sim \delta/s_{\text{L}}$，其中 $\delta = D_F/s_{\text{L}}$，$D_F$ 是燃料的扩散率，s_{L} 是火焰速度。在稍大的尺度上，我们预计混合时间会随着过滤器宽度的平方而变化，因为混合是由分子扩散控制的。在此区间（记为 τ_{d}）中，数值解是一个 DNS，当 Δ 小于最小湍流漩涡的长度尺度柯尔莫哥罗夫尺度 η 时，该标度律是有效的［在本讨论中，假设施密特数（Sc）为一阶］。对于足够高的雷诺数流动（存在惯性范围），当滤波器宽度增加到超过柯尔莫哥罗夫尺度时，会遇到一个标记为 τ_{u} 的区域，湍流平流控制混合速率，混合时间随滤波器宽度的三分之二次方而变化。这是大多数 LES 模型有效的状态（重要的是要认识到火不同于湍流燃烧，因为局部高 Re 的假设通常是无效的）。

假设当滤波器宽度超过惯性子范围增加到比火焰本身的高度更大的长度尺度时，混合时间会发生怎样的变化（实际上在野火建模中是可能的）。预计惯性范围不会继续上升到所谓的湍流长度标度的"含能量"范围。相反，对于火灾，预计浮力加速度将控制在这些相对粗糙的尺度上的混合。基于恒定加速度的时间尺度是滤波器宽度的平方根，如图 2-1 中标记为 τ_{g} 的状态所示。考虑到图 2-1 的对数-对数性质，缩放比例的这种变化可能看起来很小，但基于加速度的时间尺度对大单元格大小的影响确实很大。最后，注意火焰高度对反应时间尺度有一个限制，这里用 τ_{flame} 表示，因为所有的燃料必须在一个单元格内消耗完毕。

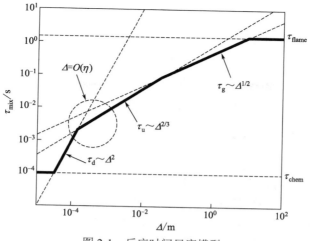

图 2-1   反应时间尺度模型

当然，物理过程的相对重要性将取决于流量。例如，如果重力较弱，τ_g 线向上移动，在达到火焰时间尺度之前可能不会影响反应时间。如果流动是高度湍流的，则惯性范围尺度可能更占优势，这将通过 τ_u 线的降低来表示。或者，对于高湍流射流火焰 τ 火焰可以在加速度时间尺度没有任何影响之前达到。也许对于低应变火灾来说，更典型的情况是，如果惯性范围不存在（即雷诺数相对于弗劳德数太低），那么图 2-1 中的 τ_u 线就会向上移出图像，则只剩下扩散和浮力来控制混合。图 2-1 中的粗实线在数学上表示为

$$\tau_{mix} = \max\left[\tau_{chem},\ \min\left(\tau_d, \tau_u, \tau_g, \tau_{chem}\right)\right] \tag{2-43}$$

$$\tau_d = \frac{\Delta^2}{D_F} \tag{2-44}$$

$$\tau_u = \frac{C_u \Delta}{\sqrt{(2/3)k_{sgs}}} \tag{2-45}$$

$$\tau_g = \sqrt{2\Delta/g} \tag{2-46}$$

式中，D_F 是燃料种类的扩散率。请注意，k_{sgs} 是单位质量的未闭合亚网格动能，默认情况下取自湍流黏度模型。平流时间尺度常数经过校准，以匹配赫斯克斯塔德火焰高度相关性，并设置为 $C_u = 0.4$。加速度时间标度 τ_g 是在恒定加速度下，从静止开始行驶距离 Δ 所需的时间，$g = 9.81 \text{m/s}^2$。

2.4.2   预混反应时间积分

设物种 α 的单元格平均质量分数为 $\tilde{Y}_\alpha(t)$。假设单元格内的任何气体存在于两种状态之一：完全未混合或完全混合。设 $\hat{Y}_\alpha(t)$ 表示混合反应区中物种 α 的质量分数，初始时等于单元格平均值，$\tilde{Y}_\alpha^0 = \left(\hat{Y}_\alpha - \tilde{Y}_\alpha^0\right)$。为了方便起见，定义 $\zeta(t)$ 为单元格内未混合的质量分数。

$$\frac{d\zeta}{dt} = -\frac{\zeta}{\tau_{mix}} \tag{2-47}$$

$$\zeta(t) = \zeta_0 e^{-t/\tau_{mix}} \tag{2-48}$$

初始条件 ζ_0，可以代入指定数值或从被动标量输运方程的更新中获得。目前，FDS 默认

$\zeta_0 = 1$，该假设适用于湍流扩散火焰。

在任何时间点，计算单元的组成可以通过合并未混合和混合部分来确定：

$$\tilde{Y}_\alpha(t) = \zeta(t)\tilde{Y}_\alpha^0 + \left[1 - \zeta(t)\right]\hat{Y}_\alpha(t) \tag{2-49}$$

对时间进行微分并代入式（2-37），所需的化学源项的模型由下式给出：

$$\dot{m}_b''' = \rho\frac{\mathrm{d}\tilde{Y}_\alpha}{\mathrm{d}t} = \rho\left[\frac{\zeta}{\tau_{\mathrm{mix}}}\left(\hat{Y}_\alpha - \tilde{Y}_\alpha^0\right) + (1 - \zeta)\frac{\mathrm{d}\hat{Y}_\alpha}{\mathrm{d}t}\right] \tag{2-50}$$

需要注意的是，在其他 EDC 方程中，未混合部分与"反应精细结构"部分的互补部分相当，但在此模型中，这一部分会随着时间的推移而演变。

相对于使用单位平均质量分数的演化方程 $\tilde{Y}_\alpha(t)$，更方便的是使用混合反应区内质量分数的类似方程 $\hat{Y}_\alpha(t)$。这个等效的演化方程的推导过程如下所述，假设网格单元内的总质量在一个时间步长内是恒定的。混合反应区的组成由两个过程改变：混合（质量从未混合区转移到混合区）和化学反应。用 ρV_c 表示这部分质量，其中 ρ 是初始单元质量密度，V_c 是单元体积。未混合质量用 $U(t)$ 表示，混合质量用 $M(t)$ 表示。以下方程描述了单元质量的演化：

$$\rho V_c = U(t) + M(t) \tag{2-51}$$

$$U(t) = \zeta(t)\rho V_c \tag{2-52}$$

$$M(t) = \left[1 - \zeta(t)\right]\rho V_c \tag{2-53}$$

在混合反应区内，设 $\hat{m}_\alpha(t)$ 为 α 物质的质量。混合区 α 的质量分数可以写成：

$$\hat{Y}_\alpha(t) \equiv \frac{\hat{m}_\alpha(t)}{M(t)} \tag{2-54}$$

混合区的浓度很重要，因为阿伦尼斯速率定律仅基于混合成分。控制混合物质质量的 ODE 为

$$\begin{aligned}
\frac{\mathrm{d}\hat{m}_\alpha}{\mathrm{d}t} &= \hat{Y}_\alpha\frac{\mathrm{d}M}{\mathrm{d}t} + M\frac{\mathrm{d}\hat{Y}_\alpha}{\mathrm{d}t} \\
&= -\tilde{Y}_\alpha^0\frac{\mathrm{d}U}{\mathrm{d}t} + M\frac{\mathrm{d}\hat{Y}_\alpha}{\mathrm{d}t} \\
&= \rho V_c\left[\frac{\zeta\tilde{Y}_\alpha^0}{\tau_{\mathrm{mix}}} + (1 - \zeta)\frac{\mathrm{d}\hat{Y}_\alpha}{\mathrm{d}t}\right]
\end{aligned} \tag{2-55}$$

RHS 的第一个术语解释了混合，第二个术语代表化学动力学。注意，在第二步中，我们利用了未混合成分在整个时间步骤中保持恒定（在初始单元平均值）的事实。第三步来自式（2-47）、式（2-52）和式（2-53）。

2.4.3 反应时间步长数值解

在本小节中，讨论式（2-55）的数值解。设 Δt^k 表示积分中的第 k 个子时间步长（小于或等于 LES 时间步长 δ_t），$t^k = 0$。积分是分时间进行的，因此首先进行混合，然后进行反应。在时间区间 t^k 到 $t^k + \Delta t^k$ 内：

$$\hat{m}_\alpha^* = \hat{m}_\alpha(t^k) - \left[\zeta(t^k + \Delta t^k) - \zeta(t^k)\right]\tilde{Y}_\alpha^0\rho V_c \tag{2-56}$$

$$\hat{Y}_\alpha^* = \frac{\hat{m}_\alpha^*}{M^*} \tag{2-57}$$

$$\hat{Y}_\alpha(t^k + \Delta t^k) = \hat{Y}_\alpha^* + \Delta\hat{Y}_\alpha^* \tag{2-58}$$

上标*表示混合后的值。第一步式（2-55）是混合步骤式（2-54）中的第一项的解析解，由式（2-48）得到。式（2-58）中所需的混合时间尺度 τ_{mix} 利用式（2-53）在每个 LES 时间步长计算一次，并在反应器集成期间保持恒定。混合质量 $M^* = M\left(t^k + \Delta t^k\right)$ 在子区间结束时用式（2-53）计算。对于快速化学反应，只采取一个步骤（$\Delta t^{k=1} = \delta_t$），在时间积分结束时，将混合区 $\hat{Y}_\alpha\left(\delta_t\right)$ 与未混合质量结合，得到最终的单元组成。反应体系的复杂性决定式（2-58）中 $\Delta \hat{Y}_\alpha^*$（因化学反应而引起的 α 质量分数的变化）的方法。

2.4.4 化学反应速率模型

（1）有限速率化学模型 对于简单反应，燃烧反应的变化受反应物限制：

$$\Delta \hat{Y}_F = -\min\left(\hat{Y}_F, \hat{Y}_\alpha \frac{v_F W_F}{v_\alpha W_\alpha}\right),\ 全部物质：\alpha \tag{2-59}$$

式（2-59）中取最小值以确保反应物种类的质量分数可行。

这种方法被用于绝大多数的大规模火灾应用，即所谓的"混合燃烧"假设，其中燃料的平均化学源项 F 是使用 Magnussen 和 Hjertager 的涡流耗散概念（EDC）建模的。

$$\dot{m}_b''' = -\rho \frac{\min\left(Y_F Y_A / s\right)}{\tau_{mix}} \tag{2-60}$$

式中，Y_F 和 Y_A 分别是燃料和空气的单位平均质量分数；s 是空气的质量化学计量系数。

对于化学速度无限快的复杂反应，反应速率被视为二阶（假设两种反应物）具有零活化能的阿伦尼乌斯反应，阿伦尼乌斯常数设置为一个大值。

（2）无限速率化学模型 考虑一个简单反应：

$$aA + bB \longrightarrow cC + dD \tag{2-61}$$

C_A 混合区浓度单位为 mol/cm³，速率常数为 k 的物种 A 的速率表达式为

$$\frac{dC_A}{dt} = -k C_A^a C_B^b \tag{2-62}$$

一组带有燃料 F 的 Nr 反应，第 i 个反应中 F 的反应速率［mol/（cm³·s）］为

$$r_{F,i} = -k_i \prod C_\alpha^{a_{\alpha,i}} \tag{2-63}$$

对于第 i 个阿伦尼乌斯反应，速率常数 k_i 取决于温度 T、温度指数 n_i、指数前因子 A_i 和活化能 E_i：

$$k_i = A_i T^{n_i} e^{-E_{a,i}/RT} \tag{2-64}$$

注意，E_a 的单位为 J/mol，A_i 的单位为 ［(mol/cm³)$^{1-\Sigma a_\alpha}$］/s，$\sum a_\alpha$ 是反应的级数。选用合适的 A_i 的单位来确保式（2-63）的单位为 mol/（cm³·s）。

第 i 个反应的物种 α 的反应速率基于化学计量系数的比率：

$$r_{\alpha,i} = \left(\frac{v_{\alpha,i}}{v_{F,i}}\right) r_{F,i} \tag{2-65}$$

混合反应区内物种 α 的浓度变化为

$$\frac{dC_\alpha}{dt} = \sum_i r_{\alpha,i} \tag{2-66}$$

FDS 只运输集中的物质，只有集中的物质才能消耗或产生。然而，需要注意的是，任何一种原始物质都可能参与反应速率定律。

对于 FDS 来说用 Y_α 来表示质量分数更方便，浓度（mol_α/cm^3）和质量分数(kg_α/kg)的关

系式为 $C_\alpha = Y_\alpha \rho / (W_\alpha \times 1000)$，其中密度 ρ 的单位为 kg/m^3。为了简化 FDS 内的计算，将式（2-62）右侧的产物浓度中的密度和分子量提出来，与其他常数结合，得到 A'：

$$A'_i = A_i \left[\prod (W_\alpha \times 1000)^{-a_{\alpha,i}} \right] \times \frac{1\text{kmol}}{10^3 \text{mol}} \times \frac{10^6 \text{cm}^3}{1\text{m}^3} \times W_F \tag{2-67}$$

质量单位的反应速率为

$$r'_{F,i} = -A'_i \rho^{\sum a_{\alpha,i}} T^{n_i} e^{-E_{a,i}/RT} \prod Y_\alpha^{a_{\alpha,i}} \, [=] \left(\frac{\text{kg}_F}{\text{m}^3 \cdot \text{s}} \right) \tag{2-68}$$

第 i 次反应中 α 的单位体积反应速率为

$$r_{\alpha,i} = \left(\frac{v_{\alpha,i} W_\alpha}{v_{F,i} W_F} \right) r'_{F,i} \, [=] \left(\frac{\text{kg}_\alpha}{\text{m}^3 \cdot \text{s}} \right) \tag{2-69}$$

最后，在混合反应区中，物质 α 的组成变化速率变为

$$\frac{d\hat{Y}_\alpha}{dt} = \frac{1}{\rho} \sum_i r'_{\alpha,i} \, [=] \left(\frac{\text{kg}_\alpha}{\text{kg} \cdot \text{s}} \right) \tag{2-70}$$

2.4.5 热释放速率

在 LES/DNS 时间步长 δt 结束时，利用每个 Nr 反应的燃料浓度变化计算混合反应堆区 α 物质的质量分数：

$$\hat{Y}_\alpha(\delta t) = \tilde{Y}_\alpha^0 + \sum_{i=1}^{N_r} \left(\frac{v_{\alpha,i} W_\alpha}{v_{F,i} W_{F,i}} \right) \Delta \hat{Y}_{F,i} \tag{2-71}$$

新的单位平均质量分数可以在时间步长结束时用方程计算：

$$\tilde{Y}_\alpha(\delta t) = \zeta(\delta t) \tilde{Y}_\alpha^0 + \left[1 - \zeta(\delta t) \right] \hat{Y}_\alpha(\delta t) \tag{2-72}$$

每单位体积的热释放量是由物质的生产速率乘以各自的生成热的总和来计算的：

$$\dot{q}''' = \rho \sum_\alpha \left[\tilde{Y}_\alpha(\delta t) - \tilde{Y}_\alpha^0 \right] \Delta h_{f,\alpha}^0 \tag{2-73}$$

2.4.6 熄灭模型

上述默认混合控制反应模型的局限性在于它假设燃料和氧气发生反应，而与局部温度、反应物浓度或应变速率无关。对于大规模、通风良好的火灾，这种近似值通常就足够了。然而，如果火灾发生在通风不足的房间内，或者如果引入了水雾或 CO_2 等灭火剂，或者如果燃料和氧气之间的应变很高，则可能不会发生燃烧。

（1）临界火焰温度　在浑浊大气中的扩散火焰将在消耗所有可用氧气之前熄灭。这种行为的典型例子是在倒置的罐子里燃烧蜡烛。一个温度 T、质量 m 和氧质量分数 Y_{O_2} 的控制体，完全燃烧将释放一定量的能量，该能量由以下公式给出：

$$Q = m Y_{O_2} \left(\frac{\Delta H}{r_{O_2}} \right) \tag{2-74}$$

式中，$\Delta H / r_{O_2}$ 的相对恒定值约为 13100kJ/kg，适用于火灾中的大多数燃料。在绝热条件下，有效氧反应释放的能量和相应的化学计量的燃料会使气体的体积温度提高到 T_f：

$$Q = m \overline{c_p} \left(T_f - T \right) \tag{2-75}$$

气体的平均比热可以基于燃烧产物的组成计算为

$$\overline{c_p} = \frac{1}{T_f - T} \sum_\alpha \int_T^{T_f} Y_\alpha c_{p,\alpha}(T') \mathrm{d}T' \qquad (2\text{-}76)$$

式（2-74）和式（2-75）相等后可得

$$Y_{O_2} = \frac{\overline{c_p}(T_f - T)}{\Delta H/r_{O_2}} \qquad (2\text{-}77)$$

在 FDS 中解释的临界火焰温度（CFT）是基于极限氧指数（LOI）计算的，即在火焰熄灭点氧化剂流中的氧体积分数。对应于 LOI 下燃料和氧气的化学计量混合物的绝热火焰温度可以使用式（2-77）导出：

$$T_{OI} = T_\infty + Y_{OI}\left(\frac{\Delta H/r_{O_2}}{\overline{c_p}}\right); Y_{OI} = \frac{X_{OI}W_{O_2}}{X_{OI}W_{O_2} + (1 - X_{OI})W_{N_2}} \qquad (2\text{-}78)$$

（2）基于氧浓度的熄灭模型　基于氧浓度的熄灭模型是 FDS 中可选熄灭模型中的第一个模型，被称为"EXTINCTION 1"将式（2-78）线性化，形成一个极限氧质量分数，它是单元平均温度 T_{ijk} 的分段线性函数：

$$Y_{O_2,\lim}(T_{ijk}) = \begin{cases} Y_{OI}\left(\dfrac{T_{OI} - T_{ijk}}{T_{OI} - T_\infty}\right) & T_{ijk} < T_{cut} \\ 0 & T_{ijk} < T_{cut} \end{cases} \qquad (2\text{-}79)$$

如果 $Y_{O_2,ijk} < Y_{O_2,\lim}$，假设局部熄灭，并且那个时间步长的网格单元格里 $\dot{m}_\alpha''' = 0$，$\dot{q}''' = 0$。对于温度为 300K（即接近室温）的控制体，极限氧质量分数为大约 0.14。该值与 Morehart 等人的测量值一致，他们测量了自熄火焰附近的氧气浓度，发现火焰在氧气浓度为 12.4%～14.3% 时会自行熄灭。请注意，是用体积分数表示，而不是质量分数。Beyler 在《SFPE 手册》中的章节提到了其他研究人员测量熄灭时的氧气浓度范围是 12%～15%。

式（2-78）中的截止温度 T_{cut} 适用于特征网格单元尺寸 δx 远大于 1cm 的模拟。在这种情况下，燃烧发生在网格单元的一小部分内，其能量无法将单元平均温度提高到临界值。该截止温度是临界火焰温度 T_{OI} 和在车厢未燃烧的燃料和氧气混合并燃烧的热气体层的温度 600℃ 的加权平均值。

$$T_{cut} = fT_{OI} + (1 - f) \times 873\mathrm{K}; f = \frac{\min(1\mathrm{cm}, \delta x)}{\delta x} \qquad (2\text{-}80)$$

根据 Pitts、Bundy 等人的测量表明，当温度升高时，温度超过约 600℃ 时，上层氧浓度降至零。

在这个简单的模型中，存在限制反应的第二个约束：

$$\dot{q}_{ijk}''' < \left[\frac{20}{(\delta x \delta y \delta z)^{\frac{1}{3}}} \times \frac{T_{OI} - T_{ijk}}{T_{OI} - T_\infty}\right] \frac{\mathrm{kW}}{\mathrm{m}^3} \qquad (2\text{-}81)$$

式中，$\dot{q}_{ijk}'''$ 是体积为 $\delta x \delta y \delta z$ 的网格单元中每单位体积的潜在热释放速率。20kW/m² 的值还没有经过严格的验证，它只是防止在氧气有限的环境中发现氧气稀释燃料气体引起虚假燃烧的情况出现。不等式右侧的温度相关函数与式（2-78）中的线性函数相同。该功能确保燃料和氧气可以完全消耗。

（3）基于燃料和氧气的熄灭模型　基于燃料和氧气的熄灭模型是 FDS 中的第二个可选的熄灭模型，被称为"EXTINCTION 2"，可以用在网格单元大小为 1cm 或更小的数值模拟。该模型在时间步长开始时考虑给定网格单元的氧气和燃料含量。如果反应物释放的潜在热量不能使单元温度升高到经验确定的临界火焰温度（T_{CFT}）以上，燃烧就会被抑制。想一个简单的反应，燃料+空气→产物，在时间步长开始和结束时，单元中各种燃料、空气和产物的质量分数分别为 $[Z_F^0, Z_A^0, Z_P^0]$ 和 $[Z_F, Z_A, Z_P]$。这些产物包括燃烧产物以及由液滴蒸发产生的氩气或水蒸气等稀释剂。等效的修正公式定义为

$$\tilde{\phi} \equiv \min\left(1, \frac{sZ_F^0}{Z_A^0}\right) = \frac{Z_A^0 - Z_A}{Z_A^0} \tag{2-82}$$

式中，s 为空气质量化学计量系数（每消耗一定燃料所需的空气质量）。熄灭标准为

$$Z_F^0 h_F(T) + \tilde{\phi} Z_A^0 h_A(T) + \tilde{\phi} Z_P^0 h_P(T) < Z_F h_F(T_{CFT}) + \left[(\tilde{\phi}-1)Z_P^0 + Z_P\right] h_P(T_{CFT}) \tag{2-83}$$

式中，T 为反应前单元平均温度；T_{CFT} 为临界火焰温度。注意，$h_\alpha(T)$ 表示化学焓加感焓，因此，不等式左边是燃烧释放的热量。如果式（2-83）成立，燃烧被抑制——燃烧释放的热量不足以使产物混合物高于其临界火焰温度。熄灭标准假设过量的燃料起到稀释剂的作用，但过量的空气和一定比例的产物不起作用。因此，主要是空气和少量燃料的大型计算单元可能会燃烧，而主要是燃料和少量空气的单元则不会燃烧。为了实现这一目标，从式（2-83）左右两边焓的计算中剔除了网格单元总质量等于 $(1-\tilde{\phi})(Z_A^0 + Z_P^0)$ 的一部分。

该熄灭模型可适用于多种反应，临界火焰温度准则适用于整个反应。换句话说，允许单独的反应发生，并将焓不等式（2-83）应用于初始和最终的物质质量分数。如果释放的能量不足，则所有反应都被抑制，物质质量分数返回到时间步长开始时的原始值。

（4）自动点火温度　为了方便用户，FDS 中可以不需要创建一个点火源来启动燃烧——燃料和空气在接触时燃烧，直到燃烧变得不可持续。然而，在某些火灾场景中，这种假设会导致在缺氧的边界虚假地燃烧燃料气体。为了防止这种情况，可以通过关闭自动点火温度的方式关闭引燃点火。如果单位温度低于用户指定的所有燃料的自动点火温度（AIT），燃烧将被抑制。每种燃料的自动点火温度默认为零，因此，用户在使用默认燃烧模型时不需要指定火源，因为燃料和氧气在接触时燃烧。

2.5　辐射模型

气相热传导和热辐射用能量方程中热流矢量的散度 $\nabla \cdot$ 表示。本节描述控制辐射分量 $\dot{q}_r''$ 的方程。

2.5.1　辐射传播模型

吸收、发射和散射介质的辐射传输方程（RTE）为

$$s \cdot \nabla I_\lambda(\mathbf{x}, s) = \underbrace{-\kappa(\mathbf{x}, \lambda) I_\lambda(\mathbf{x}, s)}_{\text{吸收能量损失}} - \underbrace{\sigma_s(\mathbf{x}, \lambda) I_\lambda(\mathbf{x}, s)}_{\text{散射能量损失}} +$$
$$\underbrace{B(\mathbf{x}, \lambda)}_{\text{发射源项}} + \underbrace{\frac{\sigma_s(\mathbf{x}, \lambda)}{4\pi} \int_{4\pi} \Phi(s', s) I_\lambda(\mathbf{x}, s') \mathrm{d}s'}_{\text{散射项}} \tag{2-84}$$

式中，$I_\lambda(\mathbf{x}, s)$ 为波长 λ 处的辐射强度；s 为强度的方向矢量；$\kappa(\mathbf{x}, \lambda)$ 和 $\sigma_s(\mathbf{x}, \lambda)$ 分别为局部吸收系数和散射系数。$B(\mathbf{x}, \lambda)$ 是发射源项，描述了由气体、煤烟和液滴/颗粒的局部混合物排放的热量，右边的积分描述了来自其他方向的散射。

在实际的模拟中，RTE 的频谱依赖关系不能准确地解决。相反，辐射光谱被划分为相对较少的波段，并为每个波段推导出单独的 RTE。例如非散射气体的波段特定 RTE 为

$$s \cdot \nabla I_n(\mathbf{x}, s) = B_n(\mathbf{x}) - \kappa_n(\mathbf{x}) I_n(\mathbf{x}, s) \tag{2-85}$$

式中，I_n 为波段 n 上的强度积分；κ_n 为该波段合适的平均吸收系数。当波段对应的强度已

知时，通过对所有波段求和来计算总强度。

$$I(\boldsymbol{x}, \boldsymbol{s}) = \sum_{n=1}^{N} I_n(\boldsymbol{x}, \boldsymbol{s}) \tag{2-86}$$

（1）辐射源项　辐射带 n 的发射源项为

$$B_n(\boldsymbol{x}) = \kappa_n(\boldsymbol{x}) I_{b,n}(\boldsymbol{x}) \tag{2-87}$$

式中，$I_{b,n}$ 为温度 T 时黑体辐射的分数（$\boldsymbol{x}$）：

$$I_{b,n}(\boldsymbol{x}) = F_n(\lambda_{\min} \lambda_{\max}) \sigma T(\boldsymbol{x})^4 / \pi \tag{2-88}$$

式中，σ 是斯特芬-玻尔兹曼常数。

即使使用相当少的波段，解决多个 RTE 也非常耗时。幸运的是，在大多数大规模火灾场景中，烟尘是控制火灾和热烟热辐射的最重要的燃烧产物。由于烟尘的辐射谱是连续的，因此可以假设气体表现为灰色介质。然后将光谱相关性集中到一个吸收系数（$N=1$）中，源项由黑体辐射强度给出：

$$I_b(\boldsymbol{x}) = \frac{\sigma T(\boldsymbol{x})^4}{\pi} \tag{2-89}$$

这是 FDS 的默认模式。然而，对于较小的火焰，与二氧化碳和水蒸气的产量相比，烟尘的产量很小，因此灰色气体的假设可能导致对发射辐射的过度预测。从使用甲烷作为燃料的一系列数值实验中发现，六个波段（$N=6$）可以准确表示燃料、CO_2 和水蒸气最重要的辐射波段。波段的位置已被调整以符合燃料光谱的大部分特征。如果已知燃料的吸收是重要的，则可以为燃料保留单独的波段，增加波段总数 n。

（2）辐射对能量方程的影响　辐射热通量矢量为

$$\dot{\boldsymbol{q}}_r''(\boldsymbol{x}) = \int_{4\pi} \boldsymbol{s}' I(\boldsymbol{x}, \boldsymbol{s}') \mathrm{d}\boldsymbol{s}' \tag{2-90}$$

在能量方程中，气相对辐射损失项的影响（在灰色气体假设下）：

$$-\nabla \cdot \dot{\boldsymbol{q}}_r''(\boldsymbol{x})(\mathrm{gas}) = \kappa(\boldsymbol{x})[U(\boldsymbol{x}) - 4\pi I_b(\boldsymbol{x})]; U(\boldsymbol{x}) = \int_{4\pi} I(\boldsymbol{x}, \boldsymbol{s}') \mathrm{d}\boldsymbol{s}' \tag{2-91}$$

对于波段 N，气相对能量方程中辐射损失项的影响为：

$$-\nabla \cdot \dot{\boldsymbol{q}}_r''(\boldsymbol{x})(\mathrm{gas}) = \sum_{n=1}^{N} \kappa(\boldsymbol{x}) U_n(\boldsymbol{x}) - 4\pi B_n(\boldsymbol{x}); U_n(\boldsymbol{x}) = \int_{4\pi} I_n(\boldsymbol{x}, \boldsymbol{s}') \mathrm{d}\boldsymbol{s}' \tag{2-92}$$

换句话说，网格单元获得的净辐射能是吸收的辐射能和发射的辐射能之间的差值。

（3）发射项的修正　在有限空间分辨率的计算中，式（2-89）中的源项 I_b 需要在火焰的燃烧区域进行特殊处理。典型的 FDS 计算使用几十厘米大小的网格单元，因此计算出的温度构成给定网格单元的整体平均温度，并且大大低于扩散火焰中的最高温度。由于源项的四次幂依赖于温度，因此源项必须在燃烧的网格单元中建模。在其他地方，计算出的温度被直接用于计算源项。假设这个"燃烧区域"是局部名义辐射损失大于指定下限 $\chi_r \dot{q}''' > 10\mathrm{kW/m}^3$ 的地方。在该区域，采用全球辐射分数模式，发射源项乘以校正因子 C。

$$I_{b,f}(\boldsymbol{x}) = C \frac{\sigma T(\boldsymbol{x})^4}{\pi}; C = \min\left\{100, \max\left[1, \frac{\sum_{\dot{q}_{ijk}''>0}(\chi_r \dot{q}_{ijk}''' + \kappa_{ijk} U_{ijk}) \mathrm{d}V}{\sum_{\dot{q}_{ijk}''>0}(4\kappa_{ijk} \sigma T_{ijk}^4) \mathrm{d}V}\right]\right\} \tag{2-93}$$

当将式（2-93）中定义的源项代入式（2-91）时，燃烧区域的净辐射发射成为总放热率的期望分数。注意，这个修正因子的下限是 1，上限是 100。上限是任意的，目的是防止模拟开始时出现错误行为。

辐射分数 χ_r 在火灾科学中是一个有用的量。它是作为热辐射发射的燃烧能量的标称分数。对于大多数可燃物，χ_r 在 0.3 和 0.4 之间。但是在式（2-93）中，χ_r 被解释为燃烧区域辐射的能量的分数。对于基底直径小于约 1m 的小型火灾，局部 χ_r 近似等于其全局对应值。然而，随着火灾规模的增加，由于不断增加的烟雾对热辐射的吸收，总体值通常会降低。

考虑不同燃料可能具有不同辐射分数值，χ_r 是在每个反应的基础上定义的。如果给定多个 χ_r 值，FDS 将通过用局部反应速率加权反应特异性 χ_r 值来生成局部 χ_r。

2.5.2 数值求解方法

把原来在时间域及空间域上连续的物理量的场，如速度场和压力场，用一系列有限个离散点上的变量值的集合来代替，通过一定的原则和方式建立起关于这些离散点上场变量之间关系的代数方程组，然后求解代数方程组获得场变量的近似值。总体来说，计算机数值模拟就是将高度非线性化的控制方程组进行离散化处理，把这种高度非线性化的方程组变成可以求解的方程组进行求解，得到温度、速度、浓度等重要的火灾参数。离散化是计算机数值模拟的关键，对计算区域进行正确合理的离散化处理，可以得到最佳的计算结果。

（1）角离散化　为了得到 RTE 的离散化形式，将单位球划分为有限个实心角，离散立体角的坐标系如图 2-2 所示。立体角的离散是通过首先将极角 θ 分成 n 个 θ 波段来完成的，其中 N_θ 是

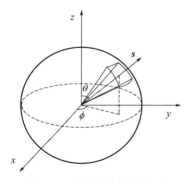

一个偶数。然后在方位角（φ）方向上将每个 θ 波段分成 $N_\varphi(\theta)$ 部分，$N_\varphi(\theta)$ 必须能被 4 整除。选择数字 N_θ 和 $N_\varphi(\theta)$ 来求出角度的总数 N_Ω 尽可能接近用户定义的值。N_Ω 计算为

$$N_\Omega = \sum_{i=1}^{N_\theta} N_\phi(\theta_i) \qquad (2\text{-}94)$$

角度的分布是基于试图产生相等立体角 δ 的经验规则 $\delta\Omega^l = 4\pi/N_\Omega$ 确定的，θ 波段的数量为

$$N_\theta = 1.17 N_\Omega^{\frac{1}{2.26}} \qquad (2\text{-}95)$$

图 2-2　角离散化的坐标系

计算结果取四舍五入到最接近的偶数值。每个波段上的 φ 角度的数量为

$$N_\phi(\theta) = \max\left\{4, 0.5 N_\Omega\left[\cos(\theta^-) - \cos(\theta^+)\right]\right\} \qquad (2\text{-}96)$$

计算结果取四舍五入到能被 4 整除的最接近的整数。θ^- 和 θ^+ 分别为 θ 波段的下限和上限。对于平面 $x=0$、$y=0$、$z=0$，离散化是对称的，这种对称有三个重要的好处：首先，它避免了由于计算单元边界强度的一阶迎风方案在非轴向比轴向更容易扩散而引起的问题；其次，镜像边界的处理变得非常简单；最后，它避免了所谓的"悬垂"情况，即 $s \cdot i$、$s \cdot j$ 或 $s \cdot k$ 在控制角内改变符号。这些"悬垂"会使最终的线性方程组变得更加复杂。

在轴对称情况下，这些"悬垂"是无法避免的，因此采用了由 Murthy 和 Mathur 提出的特殊处理方法。在这些情况下，$N_\phi(\theta_i)$ 保持不变，并且总角度为 $N_\Omega = N_\theta N_\phi$。此外，圆柱体垂直切片的角度选择与 $\delta\varphi$ 相同。

（2）空间离散化　RTE 求解器使用的网格与流体动力求解器相同。辐射输运方程[式（2-84）]的求解方法类似于流体流动有限体积法中的对流输运，因此，该方法被称为有限体积法（FVM）。

$$\int_{\delta\Omega^l}\int_{V_{ijk}}\boldsymbol{s}'\cdot\nabla I(\boldsymbol{x}',\boldsymbol{s}')\mathrm{d}\boldsymbol{x}'\mathrm{d}\boldsymbol{s}'=\int_{\delta\Omega^l}\int_{V_{ijk}}\kappa(\boldsymbol{x}')\big[I_\mathrm{b}(\boldsymbol{x}')-I(\boldsymbol{x}',\boldsymbol{s}')\big]\mathrm{d}\boldsymbol{x}'\mathrm{d}\boldsymbol{s}' \quad （2-97）$$

利用散度定理，将左侧的体积积分用单元面上的曲面积分代替。

$$\iint_{\delta\Omega^l}\int_{A_{ijk}}(\boldsymbol{s}'\cdot\boldsymbol{n}')I(\boldsymbol{x}',\boldsymbol{s}')\mathrm{d}\boldsymbol{n}'\mathrm{d}\boldsymbol{s}'=\int_{\delta\Omega^l}\int_{V_{ijk}}\kappa(\boldsymbol{x}')\big[I_\mathrm{b}(\boldsymbol{x}')-I(\boldsymbol{x}',\boldsymbol{s}')\big]\mathrm{d}\boldsymbol{x}'\mathrm{d}\boldsymbol{s}' \quad （2-98）$$

假设每个单元面上的辐射强度 $I(\boldsymbol{x},\boldsymbol{s})$ 是恒定的，则表面积分可以近似为单元面上的和。进一步假设 $I(\boldsymbol{x},\boldsymbol{s})$ 在体积 V_{ijk} 和角度 $\delta\Omega^l$ 内是常数，并且 $\kappa(\boldsymbol{x}')$ 和 $I_\mathrm{b}(\boldsymbol{x}')$ 在体积 V_{ijk} 内是常数，可以得到：

$$\sum_{m=1}^{6}A_m I_m^l\int_{\Omega^l}(\boldsymbol{s}'\cdot\boldsymbol{n}_m)\mathrm{d}\boldsymbol{s}'=\kappa_{ijk}\big(I_{\mathrm{b},ijk}-I_{ijk}^l\big)V_{ijk}\delta\Omega^l \quad （2-99）$$

式中　　I_{ijk}^l ——在 l 方向上的辐射强度；

$\qquad I_m^l$ ——在单元表面 m 上的辐射强度；

$\qquad I_{\mathrm{b},ijk}$ ——单元内的辐射黑体强度；

$\qquad \delta\Omega^l$ ——与方向 l 对应的实心角；

$\qquad V_{ijk}$ ——单元 ijk 的体积；

$\qquad A_m$ ——单元表面 m 的面积；

$\qquad \boldsymbol{n}_m$ ——单元表面 m 的单位法向量。

注意，虽然假设强度在角度 $\delta\Omega^l$ 内恒定，但其方向完全覆盖角度 $\delta\Omega^l$。局部入射辐射强度为

$$U_{ijk}=\sum_{l=1}^{N_\Omega}I_{ijk}^l\delta\Omega^l \quad （2-100）$$

在笛卡尔坐标系中，法向量 $\boldsymbol{n}_m$ 是坐标系的基向量，在立体角上的积分不依赖于物理坐标，而只依赖于方向。这些积分记为

$$D_m^l=\int_{\Omega^l}(\boldsymbol{s}'\boldsymbol{n}_m)\mathrm{d}\boldsymbol{s}' \quad （2-101）$$

然后离散方程就变成了：

$$\sum_{m=1}^{6}A_m I_m^l D_m^l=\kappa_{ijk}\big(I_{\mathrm{b},ijk}-I_{ijk}^l\big)V_{ijk}\delta\Omega^l \quad （2-102）$$

使用一阶逆风格式计算出现在式（2-98）左侧的单元面强度 I_m^l。例如考虑具有方向矢量 $\boldsymbol{s}$ 的控制角，如果辐射在正 $\boldsymbol{x}$ 方向上传播，即 $\boldsymbol{s}\cdot\boldsymbol{i}\geqslant 0$，则逆风侧的强度 I_{xu}^l 被假设为相邻单元中的强度 I_{i-ijk}^l，顺风侧的强度为单元本身的（未知）强度 I_{ijk}^l。离散 RTE 现在可以使用逆风强度 I_{xu}^l、I_{yu}^l 和 I_{zu}^l 以及 I_{ijk}^l 来书写：

$$A_x I_{xu}^l D_{xu}^l + A_x I_{ijk}^l D_{xd}^l + A_y I_{yu}^l D_{yu}^l + A_y I_{ijk}^l D_{yd}^l + A_z I_{zu}^l D_{zu}^l + A_z I_{ijk}^l D_{zd}^l$$
$$=\kappa_{ijk}I_{\mathrm{b},ijk}V_{ijk}\delta\Omega^l-\kappa_{ijk}I_{ijk}^l V_{ijk}\delta\Omega^l \quad （2-103）$$

其中 LHS 上的 d 项是在单元的逆风和下风两侧进行的积分。在直线网格中，$D_{xu}^l=-D_{xd}^l$，方程可以进一步简化。此外，在立体角上的积分可以解析计算：

$$D_x^l=\int_{\Omega^l}(\boldsymbol{s}^l\cdot\boldsymbol{i})\mathrm{d}\Omega=\int_{\delta\phi}\int_{\delta\theta}(\boldsymbol{s}^l\cdot\boldsymbol{i})\sin\theta\mathrm{d}\theta\mathrm{d}\phi=\int_{\delta\phi}\int_{\delta\theta}\cos\phi\sin\theta\sin\theta\mathrm{d}\theta\mathrm{d}\phi$$
$$=\frac{1}{2}\big(\sin\phi^+-\sin\phi^-\big)\Big[\Delta\theta-\big(\cos\theta^+\sin\theta^+-\cos\theta^-\sin\theta^-\big)\Big] \quad （2-104）$$

$$D_y^l = \int_{\Omega^l} \left(\mathbf{s}^l \cdot \mathbf{j} \right) \mathrm{d}\Omega = \int_{\delta\phi} \int_{\delta\theta} \sin\phi \sin\theta \sin\theta \mathrm{d}\theta \mathrm{d}\phi$$
$$= \frac{1}{2} \left(\cos\phi^- - \cos\phi^+ \right) \left[\Delta\theta - \left(\cos\theta^+ \sin\theta^+ - \cos\theta^- \sin\theta^- \right) \right] \tag{2-105}$$

$$D_z^l = \int_{\Omega^l} \left(\mathbf{s}^l \cdot \mathbf{k} \right) \mathrm{d}\Omega = \int_{\delta\phi} \int_{\delta\theta} \cos\theta \sin\theta \mathrm{d}\theta \mathrm{d}\phi$$
$$= \frac{1}{2} \Delta\phi \left[\left(\sin\theta^+ \right)^2 - \left(\sin\theta^- \right)^2 \right] \tag{2-106}$$

$$\delta\Omega^l = \int_{\Omega^l} \mathrm{d}\Omega = \int_{\delta\phi} \int_{\delta\theta} \sin\theta \mathrm{d}\theta \mathrm{d}\phi \tag{2-107}$$

未知强度 I_{ijk}^l 的方程（2-103）的形式为

$$a_{ijk}^l I_{ijk}^l = a_x^l I_{xu}^l + a_y^l I_{yu}^l + a_z^l I_{zu}^l + b_{ijk}^l \tag{2-108}$$

其中：

$$a_{ijk}^l = A_x \left| D_x^l \right| + A_y \left| D_y^l \right| + A_z \left| D_z^l \right| + \kappa_{ijk} V_{ijk} \delta\Omega^l \tag{2-109}$$

$$a_x^l = A_x \left| D_x^l \right| \tag{2-110}$$

$$a_y^l = A_y \left| D_y^l \right| \tag{2-111}$$

$$a_z^l = A_z \left| D_z^l \right| \tag{2-112}$$

$$b_{ijk}^l = \kappa_{ijk} I_{b,ijk} V_{ijk} \delta\Omega^l \tag{2-113}$$

这里的 i、j 和 k 是笛卡尔坐标系的基向量。θ^+、θ^-、φ^+ 和 φ^- 分别是控制角在极角方向和方位角方向上的上、下边界，以及 $\Delta\theta = \theta^+ - \theta^-$ 和 $\Delta\varphi = \varphi^+ - \varphi^-$ 的求解法。

式（2-103）的求解方法基于显式行进序列。行进方向取决于辐射强度的传播方向。由于行进方向为"顺风"方向，因此三个空间方向上的"逆风"强度都是已知的，并且强度可以直接由代数方程求解。在第一个待解单元中，所有逆风强度均由固相或气相边界确定。理论上，如果反射或散射很重要，或者场景光学非常厚，则需要迭代。目前 FDS 中没有进行迭代。

（3）边界条件 离开灰体扩散壁的辐射强度的边界条件如下：

$$I_{\mathrm{w}}(\mathbf{s}) = \frac{\varepsilon\sigma T_{\mathrm{w}}^4}{\pi} + \frac{1-\varepsilon}{\pi} \int_{\mathbf{s}' \cdot \mathbf{n}_{\mathrm{w}} < 0} I_{\mathrm{w}}(\mathbf{s}') \left| \mathbf{s}' \cdot \mathbf{n}_{\mathrm{w}} \right| \mathrm{d}\mathbf{s}' \tag{2-114}$$

式中，$I_{\mathrm{w}}(\mathbf{s})$ 为壁面强度；ε 为发射率；T_{w} 为壁面温度。在离散形式下，固体壁面上的边界条件为

$$I_{\mathrm{w}}^l = \frac{\varepsilon\sigma T_{\mathrm{w}}^4}{\pi} + \frac{1-\varepsilon}{\pi} \sum_{D_{\mathrm{w}}^{l'} < 0} I_{\mathrm{w}}^{l'} \left| D_{\mathrm{w}}^{l'} \right| I_{\mathrm{w}}^{l'} \left| D_{\mathrm{w}}^{l'} \right| \tag{2-115}$$

式中 $D_{\mathrm{w}}^{l'} = \int_{\Omega^{l'}} \left(\mathbf{s} \cdot \mathbf{n}_{\mathrm{w}} \right) \mathrm{d}\Omega$，$D_{\mathrm{w}}^{l'} < 0$ 意味着在计算反射时只考虑了"传入"方向，因此壁面的净辐射热通量为

$$\dot{q}_{\mathrm{r}}'' = \sum_{l=1}^{N_\Omega} I_{\mathrm{w}}^l \int_{\delta\Omega^l} \left(\mathbf{s}' \cdot \mathbf{n}_{\mathrm{w}} \right) \mathrm{d}\mathbf{s}' = \sum_{l=1}^{N_\Omega} I_{\mathrm{w}}^l D_n^l \tag{2-116}$$

其中 D_n^l 的系数等于 $\pm D_x^l$、$\pm D_y^l$ 或 $\pm D_z^l$，可以在计算开始时对每个墙体单元进行计算。

开放边界被视为黑墙，其中入射强度是环境温度的黑体强度。在镜像边界上，离开墙壁的强度是使用预定义的连接矩阵从入射强度计算出来的：

$$I_{\mathrm{w},ijk}^l = I^{l'} \tag{2-117}$$

通过在 x、y 和 z 平面上保持立体角离散对称，可以避免在所有传入方向上计算密集的积分。连接矩阵将一个传入方向 l' 与每个壁单元上的每个镜像方向相关联。

2.5.3 吸收和散射模型

液滴和小颗粒对热辐射的衰减是一个重要的考虑因素，特别是对于水雾系统。液滴和颗粒通过散射和吸收的结合来减弱热辐射。因此，为了准确预测辐射场和粒子能量平衡，必须解决辐射-喷雾相互作用问题。为简便起见，暂不考虑气相吸收和发射，则辐射输运方程为

$$s \cdot \nabla I_\lambda (x,s) = -\left[\kappa_p (x,\lambda) + \sigma_p (x,\lambda) \right] I_\lambda (x,s) + \kappa_p (x,\lambda) I_{b,p} (x,\lambda)$$
$$+ \frac{\sigma_p (x,\lambda)}{4\pi} \int_{4\pi} \Phi (s,s') I_\lambda (x,s') ds' \tag{2-118}$$

式中，κ_p 为粒子吸收系数；σ_p 为粒子散射系数；$I_{b,p}$ 为粒子发射项；$\Phi(s',s)$ 是一个散射相函数，给出了从 s' 到 s 方向的散射强度分数。

（1）吸收系数和散射系数 粒子的辐射吸收和散射取决于它们的横截面积和辐射材料的性质。为方便计算，假设粒子是球形的，在这种情况下，粒子的横截面积为 πr^2，其中 r 是粒子半径。将 x 位置粒子的局部数密度分布记为 $n[r(x)]$，则喷雾/粒子云内的局部吸收散射系数可由式计算得到：

$$\kappa_p (x,\lambda) = \int_0^\infty n[r(x)] Q_a (r,\lambda) \pi r^2 dr \tag{2-119}$$

$$\sigma_p (x,\lambda) = \int_0^\infty n[r(x)] Q_s (r,\lambda) \pi r^2 dr \tag{2-120}$$

式中，Q_a 和 Q_s 分别为吸收和散射效率。对于喷雾/粒子云的辐射特性计算，假设粒子为球形，并利用 Mie 理论计算单个粒子的辐射特性。

网格单元内部的真实粒径分布在 FDS 中的模型为单分散悬浮液，其直径对应于多分散喷雾的 Sauter 平均直径，这个假设将辐射系数的表达式简化为

$$\kappa_p (x,\lambda) = A_p (x) Q_a (r_{32},\lambda) \tag{2-121}$$

$$\sigma_p (x,\lambda) = A_p (x) Q_s (r_{32},\lambda) \tag{2-122}$$

这些表达式是液滴每单位体积的总横截面积 A_p 的函数，A_p 可以简单地通过将细胞内所有液滴的横截面积相加并除以单位体积来计算。根据实际情况，需要加入松弛因子 0.5 使 A_p 的时间变化曲线更平滑。

（2）近似散射积分 式（2-118）积分的精确计算将非常耗时，并且需要大量的内存，因为必须存储每个位置的单个强度。可以推导出其简化形式：

$$s \cdot \nabla I_\lambda (x,s) = -\left[\kappa_p (x,\lambda) + \bar{\sigma}_p (x,\lambda) \right] I_\lambda (x,s)$$
$$+ \kappa_p (x,\lambda) I_{b,p} (x,\lambda) + \frac{\bar{\sigma}_p (x,\lambda)}{4\pi} U (x,\lambda) \tag{2-123}$$

式中，$U(x)$ 为单位球上的总强度积分；$\bar{\sigma}_p$ 为有效散射系数。这个简化的方程可以在频谱上进行积分，以得到特定波段的 RTE。程序与气相 RTE 完全相同。经过波段积分后，n 波段的喷雾 RTE 为

$$s \cdot \nabla I_n (x,s) = -\left[\kappa_{p,n} (x) + \bar{\sigma}_{p,n} (x) \right] I_n (x,s)$$
$$+ \kappa_{p,n} (x) I_{b,p,n} (x) + \frac{\bar{\sigma}_{p,n} (x)}{4\pi} U_n (x) \tag{2-124}$$

其中源函数基于单元内的平均粒子温度。

（3）散射的正向分数　在式（2-123）中的有效散射系数定义为

$$\bar{\sigma}_p(x,\lambda) = \frac{4\pi}{4\pi - \delta\Omega^l}\left[1 - \chi_f(x,\lambda)\right]\sigma_p(x,\lambda) \tag{2-125}$$

其中 χ_f 是原实体角 $\delta\Omega^l$ 内的总强度分散到同一角度 $\delta\Omega^l$ 的百分比。χ_f 为

$$\chi_f(r,\lambda) = \frac{1}{\delta\Omega^l}\int_{\mu^l}^{1}\int_{\mu^l}^{1}\int_{\mu_{p,0}}^{\mu_{p,\pi}} \frac{P_0(\theta_p,\lambda)}{\left[\left(1-\mu^2\right)\left(1-\mu'^2\right) - \left(\mu_p - \mu\mu'\right)^2\right]^{\frac{1}{2}}} d\mu_p d\mu d\mu' \tag{2-126}$$

式中，μ_p 是散射角 θ_p 的余弦；$P_0(\theta_p,\lambda)$ 是单液滴散射相函数。

$$P_0(\theta_p,\lambda) = \frac{\lambda^2\left[\left|S_1(\theta_p)\right|^2 + \left|S_2(\theta_p)\right|^2\right]}{2Q_s(r,\lambda)\pi r^2} \tag{2-127}$$

式中，$S_1(\theta_p)$ 和 $S_2(\theta_p)$ 是由 mie 理论给出的散射振幅；积分极限 μ^l 是定义对称控制角 $\delta\Omega^l$ 边界的极坐标角的余弦。

$$\mu^l = \cos(\theta^l) = 1 - \frac{2}{N_\Omega} \tag{2-128}$$

最内层被积函数的极限为

$$\mu_{p,0} = \mu\mu' + \sqrt{1-\mu^2}\sqrt{1-\mu'^2}; \mu_{p,\pi} = \mu\mu' - \sqrt{1-\mu^2}\sqrt{1-\mu'^2} \tag{2-129}$$

（4）求解过程　在模拟过程中不重复计算吸收系数和散射系数 κ_p 和 $\bar{\sigma}_p$。相反，在模拟开始时为每个波段和不同的索氏平均直径范围 r_{32} 制作了表格。现在仅函数 r_{32} 的平均量存储在一维数组中。在模拟过程中，可以通过查表找到局部属性得到上述系数值。

在 κ_p 和 $\bar{\sigma}_p$ 的波段积分中，使用恒定的"辐射"温度 Trad 来提供波长加权（普朗克函数）。应选择 Trad 来表示典型的辐射火焰温度。默认情况下使用 1173K 的值。

（5）被液滴和小颗粒吸热的物质　液滴对辐射损失项的贡献为

$$\dot{q}_r'' \equiv -\nabla \cdot \dot{q}_r''(x)(\text{ droplets}) = \kappa_p(x)\left[U(x) - 4\pi I_{b,p}(x)\right] \tag{2-130}$$

对于每个单个液滴，辐射加热/冷却功率计算为

$$\dot{q}_r = \frac{m_p}{\rho_p(x)}\kappa_p(x)\left[U(x) - 4\pi I_{b,p}(x)\right] \tag{2-131}$$

式中，m_p 为液滴的质量；$\rho_p(x)$ 为单位液滴的总密度。

2.6　HVAC 控制方程

暖通空调系统（HVAC，heating，ventilation，and air conditioning）贯穿于整个建筑环境中，在火灾期间，暖通空调管道不仅可以作为热量和燃烧产物通过建筑物移动的路径，也可以提供新鲜空气。在一些设施中，如数据中心和洁净室，火灾探测装置放置在暖通空调管道内部。暖通空调系统也可以作为建筑消防系统的一部分，用于排烟或维持楼梯间的加压。

FDS 对于速度或质量通量具有相对简单的固定流动边界条件和压力边界条件。FDS 仅可以表示简单的暖通空调功能，并不能模拟整个多房间系统。此外，在组成暖通空调网络的多个入口和出口之间没有耦合质量、动量和能量的解决方案。为了解决这一问题，FDS 中添加了一个暖通空调网络求解器。

2.6.1 控制方程

整体暖通空调求解器是基于 MELCOR 热液压求解器，MELCOR 是一个模拟核电站安全壳建筑物事故的计算机程序。火灾烟雾模拟器（FSSIM）是一种网络火灾模型，可以模拟复杂通风系统下的火灾蔓延和烟雾运动方面，FDS MELCOR 求解器主要基于 FSSIM 的实现。HVAC 求解器与 FDS 计算的其余部分的耦合部分基于 GOTHIC 中采用的方法，GOTHIC 是另一个容器分析代码，将大型容器体积的类似 CFD 的特征与管道和通风的网络模型耦合在一起。

MELCOR 求解器使用了质量和能量守恒方程的显式求解器和动量守恒方程的隐式求解器。暖通空调系统被表示为节点和管道的网络。节点表示风管与 FDS 计算域连接的位置，或多个风管连接的位置（例如在 T 形三通处）。网络中的管道段代表任何不被节点中断的连接连续流动路径，因此可能包括多个配件（弯头，膨胀或收缩等），并且可能在其长度上具有不同的面积。该模型的当前实现没有考虑到 HVAC 网络中的大量存储。质量、能量和动量（按这个顺序）为节点的守恒方程如下：

$$\sum_j \rho_j u_j A_j = 0 \tag{2-132}$$

$$\sum_j \rho_j u_j A_j h_j = 0 \tag{2-133}$$

$$\rho_j L_j \frac{\mathrm{d}_{uj}}{\mathrm{d}t} = (p_i - p_k) + (\rho g \Delta z)_j + \Delta p_j - \frac{1}{2} K_j \rho_j |u_j| u_j \tag{2-134}$$

式中，u 是管道速度；A 是管道面积；h 是管道中流体的焓；下标 j 表示管道段，下标 i 和 k 表示节点（一个或多个管道连接或管道在隔室中终止的位置）；Δp 为固定动量源（风机或鼓风机）；L 为管段长度；K 为管段的总无量纲损失系数（包括壁面摩擦损失和轻微损失）。

由于节点没有体积，质量和能量守恒方程要求流入节点的也必须流出。在动量方程中，右侧项包括上游和下游节点之间的压力梯度、浮力、由外部源（例如风扇或鼓风机）引起的压力上升，以及由于壁面摩擦或管道配件的存在而造成的压力损失。

2.6.2 方程求解

由于损失项，动量方程（2-134）与速度之间是非线性的。此外，网络中两个节点之间的压力差受到与该管道直接（同一管道网络的一部分）或间接（作为另一个管道网络连接到同一隔间）耦合的所有节点的压力变化的影响。解动量方程时，需要考虑这两个因素，这是通过以下离散化完成的：

$$u_j^{n+1} = u_j^n + \frac{\Delta t^n}{\rho_j L_j} \left[(\tilde{p}_i^n - \tilde{p}_k^n) + (\rho g \Delta z)_j^n + \Delta p_j^n - \frac{1}{2} K_j \rho_j (|u_j^{n-} + u_j^{n+}| u_j^n - |u_j^{n+}| u_j^{n-}) \right] \tag{2-135}$$

利用速度的上标 n^+ 和 n^- 对管道内的流量损失进行线性化处理，以避免速度的非线性微分方程。n^+ 为先前的迭代值，如果迭代之间发生流量反转，则 n^- 为先前迭代值或零。当管道流量接近于零时，这种方法用于加速收敛，以避免在正向和反向损失明显不同的情况下引起 K 的

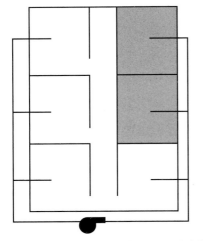

图 2-3　相互依赖的压力解的图示（无阴影的隔间都有相互依赖的压力）

大变化。请注意，节点压力不表示为 p_i^n，而是表示为 $\tilde{p}_i^n$。这表示当前时间步长结束时的外推压力，而不是时间步长结束时的实际压力。隔间内的压力是流进/出的质量和能量的函数。如果该隔间通过门或其他开口与其他隔间相连，那么压力也取决于进出这些其他隔间的流量。这些质量和能量流既包括 HVAC 模型预测和 CFD 模型预测，例如在图 2-3 中，未带阴影的隔间的压力解决方案依赖于 HVAC 模型和 CFD 模型预测的流量，所有这些隔间都需要包括在这些隔间的外推压力中。由于这两个模型不是完全耦合的，外推压力是在前一个时间步长压力上升的基础上对时间步长结束时压力的估计。

对进出 FDS 压力区的所有相互依赖的暖通空调流量的当前解进行速度积分校正：

$$\tilde{p}_i^n = p_i^{n-1} + \left(\frac{\mathrm{d} p_i^{n-1}}{\mathrm{d} t} + \frac{\sum_j u_j^{n-1} A_j^{n-1} - \sum_j u_j^n A_j^n}{\int_{\Omega_m} P \mathrm{d} V} \right) \Delta t^n = \tilde{p}_i^{*n} - \frac{\Delta t^n \sum_j u_j^n A_j^n}{\int_{\Omega_m} P \mathrm{d} V} \qquad (2\text{-}136)$$

如果将该时间步长预测速度的求和项从式（2-136）中移除并置于式（2-135）的左侧，将式（2-136）的剩余项置于右侧，我们可以得到：

$$u_j^n \left(1 + \frac{\Delta t^n K_j}{2 L_j} \left| u_j^{n-} + u_j^{n+} \right| \right) - \frac{\Delta t^{n2}}{\rho_j L_j} \times \frac{\sum_{j \in i} u_j^n A_j^n - \sum_{j \in k} u_j^n A_j^n}{\int_{\Omega_m} P \mathrm{d} V}$$

$$= u_j^{n-1} + \frac{\Delta t^n}{\rho_j L_j} \left[\tilde{p}_i^{*n} - \tilde{p}_k^{*n} + (\rho g \Delta z)_j + \Delta p_j \right] + \frac{\Delta t^n K_j}{2 L_j} \left| u_j^{n+} \right| \left| u_j^{n-} \right| \qquad (2\text{-}137)$$

如果式（2-137）中管道 j 的节点 i 或节点 k 为管道内节点，则不计算外推压力，而是求解实际节点压力。对每个管道应用式（2-137）得到一个线性方程组。对管道内节点的质量守恒方程进行补充，得到完整的方程集。解决方案如下：

利用前面的时间步长值，确定 HVAC 网络连接 FDS 计算域的所有点的边界条件。

使用前一次迭代（如果是第一次迭代，则是前一个时间步）计算每个压力区的外推压力。

将动量守恒和质量守恒的线性方程组组合起来。

求解方程并检查在质量守恒、时间步长上的流量反转以及每个管道的速度解的变化幅度方面的误差。如果任何收敛性检查失败，则用新的外推压力重新迭代解决方案。每次迭代取密度和焓值作为逆风值，每次迭代后，使用速度和压力解更新每个节点的温度和密度。节点温度是通过将流入节点的焓加起来，并计算代表总焓的平均温度来计算的，然后用状态方程和新的温度来更新密度。

（1）过滤器　过滤器对暖通空调网络中的流量有两种影响。首先，过滤器会造成流量损失，其大小取决于过滤器的负载。其次，过滤器根据过滤器的效率函数从流经过滤器的流体中去除质量。使用每个时间步开始时的滤波器负载来评估滤波器损失，这一损失作用于上游管道。过滤器损失是使用线性斜坡或用户定义的表格作为总过滤器负载的函数计算的。过滤器的总负载是通过将捕获的每个物种的质量乘以该物种的加权因子求和来确定的。

假设过滤器去除被过滤器捕获的物质的固定部分（过滤器的效率），每个物质都可以有自己的去除效率。因此，过滤器的计算公式如下：

$$u_{out}\rho_{out}A_{out} = u_{in}\rho_{in}A_{in} - \sum_j u_{in}\rho_{in}A_{in}Y_{j,in}E_j$$

$$= u_{in}\rho_{in}A_{in}\left(1 - \sum_j Y_{j,in}E_j\right)$$

（2-138）

式中，j 是被过滤的物种；E_j 是其去除效率。

（2）节点损失 流量流过 HVAC 系统中的某些节点，如 T 形三通等结构，会造成流动损失。然而，如式（2-136）所示，流动损失项只出现在管道的方程中。这意味着物理上与节点相关的损失必须用数值表示为连接到节点的管道中的等效损失，还需要以表示节点内流条件的方式计算损失。例如如果三通有流量进入一个支路，流出两个支路，则计算上游支路的损失是没有意义的，因为下游支路中分流的任何变化都无法区分损失。损失条件适用如下：

如果节点处没有流量，则会为连接到该节点的每个管道分配从所有其他管道流向该管道的所有损失的平均值。

如果只流入一个相连的管道，则每个流出管道都被分配从入口管道流向出口管道的流动损失。

如果只有一个连接的管道流出，则每个流入管道分配从进口管道流向出口管道的流动损失，修正从进口到出口管道面积的任何变化（节点损失作为下游管道面积的函数输入）。

如果有流量流入并流出多个管道，则每个流出管道的平均损失由流入管道的体积流量加权决定。

（3）管道损失 管道中的总流量损失 K 是管道中配件损失 K_{minor}（如弯头、膨胀/缩小、孔板）加上壁摩擦造成的损失 K_{wall} 的总和，以及有一些轻微损失是用户输入造成的。如果设置了管道粗糙度，则壁摩擦损失模型如下：

$$K_{wall} = \frac{fL}{D}$$

（2-139）

式中，D 为管道直径；f 由 Colebrook 方程确定。然而，由于这个方程没有解析解，所以使用了 Zigrang 和 Sylvester 的近似解。

$$\frac{1}{\sqrt{f}} = -2\lg\left\{\frac{\varepsilon}{3.7}\frac{}{} - \frac{4.518}{Re_D}\lg\left[\frac{6.9}{Re_D} + \left(\frac{\dfrac{\varepsilon}{D}}{3.7}\right)^{1.11}\right]\right\}$$

（2-140）

式中，ε 为管道的绝对粗糙度。

（4）加热和冷却线圈 一个管道可以包含一个加热或冷却线圈。这些物质可以增加或消除从管道中流动的物质中产生的热量。在计算节点温度之前，将这个焓变添加到下游节点的管道焓流中，有两种型号可供选择。第一种模型是恒热模型，只要线圈运行，就以固定的速率增加或去除热量。第二种模型是效率型换热器模型，该模型指定 4 个参数：工质焓（$c_{p,fl}$）、工质温度（T_{fl}）、工质质量流量（$\dot{m}_{fl}$）和效率（η）。计算焓变速率如下：

$$T_{out} = \frac{\dot{m}_{duct}c_{p,duct,in}T_{duct,in} + \dot{m}_{fl}c_{p,fl}T_{fl}}{\dot{m}_{duct}c_{p,duct,in} + \dot{m}_{fl}c_{p,fl}}$$

（2-141）

$$\dot{q}_{\text{coil}} = \dot{m}_{\text{fl}} c_{p,\text{fl}} \left(T_{\text{fl}} - T_{\text{out}} \right) \eta \qquad (2\text{-}142)$$

2.6.3 边界模型

（1）求解 HVAC 的边界条件　在更新 HVAC 解决方案之前，每个管道节点的入口条件是通过将管道节点旁边的气体单元的质量和能量相加并平均压力来确定的。然后用总质量和总能量以及平均压力来确定平均温度。

$$\bar{\rho}_i = \frac{\sum_j \rho_j A_j}{\sum_j A_j}; \quad \bar{Y}_{\alpha,i} = \frac{\sum_j Y_{\alpha,j} \rho_j A_j}{\sum_j \rho_j A_j}; \quad \bar{P}_i = \frac{\sum_j P_j A_j}{\sum_j A_j} \qquad (2\text{-}143)$$

$$\bar{h}_i = \frac{\sum_j \rho_j A_j c_p \left(T_j, Y_j \right)}{\sum_j \rho_j A_j}; \quad \bar{T}_i = \frac{\bar{h}_i}{c_p \left(\bar{T}_i, \bar{Y}_i \right)} \qquad (2\text{-}144)$$

式中，i 是一个管道节点；j 是与该节点相邻的气体单元。

（2）FDS 流体动力解算器的边界条件　对于包含从非泄漏流的 HVAC 管道流入的壁单元，表面温度 T_w 被设置为所连接管道中的值。如果流量是泄漏流，则根据分配给表面的热特性计算 T_w。其余墙体边界条件计算如下：

$$\dot{m}''_\alpha = Y_{\alpha,d} \dot{m}''; \quad \dot{m}'' = \frac{u_d \rho_d A_d}{A_v} \qquad (2\text{-}145)$$

式中，下标 d 为附着的管道，A_v 为通风口的总面积（在泄漏流的情况下，为该泄漏路径的所有表面的总面积）。

$$u_w = \frac{\dot{m}''}{\rho_w}; \quad \rho_w = \frac{p\bar{W}}{RT_w} \qquad (2\text{-}146)$$

$$Y_{\alpha,w} = \frac{\dot{m}''_\alpha + \dfrac{2\rho_w D Y_{\alpha,\text{gas}}}{\delta n}}{\dfrac{2\rho_w D}{\delta n} + u_w \rho_w} \qquad (2\text{-}147)$$

上述三个方程以 20 次迭代的极限进行迭代求解（通常只需要一次或两次迭代）。

对于流出到暖通空调管道的壁面单元，壁面边界条件设置为气体单元值，除了泄漏流，其中温度是根据分配给表面的热特性计算的。

第3章
建筑消防系统基础

3.1 消防系统简介

火是人类生存重要的条件，它既可造福于人类，也会给人们带来巨大的灾难。因此，在使用火的同时一定注意对火的控制，也就是对火的科学管理。"以防为主，防消结合"的消防方针是相关的工程技术人员必须遵循执行的。"预防为主"就是在消防工作的指导思想上把预防火灾的工作摆在首位，动员社会力量并依靠广大群众贯彻和落实各项防火的行政措施、组织措施和技术措施，从根本上防止火灾的发生。无数事实证明，只要人们有强的消防安全意识，自觉遵守和执行消防法律、法规和规章以及国家消防技术标准，大多数火灾是可以预防的。"防消结合"是指同火灾作斗争的两个基本手段——预防火灾和扑救火灾必须有机地结合起来，即在做好防火工作的同时要大力加强消防队伍的建设，积极做好各项灭火准备，一旦发生火灾，能迅速有效地灭火和抢救，最大限度地减少火灾所造成的人身伤亡和物质损失。

有效监测建筑火灾、控制火灾、迅速扑灭火灾，保障人民生命和财产的安全，保障国民经济建设，是建筑消防系统的任务。建筑消防系统就是为完成上述任务而建立的一套完整、有效的体系，该体系就是在建筑物内部，按国家有关规范规定设置必需的火灾自动报警及消防设备联动控制系统、建筑灭火系统、防烟排烟系统等建筑消防设施。

在普通民用和公用工程里，消防系统通常分为消防水系统和消防电系统。其中消防水系统又包括消火栓系统和消防喷淋系统，消防电系统通常指的是消防报警系统。在不同的特殊场合，还会涉及气体灭火系统、泡沫灭火系统、干粉灭火系统。甚至对于专业性较强的设施进行安全保障，还可能涉及消防用电设备的供配电与电气防火及消防远程监控系统等相关内容。

其中消火栓给水系统可以分为室外消火栓给水系统和室内消防栓给水系统。自动喷水灭火系统按喷头的开闭分为闭式系统和开式系统，常见的闭式系统有湿式系统、干式系统、预作用系统，常见的开式系统有雨淋系统、水幕系统、水喷雾系统。气体灭火系统有 CO_2 灭火系统、七氟丙烷灭火系统、IG-541 混合气体灭火系统、气溶胶灭火系统。新型灭火系统有消防炮、大空间主动灭火系统、注氮控氧系统。

3.2 火灾探测与报警系统

火灾探测与报警系统是一种重要的安全设备，用于检测火灾发生并报警。它在各种场所（如住宅、商场、工厂等）中起着至关重要的作用，帮助及时发现火灾并采取必要的措施以保护人员的生命和财产安全。

火灾探测与报警系统的主要目标是尽早地检测到火灾的发生，并及时地向人员发出可靠的报警信号，以便他们能够尽快采取逃生措施或进行灭火。

3.2.1 火灾探测系统

（1）火灾探测器的基本功能　　在火灾的初期阶段，会出现不少特殊现象或征兆，如发光、发热、发声及散发出烟尘和可燃气体等。火灾的探测就是以响应其附近区域由火灾产生的这些物理、化学现象为原理的。

《火灾探测和报警系统》（ISO7240-1）中对火灾探测器的定义：火灾探测器是火灾自动报警系统的组成部分，它至少含有一个能够连续或以一定频率周期监视与火灾有关的适宜的物理和（或）化学现象的传感器，并且至少能够向控制和指示设备提供一个适合的信号，是否报火警或操作自动消防设备，可由探测器或控制和指示设备做出判断。简而言之。火灾探测器就是及时地探测和传输与火灾有关的物理和（或）化学现象的探测装置。

（2）火灾探测器的分类　　根据探测器对不同火灾现象的响应，以及响应方式的不同，可以将火灾探测器划分为感烟式、感温式、感光式火灾探测器和可燃气体探测器，以及烟温、烟光等复合式火灾探测。火灾探测器的详细分类如下所示。

① 感烟式火灾探测器　　感烟火灾探测器是利用一个小型烟雾传感器响应悬浮在其周围大气中的燃烧和热解产生的烟雾气溶胶的一种火灾探测器。由于传感器的形式与原理不同，一般制成点型和线型。点型主要有离子型感烟探测器，如单源型与双源型两种，光电型感烟探测器，如减光型与散光型两种。线型主要有红外光束型及激光型感烟探测器。

② 感温式火灾探测器　　这种探测器是利用一个点型或线型火灾参数传感器来响应其周围气流的异常温度或升温速率的火灾探测器，其结构有点型和线型两种。点型主要有：定温式，如双金属型、易熔合金型、酒精玻璃球型、热电偶型、水银接点型、热敏电阻型、半导体型等；差温式，如膜盒型，热敏电阻型、双金属型等；差定温式，如膜盒型、热敏电阻型等。线型主要有：定温式，如缆式线型、半导体线型等；差温式，如金属膜盒型等；差定温式，如膜金型、热敏电阻型等。

③ 感光式火灾探测器　　这种探测器是根据物质燃烧过程中火焰的特征和火焰的光辐射强度而构成的用于响应火灾时火焰光特性的火灾探测器，通常又称火焰探测器。主要有被动式紫外或红外火焰探测器。

④ 可燃气体火灾探测器　　这种探测器是采用各种灵敏元件或传感器来响应火灾初期物质燃烧产生的烟气体中某些气体浓度，或液化石油气、天然气等环境中可燃气体浓度以及气体成分的探测器，一般其结构为点型。可燃气体探测器主要有催化型（如铂丝催化型和铂铑催化型）、气敏半导体型、固体电介质型和光电型。

⑤ 复合式火灾探测器　　两种或两种以上火灾探测方法组合使用的复合式火灾探测器和双灵敏度火灾探测器通常是点型结构，它同时具有两个或两个以上火灾参数的探测能力，或者是具有一个火灾参数两种灵敏度的探测能力。复合火灾探测器主要有感温感烟探测器、感烟感光探测器、感温感光探测器。

（3）火灾探测器的选用

① 对火灾初期有阴燃阶段，产生大量的烟和少量的热，很少或没有火焰辐射的场所，应选择感烟火灾探测器。

② 对火灾发展迅速，可产生大量热、烟和火焰辐射的场所，可选感温火灾探测器、感烟火灾探测器、火焰探测器或其组合。

③ 对火灾发展迅速，有强烈的火焰辐射和少量烟、热的场所，应选择火焰探测器。

④ 对火灾初期有阴燃阶段，且需要早期探测的场所，宜增设一氧化碳火灾探测器。

⑤ 对使用、生产可燃气体或可燃蒸气的场所，应选择可燃气体探测器。

⑥ 应根据保护场所可能发生火灾的部位和燃烧材料的分析，以及火灾探测器的类型、灵

敏度和响应时间等选择相应的火灾探测器，对火灾形成特征不可预料的场所，可根据模拟试验的结果选择火灾探测器。

⑦ 同一探测区域内设置多个火灾探测器时，可选择具有复合判断火灾功能的火灾探测器和火灾报警控制器。

（1）点型感烟火灾探测器应用场所

① 饭店、旅馆、教学楼、办公楼的厅堂、卧室、办公室等；

② 电子计算机房、通信机房、电影或电视放映室等；

③ 楼梯、走道、电梯机房等；

④ 书库、档案库等；

⑤ 有电气火灾危险的场所。

（2）点型感温火灾探测器应用场所

① 相对湿度经常大于95%的场所；

② 可能发生无烟火灾的场所；

③ 有大量粉尘的场所；

④ 在正常情况下有烟和蒸气滞留的场所；

⑤ 其他不宜安装感烟探测器的厅堂和公共场所。

（3）火焰探测器应用场所

适宜应用的场所：

① 火灾时有强烈火焰辐射的场所；

② 易发生液体燃烧火灾等无阴燃阶段火灾的场所；

③ 需要对火焰做出快速反应的场所。

不适宜应用的场所：

① 可能发生无焰火灾的场所；

② 在火焰出现前有浓烟扩散的场所；

③ 探测器的镜头易被污染的场所；

④ 探测器的"视线"易被遮挡的场所；

⑤ 探测器易受阳光或其他光源直接或间接照射的场所。

（4）可燃气体探测器应用场所

① 使用管道煤气或天然气的场所；

② 煤气站和煤气表房以及存储液化石油气罐的场所；

③ 其他散发可燃气体和可燃蒸气的场所；

④ 有可能产生一氧化碳气体的场所，宜选择一氧化碳气体探测器。

（5）红外光束感烟火灾探测器应用场所

① 适宜应用于无遮挡大空间或有特殊要求的场所；

② 满足相邻两组红外光束感烟探测器的水平距离不应大于14m的场所；

③ 满足探测器的发射器和接收器之间的距离不宜超过100m的场所；

④ 满足探测器安装距地高度不宜超过20m的场所。

（6）线型缆式感温火灾探测器应用场所

① 电缆隧道、电缆竖井、电缆夹层、电缆桥架等；

② 配电装置、开关设备、变压器等；

③ 各种皮带输送装置；

④ 控制室、计算机室的闷顶内、地板下及重要设施隐蔽处等；

⑤ 其他环境恶劣不适合点型探测器安装的危险场所。

具体选用可见《火灾自动报警系统设计规范 GB 50016—2014》。

3.2.2　自动报警系统

火灾自动报警系统一般由火灾探测报警系统、消防联动控制系统、可燃气体探测报警系统和电气火灾监控系统等构成。

火灾自动报警系统是依据主动防火对策，以各类建筑物、油库等为警戒对象，通过自动化手段实现早期火灾探测、火灾自动报警和消防设备连锁联动控制。

随着科技进步和生产发展，微电子技术、检测技术、自动控制技术和计算机技术等得到了迅猛的发展，并广泛应用到消防技术领域，逐步形成了具有一定火灾识别能力的智能化火灾自动报警系统。

（1）自动报警控制系统的组成　火灾自动报警控制系统由火灾探测与手动报警按钮、区域报警控制器、集中报警控制器、消防控制中心及信号传输网络组成。

火灾探测器是火灾自动报警系统的检测元件，当发生火灾时，火灾探测器检测到火灾发生初期所产生的烟、热、光及火灾特有的气体等信号和手动按钮等报警信号，并将其转换成电信号，给出火灾报警信号，然后送入报警控制器。

报警控制部分由各种类型报警器组成，它主要将接收到的报警电信号通过声光报警显示装置显示出来，通知消防人员某个部位发生了火灾。同时，通过自动报警器启动报警装置报警，告诫现场人员投入灭火战斗或撤离火灾现场，并对自动消防装置发出控制信号。

联动控制部分接收到火灾报警控制信号后，启动减灾装置（如断电控制装置、防烟排烟设备、防火门、防火卷帘、消防电梯、火灾应急照明、消防电话等），防止火灾蔓延并求助消防部门支援。同时启动灭火装置（灭火器械和灭火介质），以便及时扑灭火灾。一旦火灾被扑灭，整个系统又回到正常监视状态。

（2）火灾自动报警控制系统的工作原理　现场布置的火灾探测器把探测到火灾产生的烟雾、高温、火焰和特有的气体等火情信号转化为火警电信号。在现场的人员若发现火情后，也应立即直接按动手动报警按钮，发出火警电信号。火灾报警控制器接收到火警电信号，经确认后，一方面发出预警、火警声光报警信号，同时显示并记录火警地址和时间，通知消防控制室（中心）的值班人员。另一方面将火警电信号传送至各楼层（防火分区）所设置的火灾显示盘，火灾显示盘经信号处理，发出预警和火警声光报警信号，并显示火警发生的地址，通知楼层（防火分区）值班人员立即查看火情并采取相应的扑灭措施。在消防控制室（中心）还可能通过火灾报警控制器的通信接口，将火警信号在 CRT 微机彩显系统显示屏上更直观地显示出来。

联动控制器从火灾报警控制器读取火警数据，经预先编程设置好的控制逻辑处理后，向相应的控制点发出联动控制信号，并发出提示声光信号，经过执行器去控制相应的外控消防设备，例如：排烟阀、排烟风机等防烟排烟设备；防火阀、防火卷帘等防火设备；警铃和声光报警器等警报设备；关闭空调、电梯迫降和打开各应急疏散指示灯，指明疏散方向；启动消防泵、喷淋泵等消防灭火设备等。外控消防设备的启停状态应反馈给联动控制器主机并以光信号形式显示出来，使消防控制室（中心）值班人员了解外控设备的实际运行情况。消防内部电话、消防内部广播起到通信联络和对人员疏散、防火灭火的调度指挥作用。

只有确认是火灾时，火灾报警控制器才发出系统控制信号，启动灭火设备，实现快速、准确灭火。与一般自动控制系统不同，火灾报警控制器在运算、处理这两个信号的差值时，要人为地加入一段延时（一般 20～40s）。在这段延时时间内，对信号进行逻辑运算、处理、判断和确认。如果火灾未经确认，火灾报警控制器就发出系统控制信号，启动灭火系统，势必造成不必要损失。

（3）自动报警系统分类　按自动报警系统应用范围分为以下三方面。

① 区域火灾自动报警系统　由火灾探测器、手动报警按钮、区域火灾报警控制器或火灾报警控制器、灾警报装置及电源组成，是一种功能简单的火灾自动报警系统。

② 集中火灾自动报警系统　由火灾探测器、手动报警按钮、区域火灾报警控制器或区域显示器（两台以上）集中灾报警控制器、灾警报装置及电源组成，是功能较复杂的火灾自动报警系统。适用于保护较大范围内的多个区域，一般安装在消防控制室。

③ 控制中心报警系统　由火灾探测器、手动报警按钮、区域火灾报警控制器或区域显示器（两台以上）、集中火灾报警控制器（至少一台）、消防联动控制设备（至少一台）、火灾警报装置、消防电话、火灾应急广播、灾应急照明及电源组成，是功能复杂的火灾自动报警系统。系统的容量较大，消防设施控制功能较全，适用于保护大型建筑。

在选择报警系统时，区域报警系统适用于二级保护对象，集中报警系统适用于一级和二级保护对象，控制中心报警系统适用于特级和一级保护对象。

3.3　消防给水系统

消防给水系统用于供应足够的水源，以支持消防灭火活动，它是保护人员生命安全和财产免受火灾侵害的关键部分。火灾常常以迅猛的速度蔓延，并产生大量的热量、烟雾和有毒气体。为了有效地抑制火势和进行灭火行动，消防给水系统必须能够提供足够的水压和水流。同时，系统的设计和运行需要考虑灭火水源的稳定性、可靠性和持续性。

3.3.1　消防供水

（1）消防给水系统的构成及分类　消防给水系统主要由消防水源（市政管网、水池、水箱）、供水设施设备（消防水泵、消防稳压设施、水泵接合器）和给水管网（阀门）等构成。

① 按水压分类：

a. 高压消防给水系统。在消防给水系统管网中，最不利处消防用水点的水压和流量平时能满足灭火时的需要，系统中不设消防泵和消防传输泵的消防给水系统。

b. 临时高压消防给水系统。在消防给水系统管网中，平时最不利处消防用水点的水压和流量不能满足灭火时的需要。在灭火时启动消防泵，使管网中最不利处消防用水点的水压和流量达到灭火的要求。

c. 低压消防给水系统。在消防给水系统管网中，平时最不利处消防用水点的水压和流量不能满足灭火时的需要。在灭火时靠消防车的消防泵来加压，以满足最不利处消防用水点的水压和流量达到灭火的要求。

② 按范围分类：

a. 独立消防给水系统。在一栋建筑内消防给水系统自成体系、独立工作的系统。

b. 区域（集中）消防给水系统。两栋及两栋以上的建筑共用消防给水系统。

③ 按用途分类：

a. 专用消防给水系统。消防给水管网与生活、生产给水系统互不关联，各成独立系统的消防给水系统。

b. 生活、消防共用给水系统。

c. 生产、消防共用给水系统。

d. 生活、生产、消防共用给水系统。大中型城镇、开发区的给水系统均为生活、生产和消防共用系统。

④ 按位置分类：

a. 室外消防给水系统。由进水管、室外消防给水管网、室外消火栓等构成，在建筑物外部进行灭火并向室内消防给水系统供水的消防给水系统。

b. 室内消防给水系统。由引入管、室内消防给水管网、室内消火栓、水泵接合器、消防水箱等构成，在建筑物内部进行灭火的消防给水系统。

⑤ 按灭火方式分类：

a. 消火栓灭火系统。由消火栓、水带、水枪等灭火设施构成的灭火系统。

b. 自动喷水灭火系统。由自动喷水灭火系统的喷头等灭火设施构成的灭火系统。

⑥ 按管网形式分类：

a. 环状管网消防给水系统。消防给水管网构成闭合环形、双向供水。

b. 枝状管网消防给水系统。消防给水管网似树枝状，单向供水。

（2）消防水源　可用作消防水源的有市政给水、消防水池（消防水箱）、天然水源和其他几类水源。

① 市政给水管网可用作两路消防供水的条件：

a. 可以连续供水。

b. 布置成环状管网。

c. 市政给水厂至少有两条输水干管向市政给水管网输水。

d. 应至少有两条不同的市政给水干管上不少于两条引入管向消防给水系统供水。

② 消防水池（消防水箱）作为消防水源的条件：

a. 有足够的有效容积。只有在能可靠补水的情况下（两路进水），才可减去持续灭火时间内的补水容积。

b. 消防车取水的消防水池应设取水口（井）。

c. 在与生活或其他用水合用时，消防水池应采取确保消防用水量不作他用的技术措施。

d. 寒冷地区的消防水池还应采取相应的防冻措施。

e. 高位消防水池及消防水池的出水、排水和水位应符合相关规定。

③ 天然水源作为消防水源的条件：

a. 利用江、河、湖、海、水库等天然水源作为消防水源时，其设计枯水流量保证率宜为90%～97%。看是否有条件采取防止冰凌、漂浮物、悬浮物等物质堵塞消防设施的技术措施。

b. 要具备在枯水位也能确保消防车、固定和移动消防水泵取水的技术条件。若要求消防车能够到达取水口，则还需要考虑能够设置消防车通道和消防车回车场或回车道。

c. 利用井水作为消防水源时，水井不应少于两眼，且当每眼井的深井泵均采用一级供电负荷时，才可视为两路消防供水，若不满足，则视为一路消防供水。

④ 其他水源作为消防水源的条件：雨水清水池、中水清水池、水景和游泳池等，宜作为备用消防水源使用。但当以上所列的水源必须作为消防水源时，应有保证在任何情况下都能满足消防给水系统所需的水量和水质的技术措施。

3.3.2 消火栓系统

以水为灭火剂的消防给水系统，按灭火设施可分为消火栓灭火系统和自动喷洒灭火系统。灭火系统以建筑外墙为界，可分为室外消火栓灭火系统和室内消火栓灭火系统，又称为室外消火栓给水系统和室内消火栓给水系统。

（1）室外消火栓给水系统　在建筑物外墙中心线以外的消火栓改造系统统称为室外消火栓给水系统，其作用为：一是供消防车从该系统取水，经水泵接合器向室内消防系统供水，增补室内消防用水不足；二是消防车从该系统取水供消防车、曲臂车等的水枪用水控制和扑救火灾。

室外消防系统由水源、室外消防给水管道、消防水池和室外消火栓组成。灭火时，消防车从室外消火栓或消防水池吸水加压，从室外进行灭火，或向室内消火栓给水系统加压供水。

在城市居住区、工厂、仓库等的规划和建筑设计时，必须同时设计消防给水系统。城市居住区应设市政消火栓，民用建筑厂房、仓库、储罐和堆场周围应设置室外消火栓系统，用于消防救援和消防车停靠的屋面上应设置室外消火栓系统。

耐火等级不低于二级，且建筑体积不大于 3000m³ 的室内厂房，居住区人数不超过 500 人，且建筑层数不超过两层的居住区可不设室外消火栓系统。

消防用水可由城市给水管网、天然水源或消防水池供给。利用天然水源时，其保证率不应小于 97%，且应设置可靠的取水设施。

（2）室内消火栓给水系统　室内消火栓给水系统由消防给水基础设施、消防给水管网、室内消火栓设备、报警控制设备及系统附件等组成。其中消防给水基础设施包括市政管网、室外给水管网及室外消火栓、消防水池、消防水泵、消防水箱、增压稳压设备、水泵接合器等。

① 室内消火栓设备　室内消火栓设备主要包括水枪、水带、消火栓、消防卷盘、消火栓启泵按钮及消火栓箱。市内消火栓设备的具体要求参见规范《消防给水及消火栓系统技术规范（GB 50974—2014）》

② 消防供水管道　当消防给水系统管网的工作压力不大于 1.2MPa 时，埋地管道宜采用球墨铸铁管或钢丝网骨架塑料复合管等，架空管道宜采用镀锌钢管、焊接钢管、球墨铸铁管和衬塑钢管等。当系统工作压力大于 1.2MPa 时，宜采用厚壁焊接钢管、无缝钢管等。管道的连接方式应根据管材来确定，主要有沟槽式、丝接、焊接、承插式连接等。公称直径≤DN250 的沟槽式管接头的最大工作压力不应大于 2.5MPa，公称直径≥DN300 的沟槽式管接头的最大工作压力不应大于 1.6MPa。

除无可燃物的设备层外，高层建筑和裙房的各层均应设室内消火栓，并应符合下列规定：

a. 消火栓的间距应保证同一防火分区同层任何部位有 2 个消火栓的水枪充实水柱同时到达。其间距应由计算确定，消火栓按 2 支消防水枪的 2 股充实水柱布置的建筑物，消火栓的布置间距不应大于 30.0m。

b. 消防电梯间前室应设消火栓。

c. 设有室内消火栓的建筑应设置带有压力表的试验消火栓，其设置位置应符合下列规定：多层和高层建筑应在其屋顶设置，严寒、寒冷等冬季结冰地区可设置在顶层出口处或水箱间内等便于操作和防冻的位置；单层建筑宜设置在水力最不利处，且应靠近出入口。

d. 室内消火栓应设置在楼梯间、走道附近等明显和易于取用、便于火灾扑救的地点。楼梯间或其附近的消火栓位置不宜变动。

e. 多功能厅等大空间，其室内消火栓应首先设置在疏散门等位置，汽车车库内消火栓的设置应不影响汽车的通行和车位的设置，且不应影响消火栓的开启。

f. 消火栓应采用同一型号规格。消火栓的栓口直径应为 DN65，水带长度不宜超过 25m，宜配置喷嘴当量直径为 16mm 或 19mm 的消防水枪。

g. 消火栓栓口离地面或操作基面的高度宜为 1.10m，栓口出水方向宜向下或与设置消火栓的墙面相垂直。

h. 临时高压给水系统的每个消火栓处应设直接启动消防主泵的按钮，并有保护按钮的措施。

3.3.3　自动喷水灭火系统

自动喷水灭火系统是一种固定形式的自动灭火装置。当建筑物内发生火灾时，安装于建筑物内部的喷头会自动开启灭火，同时发出火警信号，启动消防水泵从水源抽水灭火。

自动喷水灭火系统按喷头的开闭形式可分为闭式系统和开式系统。闭式系统包括湿式系统、干式系统、干湿式系统、预作用系统、重复启闭预作用系统等。开式系统包括雨淋系统、水幕系统和水喷雾系统等。目前我国普遍使用湿式系统、干式系统、预作用系统以及雨淋系统和水幕系统。

自动喷水灭火系统是由洒水喷头、报警阀组、水流指示器、压力开关、末端试水装置等组件以及管道、增压供水设施组成，并能在发生火灾时自动按设定的喷水强度喷水的固定灭火系统。

（1）闭式系统　自动喷水灭火系统的类型较多，基本类型包括湿式、干式、预作用及雨淋自动喷水灭火系统和水幕系统等。用量最多的是湿式系统。在已安装的自动喷水灭火系统中，有 70% 以上为湿式系统。

① 湿式自动喷水灭火系统　湿式系统由闭式喷头水流指示器信号阀，湿式报警阀组控制阀和至少一套自动供水系统及消防水泵接合器等组成。自动供水系统是指自动喷水灭火系统动作时，水能自动满足系统设计的需求量，即通常指系统供水压力和水量的城市自来水高位水箱、气压、水罐、水力自动控制的消防给水泵等。

a. 工作原理：湿式自动喷水灭火系统处于准工作状态时，管道内充满用于启动的有压水的闭式系统，系统压力由高位消防水箱或稳压装置维持，水通过湿式报警阀导向杆中的水压平衡，小孔保持阀板前后水压平衡。由于阀芯的自重和阀芯前后的所受力的总压力不同，阀芯处于半闭状态。系统上装有闭式喷头，并与至少一个自动给水装置相连。当喷头受到来自火灾释放的热量驱动打开后，由于水压平衡，小孔来不及补水，报警阀上面的水压下降，此时阀下水压大于阀上水压，于是阀板开启，向系统管网及喷头供水，同时水沿着报警阀的环形槽进入延迟器压力，继电器及水力警铃等设施发出火警信号，并启动消防水泵等设施消防控制室，同时接到信号立即喷水灭火。

b. 适用范围：在环境温度不低于 4℃、不高于 70℃ 的建筑物和场所（不能用水扑救的建筑物和场所除外）都可以采用湿式系统。该系统局部应用时，适用于室内最大净空高度不超过 8m、总建筑面积不超过 1000m² 的民用建筑中的轻危险级或中危险级 I 级需要局部保护的区域。

c. 特点：湿式系统仅有湿式报警阀和必要的报警装置，因此系统施工简单，管理方便。日常管理费用少并节约能源。另外，湿式喷水灭火系统管道内充满着压力水，火灾时气温升高，感温元件受热动作能立即喷水，灭火具有灭火速度快、及时扑救效率高的优点，是目前世界上应用范围最广的自动喷水灭火系统。

② 干式自动喷水灭火系统

a. 工作原理：干式系统的组成与湿式系统的组成基本相同，但干式自动喷水灭火系统采用干式报警阀组合配置，保持管道内气体的补气装置，且一般情况下不配备延时器，而是在报警阀组附近设置加速器，以便快速驱动干式报警阀组补气装置，多为小型空气压缩机，也可采用管道压缩空气。干式系统报警阀后管网内平时不充水，但充有有压气体。有压气体与报警阀前的供水压力保持平衡，使报警阀处于紧闭状态。当喷头受到来自火灾释放的热量驱动打开后，喷头首先喷射管道中的气体，排出气体后，有压水通过管道到达喷头喷水灭火。

b. 适用范围：该式系统适用于环境温度小于 4℃ 或大于 70℃，不适宜用湿式自动喷水灭火系统的场所。干式喷头应向上安装，干式悬吊型喷头除外。干式报警装置最大压力不超过 1.2MPa，干式喷水管网的容积不宜超过 1500L，当有排气装置时不宜超过 3000L。

c. 特点：干式系统灭火时，由于在报警阀后的管网无水，因此不受环境温度的制约，对建筑装饰无影响，但未保持气压，需要配套设置补气设施，因而提高了系统造价比。湿式系统投资高，又由于喷头受热，开启后首先要排除管道中的气，然后才能喷水，延误了灭火的时机。因此，干式系统的喷水灭火系统不如湿式系统快。

③ 干湿式自动喷水灭火系统　干湿式自动喷水灭火系统是在干式系统的基础上，为了克服干式系统控火灭火率较低的缺点而产生的。在冬季系统管网中充以有压气体，系统为干式系统，在温暖季节管网中充以压力水，系统为湿式系统。为便于在湿式系统改为干式系统时放空管道积水，干湿式系统应采用直立型喷头或干式下垂型喷头管道，也应以一定坡度敷设，并应采取可能的放空管道积水的措施。

④ 预作用自动喷水灭火系统　预作用自动喷水灭火系统是平时管道内不冲水无压系统上装有闭式喷头，并与至少一个自动给水装置相连。与湿式干式自动喷水灭火系统不同的是，预作用自动喷水灭火系统采用配置雨淋阀的预作用报警阀组，并配套设置火灾自动报警系统，由其探测火灾报警和联动雨淋报警阀组。管网中有时不冲水，而冲有压或无压的气体。发生火灾时，有感烟或感温感光火灾探测器报警，同时发出信息开启报警信号。报警信号延迟30秒，证实无误后自动控制系统，控制阀门排气冲水，由干式自动喷水灭火系统转变为湿式自动喷水灭火系统，当喷头受到来自火灾释放的热量驱动，打开后立即喷水灭火，其工作原理如图。

预作用系统是湿式灭火系统与自动探测报警技术和自动控制技术相结合的产物，它克服了湿式系统和干式系统的缺点，使得系统更先进，更可靠，可以用于湿式系统和干式系统所能使用的任何场所。在一些场所，还可以替代气体灭火，但由于比一般失事系统和干式系统多了一套自动探测报警和自动控制系统，系统比较复杂，投资较大，一般用于建筑装饰要求较高，不允许有水质损失，灭火要求及时的建筑。

预作用喷水灭火系统管线的最长距离，按系统冲水时间不超过 3min，流速不小于 2m/s。向预作用阀门之后的管道内充有压气体时，压力不宜超过 0.03MPa。

⑤ 重复启闭预作用自动喷水灭火系统　重复启闭预作用自动喷水灭火系统是在扑灭火灾后自动关闭阀门，复燃时再次开阀喷水的预作用系统，其组成同预作用自动喷水灭火系统。当非火灾时喷头意外破裂系统不会喷水，发生火灾时专用探测器可以控制系统排气冲水，必要时喷头破裂及时灭火。当火灾扑灭环境温度下降后，专用探测器可以自动控制系统关闭，停止喷水，以减少火灾损失。当火灾死灰复燃时，系统可以再次启动灭火，适用于必须在灭火后及时停止喷水的场所。

重复启闭预作用自动喷水灭火系统有两种形式，一种是喷头具有自动重复启闭的功能，另一种是系统通过烟温传感控制系统的控制法，实现系统重复启闭的功能。

（2）开式系统　采用开式洒水喷头的自动喷水灭火系统，包括雨淋系统、水喷雾系统、水幕系统。

① 雨淋系统　雨淋灭火系统又称为开式自动喷水灭火系统，与闭式自动喷水灭火系统的最大区别在于洒水喷水头是开式喷水喷头，雨淋喷水灭火系统是由火灾探测系统、开式喷头、传动装置、喷水管网、雨淋阀等组成，发生火灾时系统管道内给水是通过火灾探测系统控制雨淋阀来实现的，并设有手动开启阀门装置。

雨淋灭火系统具有出水量大、灭火控制面积大、灭火及时等优点，但水损失大于闭式系统，通常用于燃烧猛烈、蔓延迅速的某些严重危险级场所。

② 水幕系统　水幕系统由水池、水泵、供水阀、雨淋阀、止回阀、电磁阀、防水阀、滤网、压力开关、警铃等组成。水幕消防设备是用途广泛的除火设备，但水幕设备只有与简易防火分割物相配合时才能发挥良好的阻火效果。

消防水幕喷头的控制阀后的管网内平时不充水，当发生火灾时打开控制阀，水进入管网，通过水幕喷头喷水统一给水系统内消防水幕超过三组时，消防水幕控制阀前的供水管网应采用环状管网，用阀门将环状管道分成若干独立段。阀门的布置应保证管道检修或发生事故时关闭的控制阀不超过两个。控制阀设在便于管理、维修方便且易于接近的地方，消防水幕控制阀后的供水管网可采用环状，也可采用枝状。

③ 水喷雾系统　水喷雾灭火系统主要用于扑救易燃液体的火灾，它可以是独立式装置，也可以与其他灭火装置共同使用。水喷雾系统可以用于扑救固体火灾、闪点高于 60℃的液体火灾、C 类气体火灾和油浸式电气设备火灾，某些危险固体如火药和烟花爆竹以及各类火灾的暴露冷却防护等。

水喷雾灭火系统是利用水雾喷头在一定水压下将水流分解成细小水雾滴后喷射到正在燃烧的物质表面，通过表面冷却窒息以及乳化稀释的同时作用实现灭火。水喷雾灭火系统主要由喷雾喷头管网控制阀、过滤器和报警器等组成。

水喷雾灭火系统有自动控制、手动控制和应急操作三种控制方式。水喷雾灭火系统一般要同时设有三种控制方式，但是当响应时间大于 60s 时，可采用手动控制和应急操作两种控制方式。

3.4　防排烟系统

火灾发生时会产生大量的烟气，其中含有一氧化碳、二氧化碳和多种有毒腐蚀性气体，以及火灾空气中的固体碳颗粒。当建筑特别是高层建筑发生火灾时，烟气在室内外温差引起的烟囱效应，燃烧气体的浮力和膨胀力、风力，通风空调系统电梯的活塞效应等作用下，会迅速从着火区域蔓延传播到建筑物内其他非着火区域甚至传到疏散通道，严重影响人员逃生及灭火。据统计，火灾丧生人员约 85%受烟气而窒息，大部分人是吸入烟尘和一氧化碳等有毒气体引起昏迷而遇难。因此防止建筑物火灾危害很大程度上是解决火灾发生时的防排烟问题。

防烟和排烟是控制火灾现场烟气的两种方式，防烟是防止烟的进入，是被动的。相反，排烟是积极改变烟的流向使之排出户外，是主动的，两者互为补充。

建筑的防烟方式可分为机械加压送风的防烟方式和自然通风。建筑的排烟方式可分为机械排烟方式和可开启外窗的自然排烟方式。

机械防烟是对非火灾区域及疏散通道等采用机械加压送风的防烟措施，使该区域的空气压力高于火灾区域的空气压力，防止烟气的侵入，控制火灾的蔓延。

自然排烟是在自然力的作用下，使室内外空气对流进行排烟，一般采用可开启外窗和窗外阳台或凹廊进行自然排烟。机械排烟是利用排风机进行强制排烟。

3.4.1　防烟系统

（1）机械加压送风防烟的基本原理　在防排烟的设计中，自然排烟方式结构简单，不需要外加动力，火灾时利用靠外墙的窗户或排烟口向室外排烟，在一定条件下可以防止着火区域的火灾烟气向周围非着火区域扩散，但自然排烟的防排烟效果不稳定，尤其受气象条件的影响很大。当采用外窗来实现自然排烟的时候，若自然排烟窗平时为关闭状态，一旦发生火灾，受困人员急于灭火或逃生，在慌乱之中不可能像平常那样泰然自若地去开启排烟口让其向外排烟，若自然排烟口平时为开启状态，上述问题可以得到解决。但是又产生了新的问题，在北方寒冷地带或冬天寒冷季节，室外冷空气可以通过排烟口进入室内，降低室内温度，同时也增大了采暖能耗。因此，这种方法也不可取。后来随着电子及自动控制技术的发展，产生了可以自动开启的窗户或排烟口，即在平时为关闭状态，当火灾发生时，敏感元件在疏散通道入口处检测出有烟气的产生，即能自动开启排烟口进行自然排烟。尽管如此，若单纯地利用靠外墙的窗户进行自然排烟，受到室外气象条件的影响是不可避免的，若排烟窗处在迎风面，还可能会引起烟气的倒灌。在国外一些地区，自然排烟的有效利用率仅在25%左右。

基于上述问题提出了加压送风防烟系统。加压送风防烟系统是指在疏散通道等人员逃生的路线送入足够的新鲜空气，并维持其压力高出建筑物其他部位，从而把着火区域产生的烟气有效地堵截于加压防烟的部位之外。利用在疏散通道、楼梯间和电梯间及前室等部位加压，保证疏散通道的能见距离不低于5m，使受灾人员可以看清路线逃生。

防烟加压系统的运行方式一般分为两种：一种为只在紧急情况下，即发生火灾时投入运行，而平时则停止运行，称为一段式；另一种为在平时作为加压区域的空气调节使用，以较低的功率进行送风换气，当发生火灾时，能立即投入增加空气压力而运转，称之为两段式。在一般情况下，第二种送风方式比较理想，因为加压系统一直在运行，在火灾初期就可以起到加压防烟作用。加压送风系统一般由三个部分组成。

① 对加压空间的送风。通常是依靠风机通过风道分配给加压空间中必要的位置。通风机的空气必须取自室外，并且不应受到烟气的污染。加压送风系统的空气不需经过滤、消声或加热等任何处理。

② 加压空间的漏风。任何建筑空间的围护物，都不可避免地存在着不严密的漏风途径，如门缝、窗缝等。因此，加压空间和相邻空间之间的压力差必然会造成从高压侧到低压侧的空气渗漏。加压空间与相邻空间之间的严密程度将决定漏风量的大小。

③ 非正压部分的排风。空气由加压空间渗入相邻的非加压部分后，必须使空气与烟气顺利地流至建筑物外。如果没有设置必要的渗漏出路，则加压空间和相邻部位将难以建立正常的压力差。

（2）机械加压送风的防烟设施设置部位　机械加压送风的防烟设施包括加压送风机、加压送风管道、加压送风口等。当防烟楼梯间加压送风而前室不送风时，楼梯间与前室的隔墙上还可能设有余压阀。

① 加压送风机一般采用中低压离心风机，混流风机或轴流风机。加压送风管道采用不燃材料制作。

② 加压送风口分为常开式、常闭式、自垂百叶式。

下列场所或部位应设置机械加压送风设施。

① 不具备自然排烟条件的防烟楼梯间。

② 设置自然排烟设施的防烟楼梯间，其不具备自然排烟条件的前室。

③ 不具备自然排烟条件的消防电梯间前室或合用前室。

④ 封闭的避难层间，避难走道的前室。

⑤ 不宜进行自然排烟的场所。

当高层民用建筑的防烟楼梯间、消防电梯间的前室或合用前室仅在其上部楼层具备自然排烟条件时，下部不具备自然排烟条件的部分应设置局部正压送风系统。

防烟楼梯间和合用前室的机械加压送风防烟系统应分别独立设置，必须用同一个系统时应在通向可用前室的支风管上设置压差自动调节装置。

加压送风管道和排烟补风管道不宜穿过防火分区或其他火灾危险性较大的房间，确需穿过时应在穿过房间隔墙或楼板处设置防火阀。

3.4.2　排烟系统

（1）自然排烟

① 自然排烟的原理　自然排烟是利用火灾产生的高温烟气的浮力作用，通过建筑物的对

外开口如门窗、阳台等或排烟竖井，将室内烟气排至室外。这种排烟方式实质是热空气和冷空气的对流运动。自然排烟的优点是不需电源和风机设备，可兼作平时通风用且避免设备的闲置，其缺点是受室外风向、风速和建筑本身的密封性或热作用的影响，排烟效果不稳定。如当开口部位在迎风面时，不仅降低排烟效果，有时还可能使烟气流向其他房间。

② 自然排烟的影响因素　发生火灾时，热压作用必然存在，而风压作用随室外气象条件而变化，不一定同时存在。可见，热压作用是形成自然排烟的主要条件。由此可以得出，影响自然排烟效果的主要因素一是烟气和空气之间的温度差，二是排烟口和进风口之间的高度差。此外，室外风力（风速和风向）和高层建筑本身的热压作用都将影响自然排烟的效果。

a. 烟气和空气之间的温度差：烟气和空气之间的温度差越大，烟气和空气的密度差就越大，所引起的热压作用越大，自然排烟效果越好。另外，密度差越大，导致自然排烟失效的临界风速越高，室外风力的影响相对减小。

在火灾发生、发展的不同阶段，烟气温度是不断变化的，因此，烟气与空气之间的温度差、密度差也在不断变化。在火灾初期，烟温较低，烟气和空气的温度差、密度差较小，自然排烟进行得较缓慢，在火灾猛烈发展阶段，烟温急剧上升，烟气和空气之间的温度差、密度差大大增加，自然排烟进行得很迅猛。显然烟气和空气之间的温度差是随着时间而变化的，这就导致自然排烟的效果也随着时间而变化，所以烟气和空气之间的温度差是不稳定的影响因素。

b. 排烟口和进风口之间的高度差：排烟口和进风口之间的高度差越大，热压作用越大，同时，临界速度也越大，室外风力的影响相对减小。提高排烟口的位置和降低进风口的位置都可以加大两者之间的高度差，对促进自然排烟都是有效的。通常把排烟口设置在顶棚上或紧靠顶棚的侧墙上部，尽可能提高排烟口的位置。因此，专门设置的自然排烟口的排烟效果要比外窗好得多。

对于一座已建成的建筑物来说，排烟口和进风口的位置都已固定，排烟口和进风口之间的高度差亦固定不变，所以，排烟口和进风口之间的高度差是稳定的影响因素。

c. 室外风力的影响：室外风力对自然排烟的效果也有很大影响。如前所述，当排烟口位于背风面时，由于室外气流的吸引作用，更有利于自然排烟，风速越高越有利。相反，当排烟口位于迎风面时，由于室外气流的阻挡作用，对自然排烟是不利的。风速越高越不利，自然排烟效果越差，当风速达到一定值时，自然排烟失效，风速进一步增大，将出现烟气倒灌的现象。这就是说，室外风向和风速不同，自然排烟的效果相差甚大。

由于室外风向和风速是随季节而变化的，所以室外风力对自然排烟的影响是不稳定的。换句话说，室外风力是不稳定的影响因素。

d. 高层建筑热压作用的影响：高层建筑由于室内外温差引起的热压作用，使上部楼层和下部楼层之间存在着一定的压力差。

在冬季采暖期间，室内气温高于室外，上部楼层室内压力高于室外，向外排气，而下部楼层室内压力低于室外，向内进风，在建筑物的楼梯间等竖向通道中则存在着一股向上气流。如火灾发生在下部楼层，在火灾初期烟温尚不高的情况下，着火房间的热压较小，不能克服室内外的压力差，烟气将被从开口流进着火房间的气流带到走廊、楼梯间前室以至楼梯间，并随上升气流向上部楼层蔓延扩散。

在夏季使用空调期间，室内气温低于室外，上部楼层室内压力低于室外，向内进风，而下部楼层室内压力高于室外，向外排气，在建筑物中则出现了一股下降气流。如火灾发生在上部楼层，在火灾初期将产生烟气向下部楼层蔓延扩散的现象。

③ 自然排烟的优缺点　自然排烟的优点是结构简单、投资少，而且不需要外加的动力，维修费用也少，对于顶棚较高并能在顶棚上开设排烟口的房间，自然排烟的效果很好。不少高大的热车间在车间顶棚上开设天窗，在平时作为自然通风的排气口，在发生火灾时则作为自然排烟的排烟口，无论是自然通风还是自然排烟均能达到良好的效果。

自然排烟存在以下几个问题。

对建筑结构的制约影响，由于自然排烟多设置在外墙上，热烟气通过外窗或顶部排烟口直接排至室外，因此需要排烟的房间必须靠室外，而且进深不能太大，同时开口面积需满足排烟要求。

具有火势蔓延至上层的危险性。由于外部开口进行排烟时，当火灾房间的温度很高，如果烟气中含有大量未燃烧气体，则烟气排出后会形成火焰，这将会引起火势向上蔓延。为了防止火焰或烟气蔓延到上层，必须在结构上采取一定的措施。

④ 自然排烟口的设置　排烟口宜设置在外墙或顶部，需要对排烟部位的可开启的外窗面积进行校核计算，应满足储烟仓高度范围内的开口面积要求，并有方便开启的装置。具体可参考《建筑防烟排烟系统技术标准》（GB51251—2017）。

（2）机械排烟

① 机械排烟原理　机械排烟是按照通风气流组织的理论，将火灾产生的烟气通过排烟风机排到室外，其优点是能有效地保证疏散通路，使烟气不向其他区域扩散。当火灾发生时，火灾探测器会自动启动控制系统，将系统置于工作状态，同时也可以通过手动控制开关和自动控制开关启动该系统。当控制系统启动之后，风机就会自动启动并开始工作。当风机启动后，烟雾将被抽入风道中被风机带走。当烟雾被成功排放出去后，控制系统会自动关闭机械排烟系统，从而完成整个排烟过程。

② 机械排烟方式和组成　机械排烟可分为局部排烟和集中排烟两种方式。局部排烟方式是在每个需要排烟的部位设置独立的排烟风机直接进行排烟；集中排烟方式是将建筑物划分为若干个区，在每个区内设置排烟风机，通过排烟风道排烟。

局部排烟方式投资大，而且排烟风机分散，维修管理麻烦，所以很少采用。如采用时，一般与通风换气系统相结合，即平时可兼作通风排风使用。

根据补风形式的不同，机械排烟又可分为两种方式：机械排烟-自然进风与机械排烟-机械进风。

机械排烟系统是由挡烟垂壁（活动式或固定式挡烟垂壁，或挡烟隔墙、挡烟梁）、排烟口（或带有排烟阀的排烟口）、防火排烟阀门、排烟道、排烟风机和排烟出口组成。

③ 机械排烟的优缺点　机械排烟的优点是能克服自然排烟受外界气象条件以及高层建筑热压作用的影响，排烟效果比较稳定。特别是火灾初期，使火场温度和烟气的含量大大降低，能有效地保证非着火层或区域的人员疏散和物资转移的安全。

机械排烟的缺点：

a. 在火灾迅猛发展阶段防排烟效果可能大大降低。尽管在确定排烟风机的容量时留有余量，但火灾的情况错综复杂，某些场合下火灾进入迅猛发展阶段，烟气大量产生，可能生成的烟气量短时间内大于风机的排烟量，这时排烟风机来不及把所生成的烟气完全排出，着火区域形成正压，从而使烟气扩散到非着火区域中去。这就是说，负压机械排烟方式在火灾初期行之有效，在火灾迅猛发展阶段可能失效。

b. 排烟风机和排烟管道必须能在高温下工作。火灾初期烟气温度较低，随着火灾的发展，烟气温度逐渐升高。火灾迅猛发展阶段，着火房间内烟气温度可能高达 $600\sim1000℃$，要求排烟风机和排烟管道承受如此高的温度是不可能的。这就是说，排烟风机和管道的耐高温性能是有限的，对排烟风机来说，通常只规定在 280℃时能连续运行 30min，当烟气温度超过 280℃时，排烟风机和管道的工作将是不安全的。为保证排烟风机和管道的工作安全可靠，必须采取相应的技术措施。

在排烟风机入口处，应设置自动关闭装置，当烟气温度超过 280℃时，自动切断系统，停止排烟。

排烟风机在结构上必须有冷却装置，如轴承的水冷却装置。

在排烟管道的敷设上应考虑绝热防火结构。

c. 初投资和维修费用高。由于机械排烟要求排烟风机和管道可以承受高温烟气，而且还需要设防火阀，在超温时自动关闭停止排烟，因此设备的初投资较高。

第4章
FDS 前处理器 PyroSim

PyroSim 是一款用于火灾动态模拟的建模前处理器，旨在简化 FDS 模拟的建模过程。FDS 是一种基于计算流体力学（CFD）原理的火灾烟气模拟软件，用于模拟火灾的烟气传播、热力学变化和气体浓度分布等过程。然而，FDS 的使用需要对计算机编程和 CFD 原理有一定的专业知识，使其对一般用户来说较为烦琐。

在这种情况下，PyroSim 应运而生，为用户提供了一个直观、易用的界面，将 FDS 模拟的建模过程简化到了极致。它允许用户通过图形化界面轻松创建火灾模型、定义边界条件、添加材料属性、设置仿真参数等，无须编写复杂的代码。PyroSim 的出现解放了用户对专业知识的依赖，使更多的人能够利用 FDS 进行火灾模拟研究。功能上，PyroSim 提供了丰富的建模工具和可视化功能，用户可以通过简单的拖拽和点击操作完成整个模型的构建。它支持导入 CAD 图纸，实现了与常用 CAD 软件的互联，使得建筑模型的创建更加高效。此外，PyroSim 还提供了多种分析工具和结果展示方式，方便用户对模拟结果进行评估和分析。

PyroSim 作为 FDS 的前处理器，极大地简化了 FDS 模拟的建模过程，使得更多的人能够利用 FDS 进行火灾模拟研究，而无须过多关注底层的编程和 CFD 原理。它的直观界面、丰富功能以及与常用 CAD 软件的互联，为用户提供了更便捷、高效的火灾模拟体验。

4.1 PyroSim 界面简介

PyroSim 为用户建立火灾模型提供了四个编辑模式：导航模式、3D 模式、2D 模式和代码记录模式。这些模式都可以显示用户当前已建立的模型。当添加、移除或在一个模式中选择了一个物体，其他的模式也同时反映出这些变化，并且可以随时切换显示和编辑模式。下面简要介绍这几种模式。

Navigation View：导航视图，在这个视图下列出了模型中许多重要的记录。它可以使用户将模型中几何体合并成组，例如将部件组成房间或者沙发。在这个模式下，定位和修改记录比较快捷。

3D View：3D 视图，这个视图中以 3D 形式显示了用户建立的仿真模型。用户可以以不同的视角查看模型视图，用户也可以控制模型的外观细节，如平滑阴影、纹理和物体轮廓线，也可以改变几何特征。

2D View：2D 视图，在这个视图中用户可以快速地画出几何体，例如墙和家具。用户可以从三个视角查看用户的模型，也可以执行许多有用的几何操作。

Record View：记录视图，这个模式给出了为本次模拟产生的 FDS 输入文件的代码预览。它提供了加入不经过 PyroSim 处理而直接输入 FDS 本身代码的方式。

4.1.1 导航视图

导航视图是在 PyroSim 主窗口左部的树状视图。如图 4-1 所示是使用导航视图的一个例子。

当用户右键点击这个视图中的一个项目时，将显示 PyroSim 可以在这个项目上执行的功能。重新排列物体时，点击选中一个物体，然后拖转至新的位置。

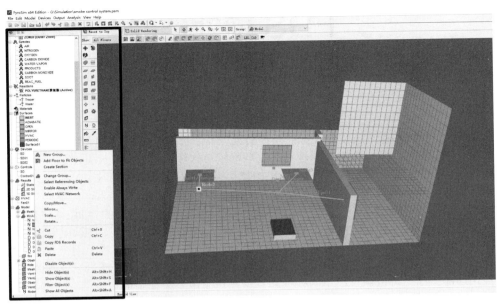

图 4-1　在导航视图中使用上下文菜单

4.1.2　3D 视图

运用 3D 视图可以迅速查看模型的三维视觉外观。导航选项包括 3D 轨道导航，Smokeview 型的控制方式，第一人称视角（漫游）控制方式。

（1）3D 轨道导航（3D orbit navigation）

点击![icon]激活 3D 轨道导航。这个模式的控制方式与许多 CAD 程序的控制模式相似。

旋转 3D 模型：点击![icon]后，鼠标左键/右键/滚轮点击长按模型并移动鼠标，模型将会随着用户点选的点旋转。

点选![icon]（或按住 ALT 键）并竖向移动鼠标。选择![icon]后点击并拖动来定义缩放范围。

点选![icon]（或按住 SHIFT 键）并拖动，可以移动模型在窗口中的位置。

选择物体并点击![icon]定义在选择物体周围更小的视线范围可改变视图的焦点。点击![icon]恢复包括整个模型的视角。

在任何时刻都可点击![icon]（或同时按下 CTRL+R）复位模型。

（2）Smokeview 型的控制方式（Smokeview-like Controls）

点选 View→Use Smokeview-like Navigation 使用 Smokeview 型的控制方式。在这种方式下：
鼠标横向与竖向移动分别控制场景绕 X 轴和 Z 轴旋转。

按下 CTRL 键，鼠标横向移动使场景沿 X 轴以 90°旋转，竖向移动使场景沿 Y 轴远离或接近屏幕。

（3）第一人称视角（漫游）控制方式〔First Person Perspective（Roam）Controls〕

使用一个人穿过模型的视角来呈现模型时，在工具栏上点选![icon]。之后可以在模型中浏览并使用独立的控制按键移动位置。这个视角虽然需要经过练习熟悉，但它可以提供独特的视角。

在漫游模式中：

浏览 3D 模型时，左键点击模型并移动鼠标，就可以以鼠标的方向观察模型。

按下 CTRL 键不放，竖向移动鼠标向模型移动或远离模型，横向移动鼠标左右移动，CTRL+（W、S、A、D）分别可实现前进、后退、左移动和右移动，CTRL+C 为下移，单独按空格键为上移。

按下 ALT 键不放，竖向移动鼠标，相对模型上下移动。

滚动滚轮放大或缩小视野（即缩放）。如果没有滚轮，请用缩放工具。

图 4-2 中显示了一个模型的外部视角，图 4-3 显示为进入模型后，室内远视。

图 4-2　模型的外部视角

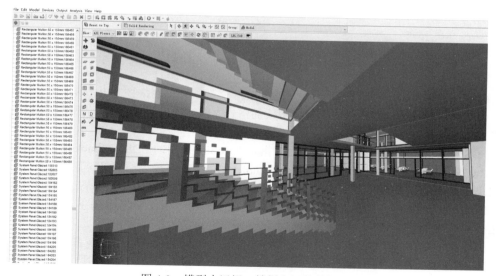

图 4-3　模型内远视：楼梯和远处休闲区

4.1.3　2D 视图

2D 视图提供了模型的 2D 投影。2D 视图的控制类似于 3D 视图。

2D 视图中可以点击 top、front 或者 side 改变视向。

点选 🔍（或按住 ALT 键）并竖向移动鼠标。选择 🔍 后点击并拖动来定义缩放范围。

点选 ✛（或按住 Shift 键）并拖动，可以移动模型在窗口中的位置。

选择物体并点击 🔳 定义在选择物体周围更小的视线范围可改变视图的焦点。点击 ⊹ 恢复包括整个模型的视角。

在任何时刻都可点击 ⊹（或同时按下 CTRL+R）复位模型。

4.1.4　截图

点击打开 File 菜单，然后点击 Snapshot 可以将目前显示的画面存储为一个文件。使用者可以指定文件名、图像格式（png、jpg、tif、bmp）和清晰度。推荐选择中等清晰度的 png 格式。

4.1.5　首选项

一些关于 PyroSim 运行的选项在首选项（Preferences）对话框中，如图 4-4 这些选项在关闭 PyroSim 后不会丢失。

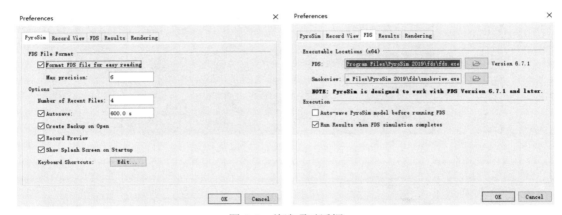

图 4-4　首选项对话框

Format FDS file for easy reading：格式化 FDS 文件，选项用来控制 PyroSim 生成的 FDS 输入文件。默认情况下，文件生成为容易阅读的格式，但这损失了一些精度，取消选择即为全精度模式。

FDS Execution：FDS 执行，选项允许指定 PyroSim 使用的 FDS 与 Smokeview 程序。

Run Smokeview when FDS simulation completes：当 FDS 模型结束的时候运行 Smokeview，选项决定 FDS 计算完成后是否自动显示计算结果（运行 Smokeview）。

Parallel Simulations Use：使用平行运行，选项选择用户在点击 FDS 菜单下 Run Parallel...之后运行的 FDS 程序。MPI 选项在模拟中将分开每个网格的进程，OpenMP 选项将在模拟中尝试并行处理，可提升拥有多个网格在模拟时的性能。

Hardware accelerated cursor：硬件绘制选项，给出在绘制模型中硬件加速的控制选项。如果有显示问题，使用者应关闭这两个硬件加速选项。

Autosave：自动保存，选项控制 PyroSim 定期创建当前模型的备份文件。默认设置打开了这个选项，每 10min 保存一次。在一些情况下，尤其是制作大型模型时，保存备份文件可能会导致意外的延迟，一些使用者更喜欢关闭这个选项，手动保存。

Record Preview：记录预览，选项可以在许多对话框中增加预览面板。预览面板显示将会在 FDS 输入文件中生成文本，如图 4-5 所示。这对希望准确了解 PyroSim 如何生成 FDS 输入文件的用户非常有用。

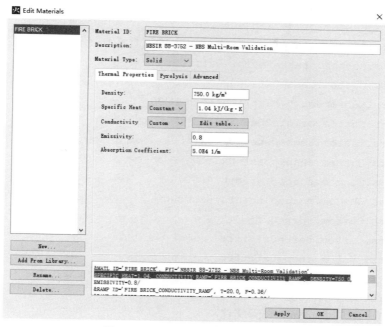

图 4-5　显示输入材料的 FDS 记录

4.1.6　单位

模型的单位使用英制或公制均可。设置单位时，在 View 菜单点击 Units，然后点选希望使用的单位。PyroSim 会自动将用户之前输入的数值转换成用户选择的单位。无论用户选择哪一种单位，Record View 将会始终以适合 FDS 的单位显示数值。

除非另有说明，在本书的示例中，PyroSim 均使用 SI 单位制。如果在 PyroSim 同一个模型中使用了不同的单位，模拟将不会产生预期的结果。为了确保用户使用的是 SI 单位：

① 在 View 菜单上，单击 Units。

② 在 Units 的子菜单，确认 SI 是选定的。

用户可以在任何时候，对 SI 和英制单位进行切换。数据存储在原有存储系统，当用户切换单位时，不会损失精度。

4.1.7　配色方案

在 View 菜单中点击 Color Scheme 可以选择各种背景颜色。自定义配色方案保存在 PyroSim 安装目录（一般是 C: \Program Files\PyroSim）中的 PyroSim.props 文件。

改变自定义配色的步骤如下所述。

① 关闭 PyroSim。

② 打开编辑 PyroSim.props。

③ 将下面的默认颜色更改为用户喜欢的颜色：

```
Colors.Custom.axis=0xffff00
Colors.Custom.axis.box=0x404040
Colors.Custom.axis.text=0xffffff
```

```
Colors.Custom.background=0x0
Colors.Custom.boundary.line=0xffffff
Colors.Custom.grid=0x4d4d66
Colors.Custom.group.highlight=0xffff00
Colors.Custom.heatDetector=0xff0000
Colors.Custom.obst=0xff0000
Colors.Custom.obst.highlight=0xb2b200
Colors.Custom.origin2D=0x737373
Colors.Custom.smokeDetector=0xff00
Colors.Custom.snap.point=0xff00
Colors.Custom.snapto.grid=0x404040
Colors.Custom.snapto.points=0xc0c0c0
Colors.Custom.sprk=0xff
Colors.Custom.text=0xffffff
Colors.Custom.thcp=0xffff00
Colors.Custom.tool=0xff00
Colors.Custom.tool.guides=0x7c00
```

④ 保存编辑过的 PyroSim.props 文件。

⑤ 重新启动 PyroSim。

4.1.8 View 菜单

在公用菜单中，用户可以找到 View 菜单，如图 4-6 所示，该菜单主要用于对模型进行不同角度的查看。

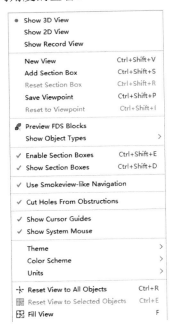

图 4-6　视图菜单

Show 3D View：显示 3D 视图，用户可以通过选择此选项来改变视图为 3D 视图，用户也可以通过点击图形界面相应的按钮来实现视图转化，在不同的视图界面 View 菜单中会出现一些不同的菜单选项，例如使用 Smokeview 型的导航视图（Use Smokeview-like Navigation）菜单选项只会在 3D 视图下出现。

Show 2D View：显示 2D 视图，用户可以通过选择此选项来改变视图为 2D 视图，图 4-6 是在 2D 视图下的 View 菜单项。用户也可以通过图形界面中相应的按钮来改变。

Show Record View：显示记录视图，用户可以通过选择此选项来改变视图为建模的 FDS 程序代码视图，用户也可以通过图形界面中相应的按钮来查看该视图。

New View：新建视角，为模型建立一个新的视角。

Add Section Box：为被激活的视图添加三维剖面框，剖面框是由六条边定义的凸形区域，用于限制可见几何体的范围，框外的所有几何图形都将从视图中剪切。

Reset Section Box：重置三维视图剖面框，为可视目标重置被激活的三维视图剖面框，即剖面框重置全揽整个可视的三维视图。

Save Viewpoint：保存视角，为被激活的模型查看视图保存当前视角，在模拟结果中可以通过该视角进行查看。

Reset Viewpoint：重置视角，重置被激活视图的当前视角。

Preview FDS Blocks：预览 FDS 离散后的块，预览 FDS 运算程序受网格离散后的块状结果，即块状结构不具有边界圆滑性，可能与原 PyroSim 模型存在一定偏差。

Show Object Types：显示模型的形式，包括实体显示、线框显示、纹理表面、边框加粗几种方式。

Enable Section Boxes：启用剖面框，启用后将在结果视图中可选择只显示被启用剖面框区域。

Show Section Boxes：显示剖面框，显示剖面框所选定的区域。

Use Smokeview-like Navigation：使用类似 Smokeview 导航，通过转动鼠标动态查看模型，即类似于 Smokeview 界面的模型视图查看方式。

Cut Holes From Obstructions：从障碍物上开洞，用户可以利用该项来从障碍物上关闭/打开原有的洞口。

Show Cursor Guides：显示光标指南，取消该菜单项，将不会出现十字交叉的两条光标指示线。

Show System Mouse：显示系统鼠标，此菜单控制鼠标箭头的开关。

Theme：主题。

Color Scheme：配色方案，在配色方案中，为用户提供了黑色背景（Black Background），自定义背景（Custom），默认背景（Defult），白色背景（White Background）。用户可以选择相应的背景来显示在图形界面中。

Units：单位，设置模型中选择的单位类型，这里提供了国际单位（SI）和英制单位（English）。

Reset View to All Objects：重置所有对象的视图，用户可以在视图菜单按钮中选择来实现此功能。

Reset View to Selected Objects：重置选择对象的视图，用户可以在视图菜单按钮中选择来实现此功能。

Fill view：全揽，以俯视图视角全揽视图而不重置视角。

4.2 PyroSim 基本参数简介

4.2.1 PyroSim 常用菜单与对话框操作指南

（1）公用菜单用法 如图 4-7 所示，公用菜单位于主窗口的最上方，它们可以用于 PyroSim 程序的所有级别，配合其他菜单完成诸如文件管理、选择操作、模型建立、参数设置等工作。

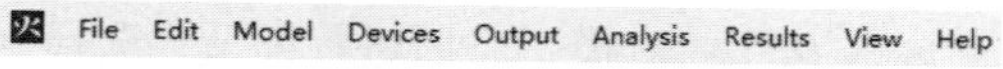

File Edit Model Devices Output Analysis Results View Help

图 4-7 公用菜单示意图

公共菜单各项对应不同性质界面，其后面一般有一个标识符，表示意义分别如下所述。

"＞"：展开下一级子菜单。

无任何符号：执行一条 PyroSim 命令。

（2）快捷功能图标按钮用法 如图 4-8 所示，快捷功能图标按钮主要目的是方便地执行 PyroSim 的经常性重复的一些菜单功能，程序提供有下列主要图标按钮：

图 4-8　快捷功能图标按钮

📄按钮：新建模型文件。

📂按钮：打开 PyroSim 数据文件。

💾按钮：保存 PyroSim 数据文件。

📥按钮：导入 FDS 数据文件。

📤按钮：导出 FDS 数据文件。

↩按钮：撤销上一个操作。

↪按钮：重做下一个操作。

（3）图形操作按钮用法　如图 4-9 所示，图形操作菜单主要目的是便于对模型进行变换，方便观看模型。

图 4-9　图形操作菜单

⊞按钮：使用边框视图，只能看见物体的边框。

◻按钮：使用实体视图，此视图不能进行物体纹理、轮廓线等的查看。

◻按钮：能够显示对象轮廓线。

◼按钮：能够显示构筑物纹理结构。

◼按钮：同时显示纹理和轮廓线模式。

▶按钮：对象选择与操作，进行物体选择、编辑。

✛按钮：3D 轨道导航，各种角度对模型进行旋转移动，便于多个视角观看。为了旋转（spin）三维模型，选择✛，然后在模型上单击左键并移动鼠标。该模型就会旋转，就像用户选择球体上的一个点。

✖按钮：漫游视图，通过鼠标移动能实现模型的左右和上下移动。

✛按钮：平移视图，可以实现模型平面移动。选择✛（或按住 Shift 键）并拖动来重新定位模型窗口。

🔍按钮：对模型平面进行缩放。选择🔍（或按住 ALT 键）和垂直拖动鼠标。选择🔍 然后按一下拖动以定义一个缩放框。

🔍按钮：可以选择性放大物体特定的局部区域。

✛按钮：全部视图复位，便于查看模型。在任何时候，选择✛（或按 Ctrl +R），将重置整个模型。

⊞按钮：对选择的图形进行复位观看。改变重点：选择对象（S），然后选择⊞定义一个较小的查看选定对象周围的领域。

（4）图形显示操作按钮用法　如图 4-10 所示，图形显示操作按钮主要用于已建模型中各模块、功能的显示与隐藏操作，便于图形的查看和系统操作。

图 4-10　图形显示操作按钮示意图

`Floor: <Show All>` 按钮：可以点击选择想要显示的楼层，以便进行编辑；

按钮：打开楼层管理对话框，设置楼层高度、背景图案等；

按钮：能为当前层设定背景图案；

按钮：能够显示和隐藏楼层的背景图案；

按钮：能够显示、隐藏网格；

按钮：能够显示、隐藏网格边界；

按钮：隐藏与显示整个网格的边框；

按钮：预览导入的 FDS 文件模块；

按钮：能够显示和隐藏模型中的所有构筑物；

按钮：能够显示和隐藏所有的孔洞；

按钮：显示和隐藏所有的通风口；

按钮：显示和隐藏所有的粒子云；

按钮：显示和隐藏所有的设备；

按钮：显示和隐藏分区；

按钮：显示和隐藏所有的统计区域；

按钮：显示和隐藏所有的切片；

LBL 按钮：显示和隐藏所有的标签；

CAD 按钮：显示或隐藏导入的 CAD 线。

（5）对话框执行按钮用法　在大多数情况下 PyroSim 对话框中一般都有三个执行按钮，即"Apply""OK"与"Cancel"，它们的用法如下：

① 单击 Apply 按钮，执行操作，该对话框不关闭。

② 单击 OK 按钮，执行操作并关闭该对话框。

③ 单击 Cancel 按钮，取消前面的操作并关闭对话框。

4.2.2　PyroSim 文件系统和文件操作

运用 PyroSim 进行火灾模拟计算时所涉及的文件，包括 PyroSim 模型文件、FDS 输入文件和 FDS 输出文件。本小节讲述如何保存、读取 PyroSim 支持的文件。

（1）PyroSim 文件类型　PyroSim 程序涉及大量的文件，它们用于存储各种数据信息，所有的文件均采用共同的文件名，不同类型的数据则采用不同后缀文件进行存储（文件由文件名和后缀组成）。

① 工作名：在启动 PyroSim 时默认文件的名称为 untitled。可以随时修改文件的名称。

② 扩展名：新建 PyroSim 模型文件存储的默认扩展名为.psm。一般扩展名由 PyroSim 自动指定。

PyroSim 程序在运行时产生大量的文件，文件名类型很多，表 4-1 说明常见后缀对应的文件类型、文件名和文件格式（二进制或 ASCⅡ）。

表 4-1　文件类型

文件类型	文件名	文件格式
untitled.psm	PyroSim 程序文件	ASCⅡ
untitled.smv	Somkview 程序文件	ASCⅡ
untitled.out	输出文件	ASCⅡ
untitled_devc.csv	探测器数据结果文件	ASCⅡ
untitled.fds	FDS 程序文件	ASCⅡ

文件管理建议：为了最大减少误操作引起的文件覆盖，建议针对每个分析项目创建独立的子项目录，即建立一个新的文件夹。同时 PyroSim 程序工作名最好不要用中文命名，以免运行产生的文件工作名出现乱码。

（2）建立一个新的 PyroSim 模型　打开 PyroSim 时，将会自动打开一个空的模型。选择 File 菜单并点击 New，用户可以关闭当前模型并打开一个新的模型。PyroSim 必须打开并且只能打开一个模型。

（3）保存文件　PyroSim 的程序文件（.psm）以二进制形式保存的。PyroSim 模型包括了输出 FDS 输入文件所需要的一切数据，同时也包括其他信息，例如障碍物群组、层高、背景图片和材质纹理等。这个格式可以让其他程序应用人员更好地使用用户的 PyroSim 程序文件。

怎样保存一个新的模型：

① 在 File 中点击 Save。

② 输入文件名并点击 Save 按钮。

或者通过以下方式保存。

从工具条按钮快捷存储：点击🖫即可进行保存。

从公用菜单中按指定的工作文件名进行存储：File→Save As...。

（4）打开文件　PyroSim 模型的后缀为.psm。打开一个已保存的模型：

① 在 File 菜单下点击 Open...。

② 选择文件后点击 Open 键。

或者通过点击快捷功能菜单里面的📂按钮进行。然后找存储 PyroSim 程序文件的位置，选择后缀为.psm 的程序文件即可打开。

软件同时支持最近打开文件列表。在 File 菜单中点击 Recent PyroSim Files，之后选择文件即可打开。

PyroSim 可以自动保存，自动保存将会每 10 分钟保存一次打开的模型文件，当 PyroSim 正常退出后，自动保存文件将会删除，但当 PyroSim 程序崩溃后，用户可以打开自动保存文件恢复用户的工作。用户可以在相同目录下的最新.psm 文件中找到，如果模型没有存储，用户可以在 PyroSim 程序安装文件夹中找到。

（5）防止更改模型　PyroSim 支持对模型写保护。当写保护被激活时，用户将不能修改这个模型（例如改变形状、编辑面属性等）。这个选项可以选择是否设置密码。当一个模型被写保护时，PyroSim 将会在程序标题栏显示通知。

① 怎样添加写保护：

a. 在 File 菜单点击 Write Protection...。

b. 点击 OK。

这时模型将会被写保护，但没有设置密码时，去除写保护不会要求输入密码。

② 怎样移除写保护：

a. 在 File 菜单点击 Write Protection...。

b. 点击 OK。

这时模型允许被编辑。当有密码时，操作需要输入密码。

在较低版本的 PyroSim 程序中没有此功能。

（6）读入文件　利用 PyroSim 程序可以读入 FDS 文本文件、DXF 图形文件，同时可以导出 FDS 文本文件。实现 FDS 程序和 PyroSim 程序的配合使用，便于更加直观、形象地检查 FDS 程序在编程过程中出现的错误。同时 PyroSim 程序也能实现 CAD 中的.DXF 文件和 PyroSim 程序文件的交互使用，对于一些复杂的模型，可以通过 CAD 程序建立模型，然后直接导入 PyroSim 程序中，即可生成三维模型。下面是常见的读入和写出文件的操作。

① 导入 FDS 模型：PyroSim 允许导入已经存在的 FDS 输入文件。当导入 FDS 文件时，PyroSim 将会根据导入的文件创建一个新的 PyroSim 模型。在导入过程中，PyroSim 会检查每条语句的有效性。当发现错误时会通知用户，请检查更正后重试。

怎样导入已存在的 FDS 模型：

a. 在 File 菜单点击 Import，然后点击 Import FDS/CAD File...。

b. 选择 FDS 文件后点击 Open。

② 导入第三方软件模型：用户可打开 Import FDS/CAD File...对话框，导入第三方软件建立的模型，包括 BIM、CAD 等。

a. 在 File 菜单点击 Import FDS/CAD File...。

b. 选择导入已经通过其他软件建立的对应格式模型。

c. 指定单位、图层和其他设置。

d. 点击 OK。

转换实体图形：

PyroSim 的读入文件只能是由线、多段线和面生成的 FDS 文件，其他 DXF 文件中的实体将会被忽略。特别是 DXF 文件中任何 3D 实体都不会被导入。将 AutoCAD 中 3D 模型转换为 PyroSim 可识别的图形，方法是将这些 3D 实体转化为各种面。用户可以在 AutoCAD 中执行 explode 命令以实现这一转化。

在 AutoCAD 中，一些实体并不容易被 explode 命令分解。在这种情况下，用户可以通过以下步骤对 3D 图形进行分解。

a. 选择要导出到 PyroSim 中的模型。ALL 命令将会选择所有图形。

b. 将选择的物体用 3D　SOUT 命令导出为 3D　studio 文件格式。

c. 在 3D Studio File Export Options 菜单，选择以下选项：在 Derive 3D Studio Objects From 选择 AutoCAD Object Type；在 Smoothing 选择 Auto-Smoothing 和 30 度。

然后点击 OK 输出文件。

d. 打开一个新的绘图窗口，用 3D SIN 命令导入目标。

e. 目标将会以多面体形式导入。对其执行 explode 命令，将其分解成 3D 面。

f. 将新的绘图保存为一个 DXF 文件。

DXF 输入对话框：以下几段将会描述 Import DXF 对话框的主要部分。

图层：如果用户的 DXF 输入文件已经被组织成图层，用户可以通过使用 Import DXF 对话框左侧的列表来控制导入哪一层。文件中的所有图层都会被初步选定，但是，用户可以通过在清单中取消它们来指定 PyroSim 忽略特定的图层。当用户选择或取消图层时，3D 预览窗口将显示被导入的项目。取消一个图层对将导入的背景图像没有影响。

长度单位：PyroSim 会根据用户选择的长度单位改变导入文件生成的障碍物和背景图像的大小和方向。指定长度单位是非常重要的，因为这些信息不能从导入文件中进行推断，并且它将控制所有导入结构的尺寸和位置。

指定长度单位的步骤：

a. 在 Import 导入对话框中选择 Units 选项。

b. 按一下导入文件中单位按钮。

（7）导出文件　PyroSim 同样支持直接将当前模型导出为 FDS 可读取的文本输入文件。用户可以手动编辑此文件达到更好的效果，或更容易地移动文件到另一台电脑或使用特殊版本的 FDS 打开进行模拟计算。

怎样导出 FDS 文件：

① 在 File 菜单，点击 Export，然后点击 FDS File...。

② 输入文件名后点击 Save。

PyroSim 导出的 FDS 文件兼容 FDS6，PyroSim 程序还可以导出面数据信息和燃烧反应数据信息，步骤分别如下：

① File＞Export＞Surface Database...。

② File＞Export＞Reaction Database...。

4.3　PyroSim 建模基础

在 PyroSim 程序中建模包括广义和狭义两层含义，广义模型包括实体模型、有限元模型等，即整个模型的分析过程，狭义的建模仅仅指利用几何工具创建的实体模型（墙面、内部家具等）。建模的最终目的是获得正确的有限元模型，保证网格具有正确的形状、单元大小密度分布合理。可以说，好的模型是计算成功的保证。针对 PyroSim 建模能力，本节主要介绍 PyroSim 程序有哪些几何建模工具，如何利用这些几何工具进行建模，怎样创建复杂的几何结构模型以及如何对所建的模型进行编辑等相关的建模思路和方法，具体的建模案例在后面章节进行展示。

4.3.1　建模造型简介

PyroSim 程序允许用户直接利用程序自带的工具创建几何实体模型。同时，针对一些较复杂的模型，PyroSim 程序也允许直接利用 CAD 进行建模，然后导入到 PyroSim 程序中。

4.3.2　坐标系

在 PyroSim 程序中，只有一个坐标系用于表述几何模型（点/线/面/体），下面简单介绍所有坐标系，如图 4-11 所示。

坐标系中 X 轴表示横向、Y 轴表示纵向、Z 轴表示高度方向，在默认的状态下，新建的网格等模型是以俯视图的视角显示的。在 3D 视图中，用户可以通过选中 按钮，然后用鼠标左键点击模型进行滚动查看，这样可以从各个角度对模型进行查看。

图 4-11　坐标系

2D 视图中，只能看平面图，对模型进行左右移动，不能对模型进行旋转。

4.3.3　创建楼层

PyroSim 程序提供楼层工具（模型分段）去帮助使用者迅速创造模型集合。2D 视图是创建一个建筑模型最快的方法。用户可以通过楼层来组织模型，对每一个楼层设置一个背景图像，然后在背景图像上绘制建筑物的实体。PyroSim 包括支持对角墙。

可以使用块工具或者墙工具创建如弧形墙壁和圆顶等更复杂的几何形状，这将在后面的章节中进行介绍。

（1）通过楼层来组织建筑模型　在模型内定义地板需要在 2D 或者 3D 视图下，选择顶部显示栏的 Define Floor Locations 工具（💾），这将显示 Manage Floors，如图 4-12 所示。在打开的对话框中可设置楼层，分别包括名称、地面标高、楼板厚度、墙体高度和楼层切割后切面显示的颜色，以及楼层的背景图像。默认情况下，新建一个楼层的层高为 3m（9.84feet），用户可通过自定义设置层高、地面标高和地板厚度。图 4-12 所示的这个例子中，创建 3 个楼层，每个楼层高 3m。

一旦定义楼层，用户可以在模型中进行过滤显示，选择显示选定的一个楼层或所有楼层，见图 4-13。

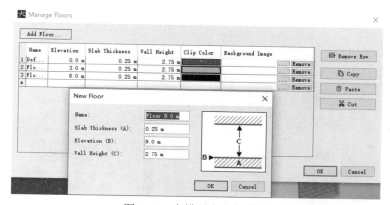

图 4-12　在模型中定义地板

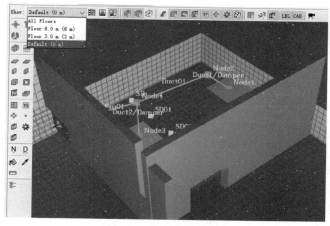

图 4-13　选择展示地板

建模提示：如果用户在模型中定义有楼层，建议在进行模型创建时，在左侧导航菜单栏 Model 中创建相应的楼层组分组（1 层、2 层等），将绘制的对应本楼层组件全部放置在匹配的分组文件中，这将会帮助用户组织模型。

（2）添加地板背景图像　每一层都有相关联的背景图像。添加背景图像到地板需要在 2D 或者 3D 视图下选择一个特定的地板，选择 Configure Background Image 工具🖼（或者选择 Define

Floor Locations 工具，然后在背景图像列中选择 Edit 按钮）。会出现 Configure Background Image 对话框。用户可以按照以下步骤来设置：

① 选择一个背景图像文件。合法图像格式为 bmp，gif，jpg，png，tga 和 tif。

② 通过点击图像来确定定位点（Anchor Point）。定位点就是在指定模型的坐标系的坐标图像上的一个点。定位点的坐标不一定是在原点。

③ 设置模型的尺度。选择 Choose Point A 按钮，然后选择第一个点。此点将用来定义一个长度。选择 Choose Point B 按钮，选择第二个点来定义长度。输入 A B 两点的距离。见图 4-14。

④ 使用滑尺改变图像的亮度。

⑤ 选择 OK 来关闭 Configure Background Image 对话框。

在 2D 视图中，当用户选择显示一个特定的楼层时，背景图像则会同时显示出来，3D 图像也是如此。要关闭背景图像，首先要切换到 2D/3D 视图，然后按以下菜单操作：View→Show Objet Types→show Background Images。

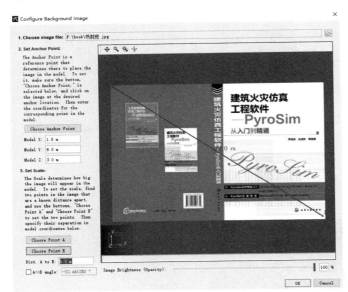

图 4-14　背景图像的展示

图 4-15　障碍物对话框

4.3.4　3D 视图创建几何模型

PyroSim 程序旨在帮助用户以交互方式创建复杂的几何形状。用户可以分别在 2D 和 3D 视图下创建几何模型，两种视图下创建模型有各自的特点，现在分别对两种视图进行简单介绍：

① 在 3D 视图下创建模型，用户可以通过公用菜单中 Model 或者快捷功能菜单里面点击相应的几何工具进行创建，然后对弹出的新建菜单进行参数设置和坐标设置，PyroSim 程序将根据用户设置的结果自动生成模型，用户可以随时点击模型进行修改。3D 视图下建立模型的优点是所创建的模型更加精确，缺点是效率不高，建模前要进行参数设置与计算，每个同类组件都需要重复进行设置。

② 在 2D 视图下，用户可以利用画图工具手工绘制几何模型，在绘制前只需要简单地设置几个重要的参数，然后利用鼠标拖动来进行绘制。在绘制过程中或绘制结束后，用户可以转换到 3D 视图下进行修改，使模型达到预期的目的。它的优点是一次设置，可以多次使用，提高

绘图效率。缺点是画图不够精确，坐标参数还需要二次设置。

（1）创建障碍物（Obstruction） 障碍物是 PyroSim 程序中重要的几何代表。障碍物是由两点定义的矩形固体，每个障碍物的表面都具有表面特性。激活事件就被定义为在模拟过程中创建或删除一个障碍。

障碍物的几何形状并不需要与用于解决问题的网格的几何形状相匹配。在模拟开始之时，障碍物的所有面都会转移到对应的最近的网格单元边界。因此，为了对应一个单独的面，一些障碍物可能比较厚，而另一些则比较薄。由于网格离散，这个单独的面可能对模型引入不必要的差距。这些模糊之处可以通过创建对应于网格空间的所有几何形状来避免，其简单方法就是绘制几何图形，同时捕捉到网格模型，它可以通过特定的坐标手动地创建几何模型。这可以通过使用 New Obstruction 命令以及存在于孔和通风口的相似命令来完成。

创建一个新的障碍物：在 Model 菜单中单击 New Obstruction。弹出图 4-15 所示对话框。

① 通用选项：障碍物面板的选项卡是所有的选项而不是那些控制几何形状和表面的信息。这包括激活事件（可能导致障碍物从模拟中添加或删除的条件）和如颜色和平滑等的其他选项。表 4-2 为障碍物属性通用选项。

表 4-2　障碍物属性通用选项

参数	描述
Description	对对象可读的描述。此值不会影响模拟的结果
Group	控制物体在 PyroSim 的树视图的位置
Activation	绑定此对象来激活新的或现有的控制逻辑。激活控制逻辑是用来添加或删除基于时间或测量条件的对象
Specify Color	覆盖此对象物质的颜色
纹理来源/Texture Origin	
Relative to Object	当纹理被附加到一个对象时，它们基于一个起点平铺开来。在默认情况下，这个点就是原点，相对于对象的最小点的默认的定位点
x，y，z	这些偏置值是基于默认的纹理原点的纹理原点。如果原点与对象有关，使其停留在零，使用对象的最小点
障碍物特性/Obstruction Properties	
Smooth	防止在弯道产生涡。此选项是用来防止由 FDS 使用的线形几何的楼梯台阶的有角度的墙壁的流动问题
Thicken	当此选项被选中时，这个对象将不会减少成为 2D 面
Record BNDF	当此选项被选中时，这个对象包括在边界的数据输出
Permit Holes	当此选项被选中时，通过创建孔可以改变这个对象的几何形状
Allow Vents	使这个对象有可能成为通风口的支撑对象
Removable	使物体有可能从激活事件或者 BURN_AWAY 表面选项的模拟中删除
Display as Outline	改变在 Smokeview 的此选项的外观
Bulk Density	使用此选项可以覆盖该物体所提供的燃料数量

② 几何位置选项：此选项卡允许用户定义这个物体的最大和最小坐标，即设置物体的尺寸。对于更复杂的几何多边形，此选项卡可能包括一系列点和挤压选项表。挤压是 PyroSim 程序的一种机制，该机制使二维物体沿着一个矢量方向延长-创建一个三维的对象。

③ 表面属性选项：默认情况下，物体的六个面使用惰性的表面，可通过表面选项卡指定用于对象的六个面或分配到每个面的表面属性。

（2）创建孔洞　孔洞（Hole）的主要功能是用来在障碍物、墙、块等几何实体结构上开孔或者洞，形成通风口、门窗等具体模型。同时为了使门窗、孔、洞等几何构造能够真正地形成，在建模过程中必须保证所建孔的厚度两侧要略微超过墙壁等几何实体的厚度，这样可以保证门窗孔洞是打通的。用户可以通过使用 New Hole 命令以及存在快捷功能菜单的 按钮命令来完成。

创建一个新的障碍物：在 Model 菜单中单击 New Hole…，弹出如图 4-16 所示孔属性对话框。

① 通用选项：孔洞属性对话框比障碍物属性对话框要简单，但是它也包括激活事件和如颜色和边界等的其他选项。表 4-3 简单介绍一下孔洞属性通用选项。

表 4-3　孔洞属性通用选项

参数	描述
Description	对对象可读的描述。此值不会影响模拟的结果
Group	控制物体在 PyroSim 的树视图的位置
Activation	绑定此对象来激活新的或现有的控制逻辑。激活控制逻辑是用来添加或删除基于时间或测量条件的对象
Specify Color	覆盖此对象物质的颜色

图 4-16　孔属性对话框

图 4-17　通风口属性对话框

② 几何位置选项：此选项卡允许用户定义这个物体的最大和最小坐标，即设置物体的尺寸。对于更复杂的几何多边形，此选项卡可能包括一系列点和拖动选项表。拖动是 PyroSim 程序的一种功能。该功能使二维物体沿着一个矢量方向延长-创建一个三维的对象。

（3）创建通风口　通风口（Vent）一般使用在一个二维平面物体上，它没有厚度。通过设置不同的表面（Supply、Exhaust、Burner）等，可以使该通风口产生扩散、回风、火焰等不同的通风效果。这可以通过使用 New Vent 命令以及存在快捷功能菜单上的 按钮命令来完成。

创建一个新的通风口：在 Model 菜单中单击 New Vent…，弹出如图 4-17 所示通风口属性对话框。

① 通用选项：通风口面板的通用选项卡主要功能如表 4-4 所示。

表4-4　通风口属性通用选项

参数	描述
Description	对象描述，此值不会影响模拟的结果
Group	控制物体在 PyroSim 的树视图的位置
Activation	绑定此对象来激活新的或现有的控制逻辑。激活控制逻辑是用来添加或删除基于时间或测量条件的对象。要了解更多的关于激活时间的信息，请查阅 4.1 节，激活事件
Surface	表面属性决定了通风口的主要功能
Specify Color	覆盖此对象物质的颜色
Display as Outline	是否只显示通风口的轮廓，改变在 Smokeview 的此选项的外观
纹理来源/Texture Origin	
Relative to Object	当纹理被附加到一个对象时，它们基于一个起点平铺开来。在默认情况下，这个点就是原点，相对于对象的最小点的默认的定位点
x，y，z	这些偏置值是基于默认的纹理原点的纹理原点。如果原点与对象有关，使其停留在零，使用对象的最小点
Fire Spread/火焰蔓延	
Spread Rate	用户可以自定义火焰蔓延速率
x，y，z	火焰从该坐标点开始蔓延，只有设置完蔓延速度才能输入坐标

② 几何位置选项：此选项卡允许用户定义这个物体的最大和最小坐标，即设置物体的尺寸。由于通风口是一个 2D 平面，因此用户首先需要确定此通风口所在面，即要确定 Plane 选项卡的选项和输入框中的坐标，然后确定空气流动方向，可以沿着 Plane 选项中面的垂直方向流动，由用户根据实际情况选择。最后用户需要在边界（Bounds）输入框中输入另外两个坐标方向上的尺寸大小。若需要设置为圆形通风口，可在 Geometry 对话框中选中 Circular Vent 并设置对应通风口的半径 Radius。其中的一些参数介绍如表 4-5 所示。

表4-5　通风口属性几何属性选项

参数	描述
通风口几何属性/Vent Geometry Properties	
Normal Direction	用户可以确定气体流动的方向
Plane	确定通风口所在平面

（4）创建板块　板块（Slab）一般用于创建模型的屋顶，通过坐标，可以新建三角形倾斜屋面。这可以通过在 Model 菜单，单击 New Slab...命令以及存在快捷功能菜单上的 ▨ 按钮命令来完成。板块属性对话框和障碍物的属性对话框相似，只是在几何位置和尺寸这一选项卡有所不同。因此对通用选项卡和表面属性选项卡不再介绍，用户可以参考障碍物属性对话框进行设置。

这里对板块几何位置对话框进行简单介绍：此选项卡允许用户定义这个物体的最大和最小坐标，即设置物体的尺寸。对于更复杂的几何多边形，此选项卡可能包括一系列点和拖动选项表。拖动是 PyroSim 程序的一种功能，该功能使二维物体沿着一个矢量方向延长，创建一个三维的对象。几何选项卡如图 4-18 所示。

图 4-18　多边形板状障碍物属性对话框

其中的一些参数介绍如表 4-6 所示。

表 4-6　多边形板状障碍物属性参数介绍

参数	描述
拖动路径/Extrusion Path	
Normal to Polygon Distance	改字段定义板块的厚度
Custom Direction	定制板块厚度延伸的方向
x，y，z	通过输入不同的坐标来改变延伸的大小
基础多边形/Base Polygon	
Points	板块的坐标点。通过输入坐标来改变板块的大小和位置

请注意，每个多边形障碍物部分的坐标是按照逆时针顺序给出的（如果用户是从上方观察此模型）。坐标的顺序确定了三角形宽度延伸的方向。对于三角形的宽度，PyroSim 使用左手规则，这意味着每个多边形障碍物部分的宽度将向上延伸。

（5）创建粒子云　粒子云（Particle Cloud）主要是通过在模型中创建粒子团来观察其在模型模拟过程中的状态变化，这里使用的粒子可以是 PyroSim 程序自带的粒子，也可以是用户通过 Edit Particle 创建的新粒子。用户还可以通过创建探测设备来检测这些粒子在环境中的变化，粒子云的这些功能可以用来模拟火灾环境中一些化学物质的变化，并对其进行监测。

用户可以通过使用 New Particle Cloud 命令以及存在快捷功能菜单的 ❀ 按钮命令来完成。

创建一个新的障碍物：在 Model 菜单中单击 New Obstruction，如图 4-19 所示。

粒子云属性对话框中的通用选项卡介绍见表 4-7。对粒子云属性对话框中的几何尺寸选项卡用户可以参照障碍物的几何尺寸选项卡进行设置，这里不再介绍。

图 4-19 粒子云属性对话框

表 4-7 粒子云属性对话框中的通用选项卡介绍

参数	描述
Description	对对象属性的描述。此值不会影响模拟的结果
Group	控制物体在 PyroSim 的树视图的位置
Particle	选择粒子云中粒子种类，有三种粒子供用户选择，用户也可以通过 Edit Particles…进行粒子创建。粒子创建见 4.4.2 小节
Mass Density	设置粒子的质量密度
Movement/粒子移动	
Particles Can Move	粒子在模拟过程中是否发生移动
Particles Are Stationary	粒子保持静止状态
Droplet Count/液滴数量	
Density	该字段输入粒子数量，每立方米的粒子数
Constant	该字段定义粒子数为常数，用户可以自定义

4.3.5 2D 视图创建几何模型

2D 视图提供几何创作工具的集合。这些工具使用户能够快速绘制矩形障碍物，如倾斜的墙壁、块、通风口和房间。有几种工具能模拟创建孔，而不是固体障碍物。所有几何创作工具位于 2D 视图的左侧的工具栏上。

其中一些工具允许用户创建和编辑对象，不局限在 FDS 网格内。在这种情况下，当 FDS 输入文件创建时，PyroSim 程序将自动转换成基于网格块的形状。用户还可以通过点击 View 预览这些块，然后选择 Preview as Blocks。

本小节中的几何工具完全支持撤销/重做系统。如果用户对刚刚创建的对象的位置改变了主意，只需点击 Edit，然后单击 Undo 或者点击工具菜单上的 按钮。

大多数对象可以通过选择 Selection ▶ 工具编辑。这个工具是位于 2D 和 3D 视图上面的工具栏。一旦激活 Selection 工具，单击用户要修改对象就可以了。在被修改的对象上会出现蓝色节点或句柄。通过拖动这些句柄，用户可以迅速改变现有的对象。

在 2D 视图下，用户可以通过点击位于工具栏底部的工具属性按钮 Tool Properties 来编辑和设置任何工具。如最初的地表面类型、颜色、锯齿和深度的选项都可以在 Tool Properties 对话框中进行编辑。

（1）绘制障碍物和孔洞　上一小节已经介绍了如何在 3D 视图下，利用 Model→New Obstruction…菜单命令来创建障碍物，因此本小节主要介绍如何在 2D 视图下利用绘图工具进行绘制。

① 2D 试图绘制障碍物对话框：除了在 3D 视图下进行障碍物绘制外，用户还可以在 2D 视图下绘制障碍物。用户首先确保在 2D 视图下，然后按以下菜单操作：Draw a Slab Obstruction ✎ → Tool Properties，此时会弹出如图 4-20 所示新建障碍物属性对话框。

图 4-20　新建障碍物属性对话框

对属性对话框中的参数进行简单介绍，见表 4-8。

表 4-8　新建障碍物属性参数表

参数	描述
Min Z/Min Z	此输入框主要是在高度方向上设置障碍物的尺寸大小，通过输入确定的数值来设定障碍物的竖直位置
Surface Prop	设定障碍物的表面属性
Specify Color	覆盖此对象物质的颜色
Smooth	防止在弯道产生涡。此选项是用来防止由 FDS 使用的线形几何的楼梯台阶的有角度的墙壁的流动问题
Thicken	当此选项被选中时，这个对象将不会减少成为 2D 面
Permit Holes	当此选项被选中时，通过创建孔可以改变这个对象的几何形状

② 绘制障碍物和孔洞：在 2D 视图下，用户可以用绘制障碍物工具 Draw a Slab Obstruction ✎ 创建简单的矩形障碍物。用这个工具创建的对象将被直接转换为 FDS 障碍物记录。按下列操作步骤创建障碍物。

a. 点击 Draw a Slab Obstruction ✎ 按钮。

b. 单击 Tool Properties 按钮设置障碍物属性，定义 Min Z 和 Max Z 坐标以及障碍物的 Surface Property。

c. 将鼠标指针放在要开始创建障碍物的位置，然后按住鼠标左键。鼠标坐标显示在左下角的视图上以帮助用户准确定位对象。

d. 拖动鼠标到用户想要的障碍物相反角落。

e. 释放鼠标按钮。

③ 绘制孔洞：应用绘制孔的工具 Draw a Hole ✎，用户可以创建简单的长方形孔。在新建孔属性对话框中用户只需要设置孔的垂直位置（Min Z/Min Z）和指定孔的颜色（Specify Color）即可。然后按照创建障碍物相同的步骤和方式创建孔。

（2）绘制墙壁和墙孔

① 绘制墙壁：用户可以在 PyroSim 程序中使用绘制墙工具 Draw a Wall Obstruction ▮ 创建墙壁。此工具只适用于顶部视图。在顶部视图中墙壁可以自由旋转，并没有受到 FDS 网格的限制。

使用墙创建工具创建一面墙：

a. 点击 Draw a Wall Obstruction 按钮。

b. 点击 Tool Properties 按钮创建墙的属性。墙的属性对话框和障碍物的属性对话框大体相同，只是墙中增加了厚度（Thinkness）输入框。

c. 将鼠标指针放在要开始创建墙的位置，然后按住鼠标左键，鼠标坐标显示在左下角的视图上以帮助用户准确定位对象。

d. 拖动鼠标到用户想要到墙的终点。

e. 释放鼠标按键。

墙有相关的厚度值（Thinkness）。当用户要创建一面墙时，可以定为两个内部或者外部的边角而不是中心线。当创建墙时按住 SHIFT 键，可以切换墙宽度的方向。如果用户在完成创建墙之前放开了 SHIFT 键，厚度方向将返回到默认值。

必要时 PyroSim 会自动将墙壁转换成基于 FDS 网格的对象。如果用户已经创建了一面对角墙，并且要预览这个为 FDS 创建的障碍物，就要确保有一个网格围绕着墙，然后单击 View，然后选择 Preview as Blocks。

② 绘制墙孔：用户可以应用 Draw a Wall Hole 工具创建墙洞，然后点击 Tool Properties 按钮创建墙孔的属性，其设置方式和墙属性对话框的设置方式相同。最后用户按照创建墙的方式创建墙孔即可。

③ 绘制块和块孔：用户可以使用绘制块工具 Draw a Block 填充一个个体块。要使用这个工具创建块，只需要点击一个用户想要填充的单元。用户也可以点击或拖动鼠标通过网格来油漆块。这个工具的深度和其他选项可以在 Tool Properties 中编辑。

如果想在当前选定的网格上运行此工具，需要选择一个网格，单击 View，再单击 Select Grid，然后选择用户想设置的网格。

当 Snap to Model Grids 选项被选中时，这个工具就非常好用，可以根据网格进行捕捉。为了使网格对齐，单击 View，然后选择 Snap to Model Grids。当网格捕捉被禁用即选择 Disable Grid Snapping 时，此工具将创建许多小的、重叠的块。

使用绘图块孔工具 Draw a Block Hole，用户可以创建块孔。

④ 绘制矩形房间：Draw a Room 工具允许用户用非常快的方法定义一个矩形房间的四面墙。

用 Draw a Room 工具创建一个房间：

a. 点击 Draw a Room 按钮。

b. 点击 Tool Properties 设置房间属性，其属性设置和墙壁的属性设置相同，用户可以参照进行设置。

c. 将鼠标的指针放在所建房子的一角，然后点击鼠标左键。

d. 拖动鼠标到房子的另一角。

e. 松开鼠标。

在默认情况下，Draw a Room 工具期望用户定义房间的两个内角以及墙壁向外延伸的厚度。创建房间时，用户可以按住 Shift 键使房间墙壁厚度向内延伸。如果在创建完成之前用户松开了 Shift 键，厚度方向将会返回到默认设置。

⑤ 绘制通风口：用户可以用 Draw a Vent 工具创建通风口。通风口在 FDS 中的一般用法是来描述 2D 的平面物体。从字面上看，通风口是用来模拟建筑物中的通风系统组件，如气体扩散器和通风回路管道。在这种情况下，通风口坐标在实体表面形成了一个平面，而这就是风道的边界。不需要在固体表面创建孔洞，而是假设空气被排出或吸进墙上的管道中。

用户也可以把通风口作为一种特定的边界条件，应用到一个实体表面的边界上去。例如创建火灾，首先创建一个固体对象，然后在对象其中一个面上创建一个通风口，并通过选择火源表面来保留燃料的燃烧性能和热特征。

开放（Open）和镜像（Mirror）两个表面类型能用到通风口中。对于这些类型的更多信息，请参阅表面性质的章节。

另外的规则就是通风口必须与一个固体障碍物或者一个外部边界齐平。一个通风口在域内如果没有与任何一个固体表面相邻，可以当作一个风扇。

在 2D View 中建立一个通风口，用户可以遵循以下步骤。

a. 点击 Draw a Vent 图 按钮。

b. 点击 Tool Properties 按钮设置通风口属性。

图 4-21　新建粒子云属性对话框

c. 将鼠标的指针放在所建通风口的一角，然后点击鼠标左键。

d. 拖动鼠标到通风口的另一角。

e. 松开鼠标。

新的通风口将位于观察平面的平行平面。例如如果用户应用的是 Top View，当用户画完通风口，通风口就会位于 z 平面。

⑥ 绘制粒子云：

a. 2D 试图绘制粒子云对话框：除了在 3D 视图下进行障碍物绘制外，用户还可以在 2D 视图下绘制粒子云。用户首先确保在 2D 视图下，然后点击 Draw a Particle Cloud→Tool Properties，此时会弹出如图 4-21 所示新建粒子云属性对话框。

对粒子云属性对话框中的参数进行简单描述，见表 4-9。

表 4-9　新建障碍物属性参数表

参数	描述
Min Z/Min Z	此输入框主要是在高度方向上设置粒子云的尺寸大小，通过输入确定的数值来设定障碍物的竖直位置
Particle	选择粒子云中粒子种类，有三种粒子供用户选择，用户也可以通过 Edit Particles… 进行粒子创建。粒子创建见 4.5.2 小节
Mass Density	设置粒子的质量密度
Movement/粒子移动	
Particles Can Move	粒子在模拟过程中是否发生移动
Particles Are Stationary	粒子保持静止状态
Droplet Count/液滴数量	
Density	该字段输入粒子数量，每立方米的粒子数
Constant	该字段定义粒子数为常数，用户可以自定义

b. 绘制粒子云：在 2D 视图下，用户可以用绘制粒子云的工具 Draw a Particle Cloud 创建简单的矩形粒子云。用这个工具创建的对象将被直接转换为 FDS 障碍物记录。

按下列操作步骤创建障碍物：

点击 Draw a Particle Cloud 按钮；单击 Tool Properties 按钮设置障碍物属性；将鼠标指针放在要开始创建粒子云的位置，然后按住鼠标左键，鼠标坐标显示在左下角的视图上以帮助用户准确定位对象；拖动鼠标到用户想要的粒子云相反角落；释放鼠标按钮。

这样就完成了粒子云的创建，用户可以在 3D 视图下采用 3D Orbit Navigation 工具进行查看。

4.3.6 创建复杂的几何结构

在 PyroSim 程序中,给出了几个在创建模型时经常用到的几何形状工具,在创建模型时使用。可在不同的平面勾画、复印、复制、拖动、扩大和旋转对象,大大简化了创建几何图形的工作。

（1）创建弯曲的墙壁　要在 PyroSim 程序创建弧形墙壁,用户可以使用以下技术:

a. 使用几个直墙片段来创建墙。

b. 使用单个块来创建墙。

c. 旋转一个单一的对象,以产生所需的弧线。

在下面的例子中,我们将使用一个背景图像作为样图,并以此为基础画图。虽然没有必要一定要用样图作为背景,但是它使创建曲面更容易,并且 PyroSim 的强项之一是它可以让用户直接在建筑设计图纸上勾画几何图形。如图 4-22 所示为所采用的背景图像。

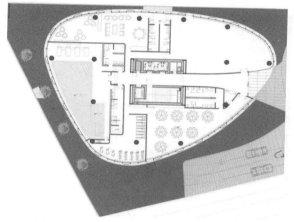

图 4-22　所有弧形墙例子使用的背景图片

为了简便起见,假定整个图像的水平距离为 50 英尺（15.24 米）,并且将模型的原点放置在图中显示的房间的左下角。将图像的亮度设置为 50%。在图 4-23 弧形墙例子的背景图片设置中显示的 Configure Background Image 对话框可以看见这些设置。

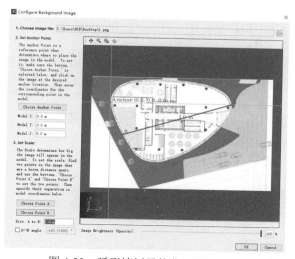

图 4-23　弧形墙例子的背景图片设置

① 使用墙工具：要用墙片段创建一面墙的弧形部分，用户可以按照下列步骤操作。

a. 单击 2D View，然后选择 Draw a Wall Obstruction 工具。

b. 关闭网格捕捉。在 View 菜单上，单击 Snap to Grid 选项。

c. 将指针放在曲线开始的位置，即用户想要放置第一个墙壁区段的位置。

d. 单击并拖动鼠标，扩展墙段到整个曲线的一部分。当用户已经完成第一个区段时松开鼠标，较短的部分会产生平滑的曲线。

e. 使用的第一面墙的终点创建下段墙。当需要时用户可以用这种方法创建任意多个分部，直到完成。

这是在 PyroSim 程序中创建流畅的曲线最快的方式。PyroSim 程序在 FDS 模拟运行前将弯曲的墙转换成块。虽然较小的区段使墙体在 PyroSim 中看上去更好，但是对于 FDS 来说障碍物的位置取决于用户网格的分辨率。用这种技术创建了三种版本的弧形墙，分别在图 4-24 中展示。

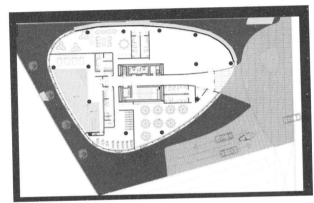

图 4-24　用三种不同的段长度绘制一面弧形墙

使用极短的线段可能会没有任何好处，除非用户也可以使用非常小的单元格网格。

② 使用块工具：要创建一个块的弧形墙部分，用户也可以参照下列步骤。

a. 创建一个网格。这个例子使用一个 50.0×50.0feet 网格且每个网状单元格是 1 英尺（30.48 厘米）。

b. 单击 2D View，选择 Draw a Block 工具。

c. 打开网格捕捉。如果网格捕捉是关着的，在 View 菜单点击 Snap to Grid。

d. 沿弧形墙点击每个单元来建立必要的块。

这种技术迫使用户将曲线手动地转换成块，但好处是用户可以精确地知道在 FDS 中会产生什么样的几何尺寸。如果用户使用一个高分辨率的网格，用户就可以通过鼠标拖动来绘制曲线，而不是点击单个块，例如图 4-25 所示的弧形墙。

③ 旋转对象：要使用旋转技术创建弯曲的物体，用户必须放置一个起始段，然后在用户所需的曲线中心点执行旋转复制操作。这个过程有以下操作步骤。

a. 点击 2D View，选择 Draw a Wall Obstruction 工具。

b. 关掉网格捕捉。如果网格捕捉是开着的，在 View 菜单点击 Snap to Grid。

c. 在用户想要画曲线的地方创建初始墙壁片段。

d. 在 Model 菜单，点击 Rotate。

e. 选择 Copy 模式。

f. 指定旋转操作所需的参数。在这个例子中，Number of Copies 是 15，Angle 为 6.0 度，并且 Base Point 是 X=32.0 英尺（9.8 米），Y =16.5 英尺（5.0 米）。

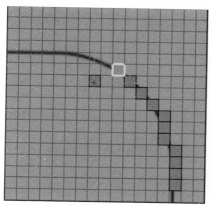

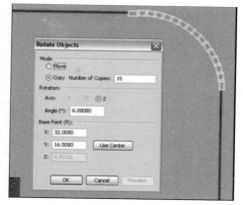

图 4-25　使用单个块绘制一面弧形墙　　　　图 4-26　使用旋转技术绘制一面弧形墙

g. 点击预览 Preview，以确认设置是否正确，然后单击 OK。

这个例子中绘制的弧形墙如图 4-26 所示。

如果 Number of Copies 是 60 个，而不是 15 个，这个程序会创建一个圆柱体。虽然十分复杂烦琐，但是旋转的方法是最有效地创建复杂的对称几何的方法。

采用此方式建立曲线墙壁注意以下两点。

采用旋转复制方式建立曲线墙壁必须清楚地知道旋转的基点，即曲线的圆心，这一点在没有准确图纸的情况下是比较难以确定的，因此用户要确保曲线圆心的准确性。

旋转复制命令设置过程中要考虑选择的方向，用户可以通过设置旋转角度 Angle 来定义旋转的角度大小，同时根据曲线墙壁的位置，用户需要旋转角度前面加上"+"和"−"来控制对象的旋转方向。

（2）桁梁和屋顶　用户可以用块绘制单一桁架来创建桁架组，然后复制许多桁架。下面这个例子说明如何创建一个屋顶的桁架组，步骤如下：

① 创建一个网格。这个例子使用一个 0.2m 网状单元格的 10.0m×10.0m×10.0m 网格。

② 点击 2D View。

③ 在工具栏上，点击 Front View🗔按钮。

④ 在工具栏上，选择 Draw a Block🗇工具。

⑤ 在工具栏上，点击 Tool Properties🔡 按钮，并且设置 Max Y 为 0.2m。

⑥ 打开网格捕捉。如果网格捕捉是关着的，在 View 菜单点击 Snap to Grid。

⑦ 按一下所需的块，创建第一个桁架。

⑧ 选择整个桁架，打开模型 Model 菜单，并单击 Copy/Move。

⑨ 在 Translate 对话框，选择 Copy，设置 Number of Copies 为 4，设置偏移量 Offset 沿着 Y 轴 2.0m，点击 OK。

在这个例子中创建的桁架如图 4-27 所示。

在模型中使用新的三角形 New Slab🔺工具，用户可以快速添加一个屋顶。下面的步骤显示如何使用三角形添加屋顶到前面的桁架。

① 在主工具栏，单击 New Slab🔺。

② 在 Obstruction Properties 对话框中，指定以下 3 个点的坐标，Point1（0.0，8.2，7.4），Point 2（5.0，8.2，10.0），Point 3（0.0，0.0，7.4）。

③ 点击 OK 按钮。用户应该看到一个三角形的屋顶横跨铺设在我们在前面的例子创建的某些桁架上。

④ 添加其他三个屋顶部分，它们的坐标如表 4-10 所示。

表 4-10 其他的坐标

Point 1	Point 2	Point 3
（0.0，0.0，7.4）	（5.0，8.2，10.0）	（5.0，0.0，10.0）
（10.0，0.0，7.4）	（5.0，0.0，10.0）	（10.0，8.2，7.4）
（10.0，8.2，7.4）	（5.0，0.0，10.0）	（5.0，8.2，10.0）

加入所有四个屋顶三角形的结果如图 4-28 所示。

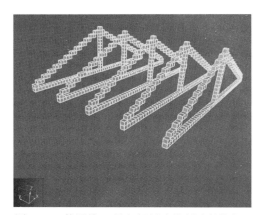
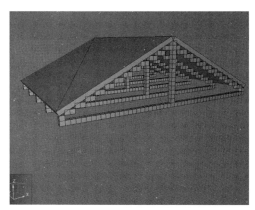

图 4-27　使用块工具和复制功能创建的桁架　　　图 4-28　用三角形的工具创建一个屋顶

（3）楼梯　用户可以用设置初步楼梯，然后用转化复制操作的方法来创建简单的楼梯。接下来将介绍一个简单的例子来说明这种方法。

本例将创建一个 10 步楼梯。每一步都会有 7.00 英寸（17.78 厘米）的上升，和 10.00 英寸（25.40 厘米）的前进。楼梯本身 24.00 英寸（60.96 厘米）宽。为了尽可能地保持结构的简单，我们将在一个空模型中创建楼梯。

① 在 Model 菜单中，选择 New Obstruction。

② 在 Obstruction Properties 对话框中，指定最小点为（0.0，0.0，0.0），最大点为（2.0，0.83，0.58）。

③ 在左侧导航菜单选中该新建对象，点击鼠标右键弹出对话框，并选择 Move。

④ 在 Move 的对话框中，选择 Copy，设置复制的数 Number of Copies 为 9，设置偏移量 Offset（0.0，0.83，0.58），然后单击 OK。

在这个例子中产生的楼梯如图 4-29 所示。

4.3.7　几何对象的工作

（1）选择（Selection）　PyroSim 程序主要依靠选择对象的思想。在建模过程中，对于大多数操作，用户首先选择一个对象，然后改变这个对象。Selection and Manipulate Objects ▶ 命令按钮就是用于选择对象的工具。

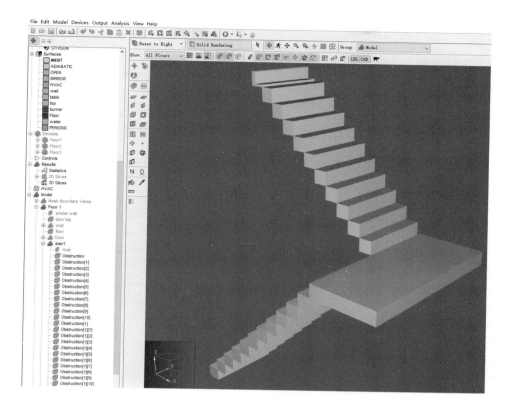

图 4-29　用复制工具创建一个楼梯

　　单击鼠标左键，在任何一个视图里都会选择它。点的时候按住 Ctrl 键，可以保持以后的选择条目，同时增加先前未选中的条目，或者取消先前选中的条目。

　　点击的时候按住 Alt 键，无论在 2D 或 3D 视图中，单击对象会选择对象所在的全部组。

　　在导航视图中，可以通过单击第一个对象，然后按住 Shift 的同时单击最后一个对象来实现选择一系列对象。

　　在 2D View 中可以用点击拖动（click-drag）来选择多个对象去定义选择框。一旦对象已被选中，用户可以使用菜单修改该对象。

　　使用 Selection 工具可以拥有不同的视图。很多对象可以通过使用 Ctrl 或单击来和拖动去定义一个选项。在导航视图中，Shift 键用来选择一个连续的对象列表。

　　（2）快捷菜单（Context Menus）　单击鼠标右键会出现一个快捷菜单目录。该目录包括工作对象的最常用工具选项。使用者也可以在个体对象上单击鼠标右键以立即显示快捷菜单，如图 4-30所示。

　　针对快捷菜单的各项功能，表 4-11 进行了简单描述，其主要的用途在各章节都进行了相关的介绍，这里不再逐个讲解，有的操作提供了快捷键操作，如隐藏对象（Hide Objects），其快捷键操作为 Ctrl+Shift+H，用户在熟悉操作的情况下使用快捷键操作可以提高工作效率。

图 4-30　快捷菜单

表 4-11   快捷菜单

参数	描述
New Obstruction…	用于新建障碍物
New Group…	用于新建组
Add Floor to Fit Objects	为对象添加楼层
Change Group…	改变对象所在组
Convert to Blocks…	把对象转换成块
Copy/Move	把对象进行复制并移动，进行转化
Mirror…	对象的镜像移动或镜像复制
Scale…	对象进行尺寸的缩放
Rotate…	用于旋转对象
Cut/Ctrl+X	剪切
Copy/ Ctrl+C	复制
Copy FDS Records	从可以从模型中直接复制对象，并把对象粘贴到 TXT 文本文件中去，在文本文件中显示的是对象的 FDS 程序代码
Paste/ Ctrl+V	粘贴
Delete/ Delete	删除
Enable Objects	激活所需对象
Disable Objects	禁用选择的对象
Hide Objects/ Ctrl+Shift+H	隐藏对象
Show Objects/ Ctrl+Shift+S	显示对象
Filter Objects/ Ctrl+Shift+F	过滤其他对象，只剩下选择的对象
Show All Objects /Ctrl+Shift+A	显示所有对象
Rename	对对象进行重命名
Properties	弹出对象的属性窗口

（3）撤销/重做（Undo/Redo） 所有对模型的几何变化，可以通过撤销 Undo 和重做 Redo 按钮实现撤销或重做。也可以通过 Ctrl+Z 和 Ctrl+Y 来实现。

（4）复制/粘贴 为了复制选择的对象，用户有三种方法可以达到这个目的：

① 可以利用快捷键操作 Ctrl+C 完成复制；

② 用 Edit→Copy 来实现复制；

③ 在物体上点击右键来显示 Copy 的按钮菜单。

同样，用户要实现对所选对象的粘贴操作，也可以利用以下三种方法实现：

① 使用快捷键操作 Ctrl+V 来粘贴对象；

② Edit→Paste 来粘贴复制的对象；

③ 在物体上点击右键来显示 Paste 的按钮菜单。

从其他模型上来复制/粘贴：用户可以通过运行 PyroSim 的两个例子，复制一个模型的对象，然后粘贴到另一个模型中。如果所复制的对象依赖于其他特性，如表面这样的特性，而在第二个对象却没有创建此表面，则这些特性会在对象被粘贴时粘到新对象上去。

从文本文件中进行复制/粘贴：Copy/Paste 也可以在文本文件中执行。例如用户可在 PyroSim 中选择一个对象，然后右键单击该对象，在弹出的快捷菜单中选择 Copy FDS Records 进行对象的 FDS 程序代码复制，再打开一个文本文件并粘贴此对象。对象代表的 FDS 文本以及相关的特性都会被粘贴。另外，用户可以从 FDS 文件中复制文本并将其粘贴在 PyroSim 中（3D 视图、

2D 视图、导航视图）。该对象也将添加到 PyroSim 模型中。如果在 PyroSim 模型中没有粘贴对象所依赖的数据，那么在粘贴操作时就会出现错误的信息。用户则需要在粘贴几何对象之前首先粘贴那些信息（比如表面特性）。

（5）双击编辑（Double-Click to Edit）　无论是在哪种视图中（3D 视图、2D 视图、导航视图），用户可以通过在界面窗口选择一个对象并双击此对象，打开相应的对话框来编辑对象的属性等参数。用户也可以在树形命令结构中双击一个对象来打开其编辑对话框，对对象属性进行编辑。

（6）调整对象尺寸（Resize an Object）　在 2D 或 3D 视图中，当用户利用 Selection Tool 命令按钮选择任何一个对象时，在该对象的每个角落会出现控制点。用户可以单击任何的控制点来调整对象的尺寸大小。把鼠标移向每个角落的蓝色控制点，会出现对应的对称轴控制点，如图 4-31 所示，用户可以再把鼠标移向各个节点并点击鼠标拖动，可以分别实现对象朝蓝色控制点所在方向的尺寸调整，限制其他两个方向上对象尺寸的变化。

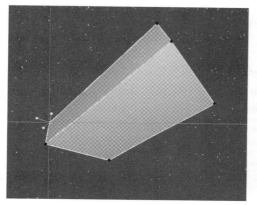

图 4-31　对象调整控制点

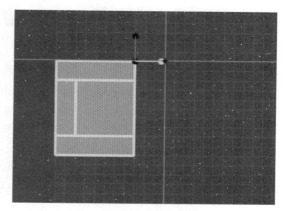

图 4-32　编辑对象控制点

如果用户只是点击每个角落的蓝色控制点来进行对象尺寸大小的调节，对象可以任意方向发生尺寸大小变化。调整对象操作在 2D 和 3D 都能进行。

（7）2D 视图下转换/拖动对象（Translating /Dragging Objects in 2D View）　此项操作主要用于在 2D 视图中拖动对象。用户可以按以下步骤来进行对象拖动操作：

① 使用 Slect and Manipulate Objets 工具，选择进行拖动的对象。

② 选择 Move Objects 工具。

③ 在默认情况下，蓝色控制点会在所选择对象的中心。用户可以单击网格的任何地方来重新放置蓝色控制点的位置，这将不会影响对所选对象的移动操作，比如在图 4-32 的物体的角落。

④ 单击并拖动控制点的中心可以使对象在任何方向上移动，单击并拖动除中心控制点以外的其他两个控制点，可以分别实现在 X 或 Y 方向上的移动，限制其在 Y 或 X 方向的转动。

（8）2D 视图下旋转物体（Rotating Objects in 2D View）　用户可以利用控制点在 2D 和 3D 视图中实现对象的旋转操作。遵从下列步骤可以旋转对象：

① 使用 Slect and Manipulate Objets 工具，选择用于旋转的对象。

② 选择 Objects 工具。

③ 在默认情况下，蓝色控制点在选择对象的中心。用户可以单击网格的任何地方来重新放置蓝色控制点的位置，这将不会影响对所选对象的旋转操作，比如图 4-33 中对象的角落。对

象旋转将以控制点所在的位置为旋转中心进行旋转。

④ 单击并拖动最右端的控制点来实现旋转。一个对齐的对象只能以 90°的增量进行旋转。没有对齐的对象，比如对角线墙，可以任意角度旋转。

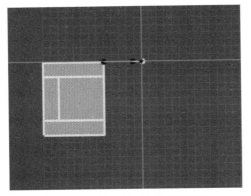

图 4-33　对选定的对象旋转手柄

图 4-34　复制和偏移对象的转化对话框

（9）移动与复制（Move）对话框　选中对象后鼠标右键即可弹出，选择 Move 命令，设置参数用来移动对象也可以用于创建对象的复制品，如图 4-34 所示。转化这种模式下，用户可以选择 Move 选项，从而只对所选择的对象进行移动操作，或者选择 Copy Number of Copies 选项并在字段中输入复制的数量来对这个对象进行复制。用户可以通过设置偏移参数 Offset 来实现对象分别在 XYZ 方向上的移动增量或偏移增量。

用户可以通过单击预览按钮 Preview 来预览设置的偏移效果，而该设置不会应用到对象中去。如果用户对偏移设置感到满意，可以点击 OK 关闭对话框，这时偏移设置将应用到所选对象上。单击 Cancel，用户可以取消偏移设置。

（10）镜像（Mirror）对话框　镜像 Mirror 对话框可用于对对象进行关于一个平面或多个平面的平面镜像，如图 4-35 所示。用户在镜像模式 Mode 里面选择移动模式 Move 这个选项，在这种模式下，对象会以某个指定的平面为镜像面发生镜像移动。如果用户选择复制模式 Copy 这个选项，在这个模式下，对象会以某个指定的平面为镜像面发生镜像复制，产生一个和原对象一模一样的新对象。镜像平面 Mirror Plane 定义镜像平面的坐标，用户可以在 XYZ 三个坐标轴上任意选择一个并输入镜像面的位置坐标。用户也可以使用 Use Center 按钮来把对象的中心坐标所在平面作为镜像面。

图 4-35　对象镜像对话框

图 4-36　对象的缩放对话框

用户可以通过单击预览按钮 Preview 来实现设置的镜像效果，而该设置不会应用到对象中去。如果用户对镜像设置感到满意，可以点击 OK 关闭对话框，这时镜像设置将应用到所选对象上。单击 Cancel，用户可以取消镜像设置。

（11）缩放（Scale）对话框　缩放 Scale 对话框可以用来改变对象的尺寸大小，如图 4-36 所示。用户在缩放模式 Mode 里面选择移动模式 Move 这个选项，在这种模式下，对象会以某个指定的缩放比例和基点为基础，发生尺寸大小的缩放。如果用户选择复制模式 Copy 这个选项并在该字段里面输入复制的对象数量，在这种模式下，对象会以某个指定的缩放比例和基点为基础，发生比例缩放和复制新建，产生相应数量的新对象，同时这些对象将发生尺寸比例的缩放。缩放比例 Scale 定义对象缩放比例的大小，用户可以分别设置对象在 X、Y、Z 三个方向上的缩放比例。Base Point 可以定义将被执行缩放的点，在输入框 X、Y、Z 里面，用户可以输入正负参数来改变缩放对象位移的方向，输入值的大小就是对象位移的大小。用户也可以使用 Use Center 按钮来把对象的中心坐标所在平面作为缩放点。

用户可以通过单击预览按钮 Preview 来实现设置的缩放效果，而该设置不会应用到对象中去。如果用户对缩放设置感到满意，可以点击 OK 关闭对话框，这时缩放设置将应用到所选对象上。单击 Cancel，用户可以取消缩放设置。

（12）旋转（Rotate）对话框　旋转 Rotate 对话框可以用来旋转对象，对话框如图 4-37 所示。用户在旋转模式 Mode 里面选择移动模式 Move 这个选项，在这种模式下，对象会以某个指定的旋转轴、旋转角度和旋转中心发生角度旋转和位移。如果用户选择复制模式 Copy 这个选项并在该字段里面输入复制的对象数量，在这种模式下，对象会以某个指定的旋转轴、旋转角度和旋转中心发生角度旋转，并发生连续的复制新建，产生相应数量的新对象。旋转坐标轴 Axis 可以允许用户选择旋转方向的坐标轴，旋转角度 Angle 可以定义对象旋转角度值，用户可以旋转的方向在角度值前面加上"+"和"−"，程序规定逆时针旋转为正，顺时针旋转为负。基准点定义在旋转可以被执行的点。用户也可以使用 Use Center 按钮来把对象的中心坐标所在平面作为旋转点。

图 4-37　对象的旋转对话框

用户可以通过单击预览按钮 Preview，来实现设置的旋转效果，而该设置不会应用到对象中去。如果用户对旋转设置感到满意，可以点击 OK 关闭对话框，这时旋转设置将应用到所选对象上。单击 Cancel，用户可以取消旋转设置。

（13）仅展示选择的对象　通常情况下用户可以关闭一些对象的显示使其隐藏，比如为了内部可视化结构，要隐藏建筑物的屋顶等。在任何视野中，用户可以选择单击右键去获得以下显示选项：

① Hide——将关闭选择的对象。

② Show——将显示选择的对象。

③ Filter——将关闭除选择对象以外的所有显示的对象。

④ Show all——将显示所有关闭的对象。

第 5 章
消防系统建模

5.1　火灾探测设备

5.1.1　感烟探测设备简介

　　烟雾探测器，也被称为感烟式火灾探测器、烟感探测器、烟感探头和烟感传感器、火灾烟雾报警器、烟雾传感器、烟雾感应器，主要应用于消防系统，在安防系统建设中也有应用。它是一种典型的由太空消防措施转为民用的设备。

　　烟雾探测器由电池或交流电供电，电池为备电，现场报警时能发出声光指示，称为独立式烟雾探测器。由总线供电，总线上可以连接有多个，与火灾报警控制器联网、通信组成一个报警系统，报警时现场无声音，主机有声光提示，这类感烟装置称为总线烟雾探测器。感烟探测器分带地址编码的和不带地址编码的。

　　烟雾探测器适用于家居、商店、歌舞厅、仓库等场所的火灾报警。火灾的起火过程一般情况下伴有烟、热、光三种燃烧产物。在火灾初期，由于温度较低，物质多处于阴燃阶段，所以产生大量烟雾。烟雾是早期火灾的重要特征之一，烟雾探测器就是利用这种特征而开发的，能够对可见的或不可见的烟雾粒子响应的火灾探测器。它是将探测部位烟雾浓度的变化转换为电信号实现报警目的一种器件。

　　常用的烟雾探测设备种类有离子感烟探测器、光电感烟探测器、红外光束感烟探测器等类型。

　　（1）离子感烟探测器　离子感烟探测器是点型探测器。它有一个电离室，电离室内含有少量放射性物质——镅 241（Am241），可使电离室内空气成为导体，允许一定电流在两个电极之间的空气中通过，射线使局部空气呈电离状态，经电压作用形成离子流，这就给电离室一个有效的导电性。当烟粒子进入电离化区域时，它们由于与离子相结合而降低了空气的导电性，形成离子移动的减弱。当导电性低于预定值时，探测器发出警报。

　　（2）光电感烟探测器　光电感烟探测器是点型探测器。它是利用起火时产生的烟雾能够改变光的传播特性这一基本性质而研制的。根据烟粒子对光线的吸收和散射作用，光电感烟探测器又分为遮光型和散光型两种。

　　光电感烟探测器内有一个光学迷宫，安装有红外对管，无烟时红外接收管接收不到红外发射管发出的红外光，当烟尘进入光学迷宫时，通过折射、反射，接收管接收到红外光，智能报警电路判断是否超过阈值，如果超过发出警报。

　　（3）红外光束感烟探测器　红外光束感烟探测器是线型探测器，它是对警戒范围内某一线状窄条区域周围的烟气参数做出响应的火灾探测器。它同前面两种点型感烟探测器的主要区别在于线型感烟探测器将光束发射器和光电接收器分为两个独立的部分，使用时分装在相对应的两处，中间用光束连接起来。红外光束感烟探测器又分为对射型和反射型两种。

感烟式火灾探测器适宜安装在发生火灾后产生烟雾较大或容易产生阻燃烟气的场所，它不宜安装在平时烟雾较大或通风速度较快的场所。

5.1.2 感烟探测器模型

创建感烟探测器模型是选择仿真模拟中感烟探测器系统所采用的算法模型，为创建感烟探测设备做准备，要创建一个感烟探测器模型，用户可通过公用菜单的 Devices 菜单，点击新建感烟探测器模型（New Smoke Detector Models...），其对话框如图 5-1 所示。

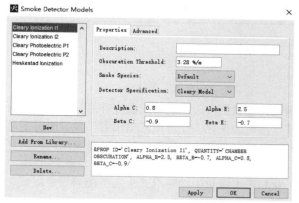

图 5-1　感烟探测器模型对话框　　　　图 5-2　感烟探测设备对话框

从图 5-1 中可以看出，感烟探测器模型对话框中已经包含五种基本的感烟探测器模型，它们分别属于离子感烟探测器（Cleary Ionization I1、Cleary Ionization I2 和 Heskestad Ionization）或者光电感烟探测器（Cleary Photoelectric P1 和 Cleary Photoelectric P2）。除了 PyroSim 程序中自带的五种探测器模型外，用户还可以自定义新的感烟探测器模型。

感烟探测器模型涉及一些参数需要设置，其参数描述见表 5-1。

表 5-1　感烟探测器模型参数

参数	描述
Description	对模型属性特点的描述
Obscuration Threshold	遮蔽阈值字段的作用是设置烟雾探测器激活参数，当达到这个值时探测器开始工作
Smoke Species	烟雾探测器探测的烟雾种类，一般是默认值，即所有烟雾浓度值之和。用户也可以对创建的 Extra Species 进行有针对性的探测。当该物质达到相应浓度时，探测器开始工作
Detector Specification	该选框定义模型所依赖的标准模型，在软件中提供了 Cleary 和 Heskestad 两种模型供用户选择
Alpha C, E, Beta C, E	默认设置，不同标准模型下的相关系数
Characteristic Length	特征长度

完成探测器模型定义后，用户可以进行模型中感烟探测设备的创建工作。

5.1.3 创建感烟探测设备

感烟探测器遮光率有两个特征——fillin 和滞后时间。要定义烟雾探测器，用户可以在公用菜单中选择 Devices 菜单，并点击新建感烟探测设备命令（New Smoke Detector...），其对话框如图 5-2 所示。

感烟探测设备参数属性描述见表 5-2。

表 5-2 感烟探测设备参数属性

参数	描述
Device Name	感烟探测设备的名称
Model	用户可以选择程序自带的感烟探测器模型类型或者用户已经创建的模型类型，也可以点击 Edit 编辑烟雾探测设备参数来创建一个新模型
Location	探测设备的坐标
Orientation	不使用
Rotation	不使用

感烟探测设备输出的结果是每米遮光率的百分数。

5.1.4 感温探测设备简介

感温探测器是利用辐射热效应，使探测元件接收到辐射能后引起温度升高，进而使探测器中依赖于温度的性能发生变化。检测其中某一性能的变化，便可探测出辐射。多数情况下是通过热电变化来探测辐射的。当元件接收辐射，引起非电量的物理变化时，可以通过适当的变换后测量相应的电量变化。

根据监测温度参数的不同，一般用于工业和民用建筑中的感温式火灾探测器有定温式、差温式、差定温式等几种。

（1）定温式探测器 定温式探测器是在规定时间内，火灾引起的温度上升超过某个定值时启动报警的火灾探测器。它有线型和点型两种结构。其中线型是当局部环境温度上升达到规定值时，可熔绝缘物熔化使两导线短路，从而产生火灾报警信号。点型定温式探测器利用双金属片、易熔金属、热电偶热敏半导体电阻等元件，在规定的温度值上产生火灾报警信号。

（2）差温式探测器 差温式探测器是在规定时间内，火灾引起的温度上升速率超过某个规定值时启动报警的火灾探测器。它也有线型和点型两种结构。线型差温式探测器是根据广泛的热效应而动作的，点型差温式探测器是根据局部的热效应而动作的，主要感温器件是空气膜盒、热敏半导体电阻元件等。

（3）差定温式探测器 差定温式探测器结合了定温和差温两种作用原理并将两种探测器结构组合在一起。差定温式探测器一般多是膜盒式或热敏半导体电阻式等点型组合式探测器。

感温火灾探测器是应用较普遍的火灾探测器之一，非常适用于一些产生大量的热量而无烟或产生少量烟的火灾，以及在正常情况下粉尘多、湿度大、有烟和水蒸气滞留，而不适合用感烟火灾探测器的场所。

5.1.5 感温探测器模型

感温探测器模型是感温探测系统的一部分，感温探测器模型主要用于定义感温探测器在温度感应过程中的行为，包括感温探测器初始温度和工作温度等。要定义一个感温探测器模型，用户可通过公用菜单的 Devices 菜单，点击新建感温探测器模型命令（New Heat Detector Models...），其对话框如图 5-3 所示。

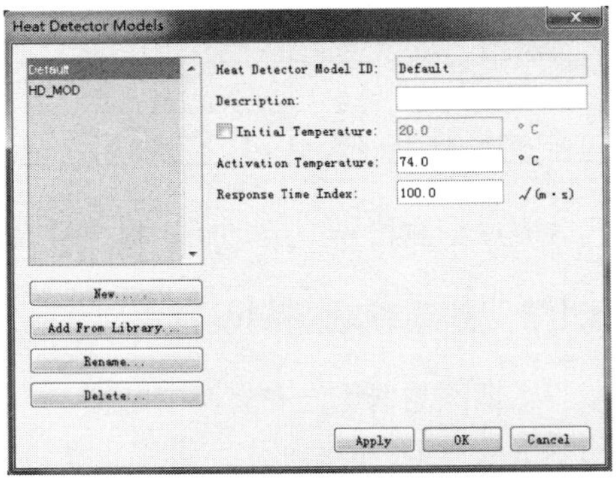

感温探测器模型属性描述见表 5-3。

图 5-3 感温探测器模型对话框

表 5-3 感温探测器模型属性

参数	描述
Heat Detector Model ID	感温探测器模型的名称
Description	对模型属性的描述
Initial Temperature	该选框用于定义感温探测器的初始温度，用户可以自定义初始温度大小
Activation Temperature	该字段定义热探测器被激活的温度，即工作温度
Response Time Index	反应时间指数

　　用户可以根据时间需要定义不同的感温探测器模型，完成探测器模型定义后，用户可以进行模型中感温探测系统的创建工作。

5.1.6　创建感温探测设备

　　感温探测设备是用响应时间指数模型来测量某个位置温度的监测设备。要定义一个感温探测设备，用户可以通过公用菜单的 Devices 菜单，点击新建的感温探测设备命令（Heat Detector...），其对话框如图 5-4 所示。

　　感温探测设备属性描述见表 5-4。

图 5-4　感温探测设备

表 5-4　感温探测设备的属性

参数	描述
Device Name	感温探测设备的名称
Link	链接定义激活温度和响应时间指数的感温探测器模型
Location	设备的坐标
Orientation	没用到
Rotation	没用到

　　用户完成了感温探测器模型创建后，在创建感温探测设备时可以在 Link 选框里面选择前面创建的感温探测器模型，同时用户也可以点击 Edit 按钮进行新的感温探测器模型的定义，感温探测设备创建后会在整个模型中以一个红色的圆点显示出来。

　　热探测器输出的数据将是热探测器的温度变化。

5.2　灭火系统建模过程

　　消防灭火系统包括自动喷水灭火系统、泡沫灭火系统、气体灭火系统、干粉灭火系统等，室内较为常见的灭火系统是自动喷水灭火系统。自动喷水灭火系统是当今世界上公认的最为有效的自救灭火设施，是应用最广泛、用量最大的自动灭火系统。具有安全可靠、经济实用、灭火成功率高等优点，自动喷水灭火系统扑灭初期火灾的效率在 97%以上。因此，本节主要介绍自动喷水灭火系统的建模过程，根据闭式系统和开式系统的特点，给出两种自动喷水灭火系统的建模方法。

5.2.1　创建喷头连接模型

自动喷水灭火系统喷头连接模型用于设置喷头的连接类型，用户可以在相应的参数框中输入喷头连接参数值。要定义喷头连接模型，用户应按以下步骤进行操作。

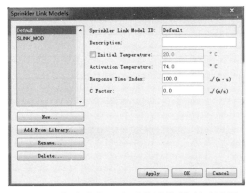

图 5-5　自动喷水灭火系统连接模型对话框

① 在公用菜单中点击 Devices 菜单，点击新建喷头连接模型命令（New Sprinkler Link Models...）。弹出如图 5-5 所示喷头连接模型对话框。

② 选择所需的选项，定义所需的输入参数。

③ 单击 OK 创建喷头。

自动喷水灭火系统喷头连接模型是建立喷头连接的基础，只有定义好喷头连接模型才能进行喷头连接的创建，用户也可以采用默认的值来创建喷头连接。自动喷水灭火系统喷头连接模型参数见表 5-5。

表 5-5　自动喷水灭火系统连接模型参数

参数	描述
Sprinkler Link Model ID	喷头连接模型的名称
Description	连接模型属性表述
Initial Temperature	设置喷头的初始温度
Activation Temperature	喷头被触发开始喷水的温度，即动作温度
Response Time Index	反应时间指数
C Factor	C 因素

5.2.2　创建喷头连接

定义自动喷水灭火系统喷头连接的步骤如下所述。

① 在公用菜单中点击 Devices 菜单，点击新建喷头连接命令（New Sprinkler Link...），图 5-6 显示了喷头连接对话框。

② 选择所需的选项，定义所需的输入参数。

③ 单击 OK 创建喷头。

自动喷水灭火系统喷头连接命令参数描述见表 5-6。

图 5-6　自动喷水灭火系统喷头连接对话框

表 5-6　自动喷水灭火系统喷头连接命令参数

参数	描述
Link Name	连接的名称
Type	该选项设置连接的类型，初始值为默认值，用户可以选用前面创建的连接模型，也可以点击 Edit 按钮进行新建连接模型
Trigger only once	连接被激活的次数

参数	描述
Initially activated	连接的初始状态
Location	连接的坐标
Orientation	方向向量组
Rotation	它可以用来旋转连接

5.2.3 创建喷雾模型

喷雾模型（Spray Model）用于设置自动喷淋灭火系统在火灾环境中的喷雾参数，其中包括流速、压力、喷淋半径等重要参数。在 PyroSim 程序中自带了燃料喷雾（Fuel Spray）和水喷雾（Water Spray）两种基本模型。用户可以按以下步骤来定义喷雾模型。

① 在 Devices 菜单，点击 New Spray Models...，图 5-7 显示了喷雾模型对话框。

② 选择所需的选项，定义所需的输入参数。

③ 单击 OK 创建喷雾模型。

喷雾模型参数属性描述见表 5-7。

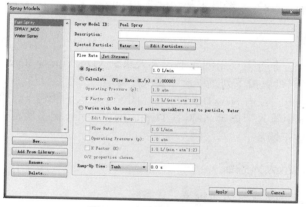

图 5-7　喷雾模型对话框

表 5-7　喷雾模型参数属性

参数	描述
Spray Model ID	喷雾模型的名称
Description	模型类型、特点描述
Ejected Particle	该选项设置喷雾模型中喷射出的粒子种类。程序中提供了燃料粒子（Fuel）和水粒子（Water）两种基本粒子。同时用户也可以通过点击 Edit Particle...进行粒子创建
Flow Rate/流速	
Specify	直接指点特定值。在该字段，用户可以通过输入一个数值来定义流速
Calculate（Flow Rate（K√p）=1.000）	计算流速，用公式 K√p 来计算流速
Operating Pressure（p）	工作压力 p，用于计算流速
K Factor（K）	K 系数，用于计算流速
Varies with the number of active sprinkers tied to particle, Fuel	随着连接着粒子或燃料的活跃的喷头数量变化而变化。用户可以通过点击编辑压力增加趋势（Edit Pressure Ramp...）来对压力变化进行编辑，在活跃喷头数和管压中分别输入实际的参数来完成设置
Flow Rate	喷雾流速

参数	描述
Ramp-Up Time	喷雾流速增长的时间模型，PyroSim 提供了四种时间模型，分别是默认时间模型（Default），这种情况下流速不会增长，双曲正切模型（Tanh），该模型下喷雾速度将呈现双曲正切曲线增长方式，时间二次曲线模型（T²），此时流速将以时间的二次抛物线形式发生变化，定制模型（Custom），此模型下用户可以通过点击 Edit Values... 按钮弹出变化函数值（Ramping Function Values）对话框，然后在时间（Time）和分数（Fraction）输入相应的参数来完成设置
Jet Stream/喷射流	
Jet Stream Offset	射流偏移
Single Jet Stream	单个喷射气流参数
Velocity	射流速度
Orifice Diameter	喷孔直径设置
Latitude Angle 1	纬度角 1
Latitude Angle 2	纬度角 2
Multiple Jet Streams	多个喷射气流

当模型中涉及多个喷射气流时，用户需要设置流量分数（Flow Fraction）、流速（Velocity）、纬度 1 和纬度 2（Lat1，Lat2）、经度 1 和经度 2（Long1，Long2）等参数。

5.2.4 创建干燥管

干燥管（Dry Pipe）命令主要用创建干式灭火系统（Dry Pipe System）模型，定义一个干燥管功能比较简单，用户可以按下列菜单命令定义干燥管。

① 在 Devices 菜单，点击 New Dry Pipe...，图 5-8 显示了创建干燥管对话框。

② 在 Pipe Name 中输入干燥管名称，在 Depressurize delay 定义所需的降压延迟时间参数。

③ 单击 OK 创建干燥管。

5.2.5 创建自动喷水灭火系统

PyroSim 程序提供的火灾灭火系统是干式系统。

自动喷水灭火系统可以将水或燃料喷入模型。创建自动喷水灭火系统的步骤如下所述。

① 在 Devices 菜单，点击 New Sprinkler... .图 5-9 显示了自动喷水灭火系统对话框。

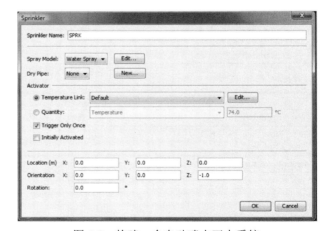

图 5-8　干燥管对话框　　　　　图 5-9　构建一个自动喷水灭火系统

② 选择所需的选项，定义所需的输入参数。

③ 单击 OK 创建自动喷水灭火系统。

表 5-8 对属性参数进行了描述。

表 5-8　自动喷水灭火系统属性参数

参数	描述
Sprinkler Name	喷头的名称
Spray Model	喷雾模型定义了颗粒类型（水和燃料是默认选项，用户也可以自定义粒子类型）、喷雾模型中的喷雾流量、喷流的形状
Dry Pipe	在干管自动喷水灭火系统中，连接干管喷头的管道内通常用充满了加压的气体。当在喷头前端一个连接被激活，气体从喷头泄漏，此时管道内气体压降迫使水流入管网。用户可以创建一个干管并编辑延迟时间
Activator	默认情况下，在响应时间指数内，喷头被温度连接激活。用户可以编辑活化温度和响应时间指数。另外，也可以选择一个更一般的参数量来激活喷头洒水。默认情况下，自动喷水灭火最初不被激活，且整个过程中仅能触发一次
Location	喷头的坐标
Orientation	方向向量组
Rotation	通常不用于喷头。它可以用来旋转喷雾模式，随纬度变化（圆周变化）

5.2.6　喷嘴

喷嘴与喷头非常相似，只是它们不是基于 RTI 标准（时间反应指数）模型来进行激活的。喷嘴可以通过设置连接设备来控制激活状态。

① 在 Devices 菜单，点击 New Nozzle...，图 5-10 显示了喷嘴对话框。

② 选择所需的选项，定义所需的输入参数。

③ 单击 OK 创建喷嘴。

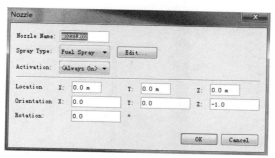

图 5-10　喷嘴对话框

喷嘴参数属性描述见表 5-9。

表 5-9　喷嘴参数属性描述

参数	描述
Nozzle Name	喷嘴的名称
Spray Type	喷雾类型定义了颗粒型（水和燃料是默认选项）、流量、喷流的形状
Activation	该参数用于设置喷嘴的激活形式。用户可以定义喷嘴一直处于激活状态（Always On），或者创建一个激活事件来控制喷头的激活与否

参数	描述
Location	喷嘴的坐标
Orientation	方向向量组
Rotation	通常不用于洒水。它可以用来旋转喷雾模式，在不同纬度（圆周）

5.3　防排烟系统建模过程

5.3.1　用 HVAC 创建防排烟系统

HVAC（Heating，Ventilation，and Air Conditioning）即加热、通风和空调模拟系统。HVAC 系统可以通过建筑物输送污染物和热量。暖通空调系统使用的管道、节点、风机、热交换器（aircoils）和阻尼器限定，所有的编辑和可视化在 PyroSim 中都可以看到。暖通空调系统可以独立于任何火灾的分析进行流程模拟。它们也可以用作消防系统使用，用于建筑物的一部分排烟或保持楼梯间加压送风。在 Model 中添加 HVAC，同时可监测 HVAC 系统内部和端口的相关参数。

在采用 PyroSim 进行机械排烟模拟时，需要设置排烟风机，本节将详细介绍排烟风机的设置程序。机械排烟风机建立在建筑空间内，本节将通过介绍物理模型的建模过程，以此介绍排烟风机过程。本模型为单室房间内的机械排烟系统模型设置，展示机械排烟的效果。

（1）建立模型　在这个例子中，我们创建了一个简单的房间模型来展示机械排烟。网格大小为 0.25m、添加反应、建立了房间墙壁、火源、风管，简单房间模型为图 5-11（房顶已被隐藏）。

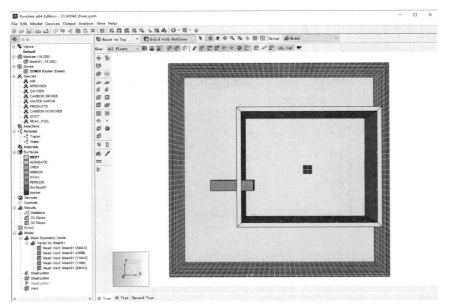

图 5-11　简单房间模型

（2）建立风管　建立风管的目的是为了在风管的两个出口建立 HVAC，用 Obstruction 建立风管，其坐标尺寸根据风管的尺寸确定，两者长宽尺寸相同。风管建立过程如下：

① 在 Model 菜单上单击 New Obstruction...。

② 在 Obstruction Properties 里，单击 Geometry，如图 5-12。

③ 在 Min X 框中键入 1.8，并在 Max X 框中键入 3.8。

④ 在 MinY 框中键入 4.0，并在 Max Y 框中键入 4.5。

⑤ 在 Min Z 框中键入 2.0，并在 Max Z 框中键入 2.5。

⑥ 单击 OK 以保存更改并关闭 Obstruction Properties 的对话框，如图 5-13。

图 5-12　风管创建

图 5-13　风管参数

（3）建立 Vent　分别在风管的两端设置 Vent，其尺寸与风管两端的尺寸分别相同，紧贴放置在风管的两端，两边 vent 的表面属性均设置为 HVAC，设置为 HVAC 时有可能会提示不可更改，点击确定即可。建立过程如下：

① 单击 Draw a Vent，在风管的两端（房间内、外）各画一个 Vent。

② 双击画好的 Vent，进入 Vent Properties 对话框。

③ 将 Surface 更改为 HVAC，单击 OK，如图 5-14（a）所示。

④ 此时会出现警告（表明一旦将 Vent 更改为 HVAC 后，将不能再更改），单击确定，如图 5-14（b）。

⑤ 重复上述操作，修改 Vent。

（a）　　　　　　　　　　　　　　（b）

图 5-14　建立 Vent

（4）设置风机　在菜单栏 Model 中点击 Edit HVAC，选择 New 新建，在弹出对话框中 Type 选择 FAN，Name 可自由设置（不可为中文）。根据自己的需要设置风机相关参数和排量，共有三种方式可选择。建立过程如下：

① 在 Model 上，单击 Edit HVAC...。

② 单击新建 New，在 Type 里选择 FAN。

③ Name 为 Fan1，单击 OK。

④ 在 Fan Model 里有 3 种方式可供选择，根据自己的需要设置风机相关参数和排量。

⑤ 本模拟选择 Constant Flow，Volume Flow Rate 设置为 $10\text{m}^2/\text{s}$，如图 5-15。

⑥ 单击 OK。

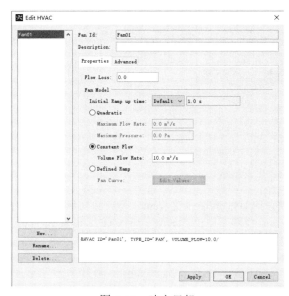

图 5-15　建立风机

（5）建立节点　在风管两端分别设置节点用以连接 Duct，选择菜单栏 Model 里面的 New HVAC Node，在 Node Type 项选择 Vent Endpoint，在三角下表选择一个 Vent，其他参数可根据实际情况设置。同理设置另一 Node，Vent Endpoint 需选择另一端的 Vent。建立过程如下：

① 在 Model 上，单击 New HVAC Node...。

② 在 Node Type 中选择 Vent End point，在左边的选择框中选择 Vent01，单击 OK。

③ 单击 OK 后，创建的 Node1 会自动固定到 Vent1 上。

④ 重复上述操作，将烟管的两侧都建立上节点（图 5-16）。

（6）设置 Duct　设置 Duct 连接两个节点，如此就可让之前设置的 Obstruction 实现风机管道功能。在菜单栏的 Model 中选择 New HVAC Duct，在 General 中分别选择 Node1 和 Nodel 2；Flow Model 设置 Flow Device 为 Fan，Fan 选择之前设置的风机，Flow Direction 设置风机的方向。可设置风机的控制条件，包括开启和关闭条件，在 Activation 设置控制条件。建立过程如下：

① 在 Model 上，单击 New HVAC Duct...。

② 在 Node1 中选择 Node01，Node2 中选择 Node02，这里选择的是排烟的方向，表示从 Node01 到 Node02。

③ 根据实际情况再 Length、Shape 中进行参数调整，本模拟设置为默认，如图 5-17 所示。

④ 单击 OK。

图 5-16　建立节点

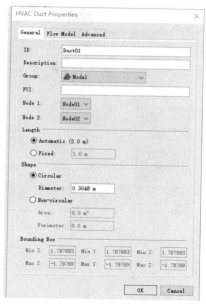

图 5-17　设置 Duct

（7）模拟结果　将机械排烟设置完后如图 5-18（a）（风管已被隐藏）。模拟后的结果为图 5-18（b），通过机械排烟将房间里的烟气排出。

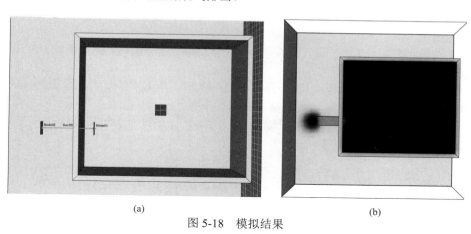

(a)　　　　　　　　　　　　　　　　(b)

图 5-18　模拟结果

5.3.2　用 Supply 和 Exhaust 创建防排烟系统

送风系统主要由送风管道、送风口和送风机等组成，排烟系统主要由排烟管道、排烟口和排烟机等组成。Supply 和 Exhaust 是模型中两个表面类型，Supply 代表送气，Exhaust 代表排气。相比用 HVAC 系统创建防排烟系统，用 Supply 和 Exhaust 表面创建防排烟系统更为简单，但该方法一般将防排烟系统简化为送风口、排烟口，不能直观地展示送风管道和排烟管道。本节将建立一个简单房间模型来介绍如何用 Supply 和 Exhaust 创建防排烟系统。

（1）建立模型　在这个例子中，我们创建了一个简单的房间模型来展示机械排烟。网格大小为 0.25m、添加反应、建立了房间墙壁、火源，简单房间模型如图 5-19 所示（四侧墙壁已隐藏）。

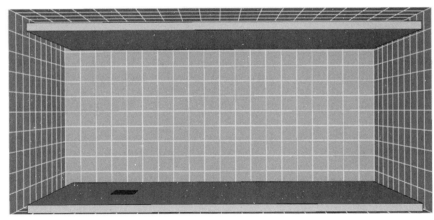

图 5-19　房间模型

（2）创建表面　建立表面的目的是为了在排烟口（送风口）的下表面设置排烟表面（送风表面），表面建立过程如下：

① 在右侧导航视图中找到表面（Surfaces），右键点击表面（Surfaces）。

② 在下拉菜单里选择属性（Properties），在弹出选项框中点击新建（New…），弹出框如图 5-20 所示。

③ 在表面类型框（Surfaces Type）点击下拉三角，选择 Supply，为方便识别将 Surface Name 修改为 Supply，点击 OK，Supply 表面创建完毕。

④ 在表面类型框（Surfaces Type）点击下拉三角，选择 Exhaust，命名为 Exhaust，点击 OK，Exhaust 表面创建完毕。

（3）定义表面属性　定义表面的目的是为了设置排烟口（送风口）的排烟量（送风量），以便达到防排烟系统设计的要求。

① 单击表面 Exhaust，在气流（Air Flow）选项卡中，根据实际要求设置指定体积流量，此处将指定体积流量框中设置为 10m³/s。

② 风速模型默认为帽子模型（Top Hat），单击 OK，保存表面（图 5-21）。

③ 表面 supply 设置方法如上。

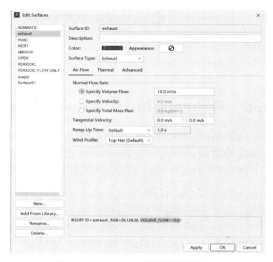

图 5-20　表面弹出框　　　　　　　　　　　　图 5-21　Exhaust 表面属性框

（4）创建通风口　用 Obstruction 建立通风口，其坐标尺寸根据工程实际中排烟口（送风口）尺寸确定，两者长宽尺寸相同。通风口建立过程如下：

① 在 Model 菜单上单击 New Obstruction...。

② 在 Obstruction Properties 里，单击 Geometry。

③ 在 Min X 框中键入 1.5，并在 Max X 框中键入 2.5。

④ 在 Min Y 框中键入 3.0，并在 Max Y 框中键入 4.0。

⑤ 在 Min Z 框中键入 3.5，并在 Max Z 框中键入 4.0。

⑥ 单击 surfaces，单击 Multiple，单击 Min Z 行 Surface 选项，选择 Exhaust，点击 OK 保存页面（图 5-22）。

（5）模拟结果　设置完毕后，运行得到结果见图 5-23。

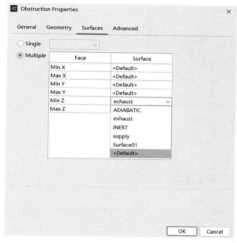

图 5-22　通风口表面设置

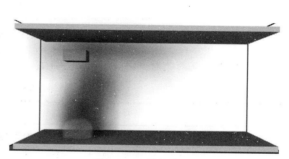

图 5-23　模拟结果

5.4　联动控制

PyroSim 中的探测器和灭火设备定义后，可以设置激活事件，即该设备开始动作的条件，当激活事件被选中时，用户需要定义用于触发对象激活的值（设定值），例如，一个对象的 Activation Events 选项卡。当没达到该激活事件的条件时，设备处于休眠状态不动作，当外界条件达到该激活事件设定的条件时，该设备开始动作起作用，如自动喷水灭火系统开始喷水。

5.4.1　激活控制介绍

在模拟中，可以使用激活事件（Activation Events）命令来控制对象状态，从而使其被激活或者停用。激活事件在 PyroSim 中是控制逻辑系统的，用户可以通过使用对象的属性（Properties）对话框中的激活（Activation）选项对每个模拟几何对象（如墙壁、孔）进行分别设置，在默认状态下对象的激活（Activation）选项都处于永远激活状态，用户可以通过点击 New 来进行新建激活事件。PyroSim 程序中，用户可以在时间参数、探测器设备和输出设备上使用激活事件。

激活事件的一些用途包括：

① 使一个对象（一扇门）在特定时间从模拟中移除（即被打开）。

② 当一个温度传感器被触发时，使一个对象（一扇窗）在特定时间从模拟中移除（即被打破）。

③ 当几个烟雾探测器被触发时，引起通风系统被激活。

要打开激活控制（Activation Controls）对话框（图 5-24）：在设备（Devices）菜单中，单击编辑激活控制（Edit Activation Controls...）来新建激活控制事件。

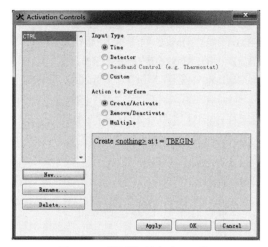

图 5-24　激活控制命令对话框

激活控制命令参数属性描述，见表 5-10。

表 5-10　激活控制命令参数属性描述

参数	描述
Input Type/输入类型	
Time	时间，通过输入一个特定的时间值来定义一个动作发生的具体时间，即创建一个对象的状态改变时间
Detector	探测器，通过选定一个特定的传感器来控制一个动作的发生时间，即当该传感器触发时就会激发另一个动作
Deadband Control	恒温控制，通过控制一些对象的创建和删除来使温度限制在一定的范围内
Custom	自定义，用户可以通过输入 FDS 中编辑的激活控制命令来实现
Action to Perform/执行的行为	
Create/Activate	创建/激活，新建一个对象或者激活一个对象
Remove/Deactivate	删除/使无效，删除一个对象或者停用一个对象
Multiple	多种行为，用户可以输入一些列事件和相应的时间来控制具体对象的创建和删除

5.4.2　创建激活控制

在 PyroSim 中创建控制需要三步：

① 选择一个输入类型（时间，监测器，延迟控制，自定义），这是触发控制的信号的来源。

② 选择要执行的操作（例如，创建一个对象）。

③ 根据步骤①和②中创建的模式，对控制设置具体的输入。

在选择输入类型和动作之后，一个描述控制逻辑的模式（语句形式）就会出现在对话框中。一些关键词和数字将会以蓝色字体显示。用户可以点击任何蓝色的文字进行具体控制行为的修改。

图 5-25 显示了对象的选择对话框。通过点击对象名字前面的选框来选中该对象。为了迅速找到需要的对象，用户可以输入对象名称的前几个字母。

在程序中，激活控制与创建的特定几何对象是分开存放的。这使得用户可以在创建对象后再与激活控制绑定。用户还可以在对象的属性编辑器中使用 Activation 对话框与现有的激活控制进行绑定，甚至直接创建一个新的控制。图 5-26 展示了一个洞的对象属性对话框中的激活控制功能。

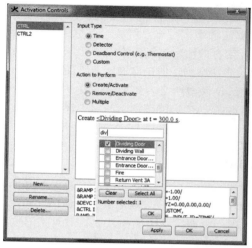

图 5-25　激活控制对话框

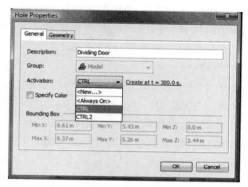

图 5-26　激活控制对话框

一旦激活控制操作与一个或多个对象进行了绑定，连接到激活控制命令的任何对象都可以在自己的属性编辑器中显示该激活控制的文字说明。这个文本将被显示为蓝色，同时可以通过点击来编辑激活控制。对激活控制所做的更改将影响所有引用它的对象。

5.5　创建 FDS+EVAC 逃生模型

较早版本的 FDS 包含一个疏散模型 EVAC，使得它可以进行火灾和疏散的耦合仿真。最新版本的 PyroSim 已经取消了 FDS +EVAC 的功能。

依靠选择性地激活网格编辑器以及几何对象（障碍物、孔、通风口）编辑中的用户界面控件，PyroSim 程序可以支持 FDS +EVAC。此外，对于每个 FDS +EVAC 名单，PyroSim 程序在 EVAC 菜单中提供了一个管理器对话框。

当 FDS +EVAC 功能被启用时，EVAC 菜单选项就将被启用，FDS +EVAC 用户界面组件将存在于网格和对象编辑器中，FDS +EVAC 选项将包括在 PyroSim 程序所产生任何 FDS 输入文件中——像在导出 FDS 输入文件和运行模拟时在记录视图中所看到。当 FDS +EVAC 功能被禁用时，EVAC 菜单选项将被禁用，FDS +EVAC 用户界面组件将不会存在于网格和对象编辑器中，而且 FDS +EVAC 名称列表将不包括在由 PyroSim 生成的 FDS 输入文件中。网格（MESH）、障碍物（OBST）、洞（HOLE）和通风口（VENT）记录中的 FDS +EVAC 选项将被写入数据，以防止火灾疏散模型的修改。在 PyroSim 中禁用 FDS +EVAC 功能不会引起 FDS +EVAC 相关数据丢失，FDS +EVAC 被再次启用时还可以利用疏散数据。

需要注意的是，由于当前的 FDS +EVAC 综合模拟许多参数还需进一步完善，研究人员在不断研发中，最新版的 PyroSim 没有继续添加 EVAC 功能。

5.5.1　FDS+EVAC 介绍

FDS +EVAC 所有预定功能还没有完全起作用。目前，FDS +EVAC 最适合来做一些单层建筑的模拟计算。带看台的体育场或者音乐厅，如果几何尺寸不太复杂的话也可以模拟，但是应该注意斜面几何图形还不能有效模拟。程序中还假设建筑物的不同楼层间是互相分开的，即楼层间是通过楼梯、自动扶梯、门或相似的对象连接在一起的。宽的楼梯和斜面同样也能用来连接不同的楼层，但是这些没有使用默认的楼梯模型那样直截了当。由于在默认的楼梯模型中没有合并的气流（merging flows），因此 FDS +EVAC 还不能简单地用于高层建筑。默认的楼梯模型算法是非常简单的，如果楼梯发生拥挤，这种算法就不太可靠。但这一点不是主要的问题，因为在楼梯模型中没有合并气流，即逃生出口能非常有效地限制气流流向楼梯。如果楼梯中确实需要合并气流，那么楼梯的详细结构尺寸就应该非常精确，但是这通常非常烦琐。

除了火灾计算网格，疏散计算也需要它自己的 2D 疏散网格。如果在疏散计算中不需要相关的火灾数据，那么就没有必要创建火灾网格，FDS+EVAC 也能在消防演习中模拟运行，即没有火灾的情况下模拟人员疏散。逃生网格不应该太精细，否则这个网格会出现疏散流场（evacuation flow fields）的问题，该流场是用来指引人员通向逃生出口的。有经验的用户能够正确处理这个问题，但是目前最常用的一个简单方法是使用不太精细的疏散单元格，通常单元格尺寸为 0.25m 或者在不会出现问题的情况下使用一些更大尺寸的单元格。例如如果用户使用 1.2m 宽的门，那就能够使用 0.3m、0.6m 或者 1.2m 的单元格空间，这需要视具体情况而定。注意，Smokeview 查看工具还没有全部支持疏散计算，例如门、楼梯和其他疏散对象的位置在 Smokeview 中是不会被显示出来的。还应注意疏散人员不能到达的空间范围至少应该保持 0.7m 的宽度，因为 FDS+Evac 不能在狭小的通道出口使疏散人员正确地移动。用户应该通过使用 Smokeview 程序来检查疏散几何尺寸，以确保孔洞的疏散尺寸不会太狭小。查看孔洞的疏散尺寸的最好方式是做一个没有定义任何火灾网格的计算。然后 Smokeview 程序就会只显示疏散几何尺寸。用户可以先创建第一个 FDS 火灾计算模型并做一个简单的试运行。然后，在计算中增加疏散网格并使火灾网格禁用，即试着只查看模拟疏散部分的计算，直到疏散部分的工作正常，那么火灾+逃生的计算就可以同时开始计算了。

注意，虽然 FDS 火灾模拟中能够使用与时间相关的几何元素，比如障碍物和孔洞可以通过特定的控制设备来创建和删除，但是疏散几何尺寸不能支持与时间相关的几何尺寸。对疏散来说，最初的几何尺寸通常被模拟的全过程所使用，但是对门的选择算法来说，用户可以为关于门的可用性计算给定相关的时间信息。

目前，在同一个主要疏散网格中放置人员的数目是有限的。如果超过 10000 个人员被放在了同一个疏散网格中，程序就会停止运行并弹出错误信息。通常，一个主要疏散网格会延伸到整个建筑楼层。几个主要疏散网格会共存，例如当有几个不同的建筑楼层，此时人员的总数将不会被程序所限制。这时可用的计算机存储是限制人员总数的唯一原因。如果在同一个逃生模型中超过几千个人，那么模拟计算就将会十分消耗 CPU 的运算能力。

最初的人员密度是每平方米不能超过 4 个人。如果人员密度过高，模拟过程会要求几次初始化实验，因为人员的最初位置是随机产生的。如果 FDS+EVAC 不能把人员放在它们的最初位置，一个错误信息 "ERROR：FDS improperly set up." 将会出现在标准错误通道中，而且更多信息会记录在疏散计算的诊断输出文件中。

FDS+EVAC 能够耦合火灾和疏散模拟。来自火灾模拟的烟气聚集物会影响疏散人员的移动和作出的决定。在理论上，耦合模拟也能够在其他方向进行，即人员可以影响火灾计算，例如通过打开门，但是这个特点还没有在 FDS+EVAC 中实现。O_2、CO_2 和 CO 等气象聚集物被用来计算部分有效剂量指数（FED），包括人员丧失能力等。烟雾密度用来降低人员的行走速度和影响人员的出口选择算法。烟雾密度也能被用来加速火灾探测，但是应该记住人类的鼻子是非常敏感的器官，同时烟雾传感所需的烟雾浓度等级可能低于目前 FDS 预测的精度。注意，辐射和气体温度对人员的影响也没有在程序中执行，如果用户没有明确地定义疏散几何尺寸来考虑这些，那么人员不会尝试躲避火灾。

FDS+EVAC 的疏散部分是随机的，即它使用随机数来产生人员的最初位置和状态属性。另外，在每个人员的等式方程中存在一个随机力。因此，即使做了很多次模拟，但是对同一个给定的输入文件来说是不会获得相同的模拟结果的。由于这个原因，通常应该做一系列的疏散模拟来看结果的变化情况。为了加速模拟过程，在每个火灾模型中可以进行几个疏散计算，这样用来指导人员移动的疏散流场的计算对每个给定的几何参数来说只需要计算一次。

当前版本的 FDS+EVAC 不能以最佳方式来使用计算机内存，在疏散部分也不能全部支持平行的 CPU 计算。在程序的后续版本中，内存的使用将会被进一步优化。目前，电脑内存的有效使用要求疏散网格单元格划分尽量细，放置在计算中的障碍物越少越好。现在，如果 FDS+EVAC 计算占用太多的内存，用户必须增加可用的内存数。这个要求从 32 位变到 64 位的操作系统，因为疏散网格不像使用 FDS 可执行的 MPI 版本模拟的 FDS 火灾网格，它不能够分布在很多不同的处理器/计算机上来模拟。

新版本已经取消 FDS+EVAC，将 Pathfinder 的疏散与 FDS 进行了耦合。

要使用 PyroSim 的 FDS+EVAC 功能，这些功能必须手动激活。要激活 PyroSim 的 FDS+EVAC 功能，用户可以在 EVAC 菜单上，单击 Enable FDS+EVAC。

5.5.2　创建网格

EVAC 使用流场计算方法来定义人员的移动。这个流场计算是独立于任何网格和火灾模拟流场的。在这个例子中，我们将使用一个 8m×5m×3m 的 EVAC 网格。

① 在 Model 菜单上，单击 Edit Meshes...。
② 单击 New。
③ 单击 OK 以创建新的网格。
④ 在 Min X 框中键入 0.0，Max X 框中键入 8.0。
⑤ 在 Min Y 框中键入 0.0，Max Y 框中键入 5.0。
⑥ 在 Min Z 框中键入 0.0，Max Z 框中键入 3.0。
⑦ 在 X Cells 框中键入 16。
⑧ 在 Y Cells 框中键入 10。
⑨ 在 Z Cells 框中键入 1。

用户可以放心地忽略单元格尺寸比例的警告。在 Z 方向上的全部疏散网格记录必须只有 1 单元格网格。在这一点上，网格仍然是一个火灾网格，要指定该网格用于疏散，用户可以进行以下操作。

① 单击以选中 Evacuation Grid 选项。当前网格设置，足以使网格只用于计算门和出口的流场，但由于这个网格将直接被疏散人员使用，因此有必要激活 Evac Humans 选项。
② 点击选择 Evac Humans 的选项。单击 OK 保存更改并关闭 Edit Meshes 对话框。

5.5.3　创建一个出口

在 FDS+EVAC 中，每扇门和出口都需要一个排气口，以产生用于运动仿真的正确的流场。这种通风口须有一个非常薄弱的气体流出，以防止数值计算不稳定。我们首先创建一个排气表面：

① Model 菜单上，单击 Edit Surfaces...。
② 单击新建 New。
③ 在 Surface Name 输入 Outflow。
④ 在 Surface Type 的列表中选择 Exhaust。
⑤ 单击 OK 以创建新的表面。
⑥ 在 Specify Velocity 框中，键入 1.0E-6 的速度值。
⑦ 在 Ramp-Up Time 列表中，选择 Tanh，并在输入框键入 0.1s 时间增长模型。
⑧ 单击 OK 以关闭 Edit Surfaces 对话框。
我们现在使用 Outflow 表面来定义通风口，以创建排气通风口：
① 在 Model 菜单上，单击 New Vent...。
② 在 Description 中输入 Exit Vent。
③ 在 Surface 列表中，选择刚创建的 Outflow 表面。
④ 单击 Geometry 选项卡。
⑤ 在 Plane 列表中，选择 X 并在框中键入 0.0。
⑥ 在 Min Y 框中键入 1.5，Max Y 框中键入 3.5。
⑦ 在 Min Z 框中键入 0.0，Max Z 框中键入 2.0。
⑧ 点击 EVAC 标签。
⑨ 在 Use In 列表中，选择 Evac Only。
⑩ 单击 OK 以关闭 Vent Properties 对话框。
创建排气通风口后的模型如图 5-27 所示。

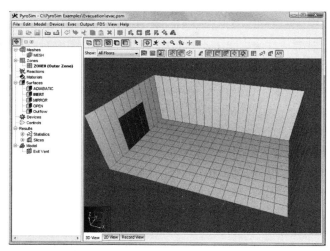

图 5-27　加排气通风口的人员疏散模型

在排气通风口的同一位置上创建一个 EVAC 出口：
① 在 Evac 菜单上单击 Exits...。
② 单击 New，然后单击 OK。
③ 在 Min X 框中键入 0.0，Max X 框中键入 0.0。
④ 在 Min Y 框中键入 1.5，Max Y 框中键入 3.5。
⑤ 在 Min Z 框中键入 0.0，Max Z 框中键入 2.0。
⑥ 在 Orientation 列表中，选择–X。这定义人员将从通风口的方向出去。
⑦ 单击 OK 关闭 Edit Exits 话框。

5.5.4　添加人员

在 PyroSim 程序中，为用户提供了一些默认的人员类型，用户可以直接选用它们，也可以进行创建。我们首先创建一个人员类型：

① 在 Evac 菜单中，单击 Person Types..。

② 点击 New，然后单击 OK。

③ 对于 Reaction Time 参数，用户可以单击 Edit 按钮，在 X 框中，键入 0.0。单击 OK。

④ 再次单击 OK 以关闭 Edit PERS 对话框。

放置人员：

① 在 Evac 菜单中，单击 Initial Positions...。

② 点击 New，然后单击 OK。

③ 在 Persons 框中键入 50。

④ 在 Min X 框中键入 0.0，Max X 框中键入 8.0。

⑤ 在 Min Y 框中键入 0.0，Max Y 框中键入 5.0。

⑥ 在 Min Z 框中键入 0.0，Max Z 框中键入 2.0。

⑦ 单击 OK 关闭 Initial Positions 对话框。

5.5.5　指定模拟属性

定义结束时间：

① 在 FDS 菜单上，单击 Simulation Parameters...。

② 在 Simulation Title 框中，键入 Evacuation。

③ 在 End Time 框中，键入 50s。

5.5.6　保存模型

用户可以保存模型：

① 在 File 文件菜单上，单击 Save。

② 选择一个位置保存模型。由于 FDS 模拟计算会生成许多文件和大量的数据，因此用户最好使用一个新的文件夹来保存每一个计算模型。并命名文件为 evac.psm。

③ 单击 OK 保存模型。

5.5.7　运行分析

在 FDS 菜单上，单击 Run FDS..，再单击 Save，与模型的 FDS+EVAC 输入文件保存在同一位置。

5.5.8　查看结果

用户可以使用 Smokeview 查看动画。

① 右键单击 Smokeview 的窗口，并在 Load/Unload 菜单中选择 Evacuation，然后选择 humans。

② 右键单击 Smokeview 的窗口，并 Show/Hide 菜单中选择 Use Avatar，然后选择 human_fixed。

Smokeview 模拟界面如图 5-28 所示。

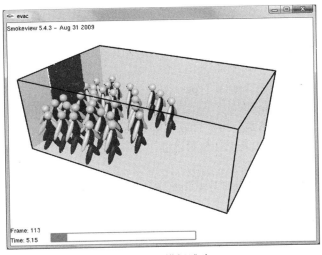

图 5-28   模拟逃生

查看历史结果：

① 在 PyroSim 窗口中，在 FDS 菜单上单击 Plot Time History Results...，将出现一个显示 2D 结果文件列表的对话框。

② 选择 evac_evac.csv，并单击 Open 以查看房间中的以时间为函数的人员变化，如图 5-29 所示。

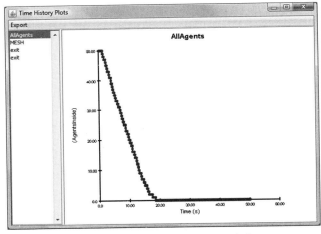

图 5-29   以时间为函数的人员变化

第6章
酒店火灾模拟案例

6.1 酒店火灾建筑模型简介

本章以某酒店为例，将介绍如何导入 CAD 图纸进行 PyroSim 火灾模拟。该高层酒店式公寓为地上 16 层，建筑高度 64.7m，属于一类高层公共建筑。评估整栋大楼各楼层的可用安全疏散时间及火灾蔓延情况。通过本案例用户可以学会以下操作：

① 导入 CAD 图纸并建模。

② 建立楼层地板。

③ 将模型不同楼层的组件进行 Model 分组。

④ 窗户及门洞的建立。

⑤ 添加结果探测器、二维切片。

⑥ 添加水喷淋设备。

⑦ 检视 3D 结果使用 Smokeview。

⑧ 查看使用 PyroSim 2D 结果。

模型完成后如图 6-1 所示。

图 6-1　酒店模型

6.2 酒店建筑建模过程

6.2.1 输入材料与反应数据

PyroSim 包括数据库文件，其中包括数据源的引用。从这个文件中，将导入选定的材料和反应：

① 在 Model 菜单中单击 Edit Libraries...，弹出如图 6-2 所示从库中复制反应对话框。

② 在 Category 框中，选择 Gas-phase Reactions。

③ 从库中复制聚氨酯（POLYURETHANE）反应到 Current Model 中。

④ 在 Category 选择框中选择 Materials，弹出如图 6-3 所示从库中复制材料对话框。

⑤ 从材料库中复制 CONCRETE、GYPSUM、PVC、YELLOW PINE 材料到 Current Model 中。

⑥ 关闭 PyroSim Libraries 对话框。

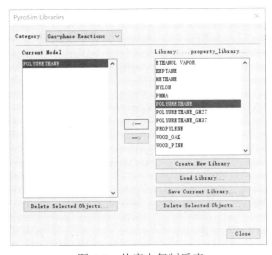
图 6-2　从库中复制反应

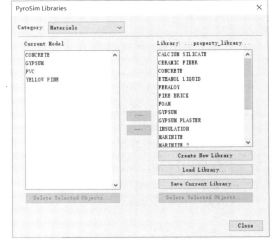
图 6-3　从库中复制材料

此时应该对模型进行保存：

① 在 File 菜单上单击 Save。

② 选择一个位置来保存模型。由于 FDS 模拟生成许多文件和大量的数据，有必要对每个模拟计算使用一个新的文件夹，文件的名称为 1.psm。

③ 单击 OK 保存模型。

6.2.2 创建网格

在这个例子中，将使用 1m 的网格单元格。

① 在 Model 上，单击 Edit Meshes...。

② 单击新建 New，然后点击 OK 以创建一个新的网格，如图 6-4 所示。

③ 在 Min X 框中键入 4709.0，并在 Max X 框中键入 4748.0。

④ 在 MinY 框中键入 477，并在 Max Y 框中键入 560。

⑤ 在 Min Z 框中键入−1.0，并在 Max Z 框中键入 63。

⑥ 在 X Cells 框中键入 39。

⑦ 在 Y Cells 框中键入 83。

⑧ 在 Z Cells 框中键入 64。

⑨ 单击 OK 以保存更改并关闭 Edit Meshes 的对话框。

图 6-4　创建网格

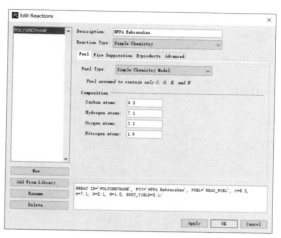

图 6-5　聚氨酯反应对话框

6.2.3　指定燃烧参数

由于只有一个反应模型，因此默认情况下将用该反应作为激活反应。

用户可以双击左侧反应下面的聚氨酯（POLYURETHANE）反应，弹出该反应的属性对话框，如图 6-5 所示。在该反应属性对话框中可以设置燃烧最高温度，燃烧热及燃烧产物 CO、Soot 的产率，可根据实际情况设置 CO 和 Soot 的产率。

点击 Cancel 按钮关闭 Edit Reactions 的对话框。

6.2.4　创建表面

本模型中除了 PyroSim 默认表面外，还需要创建 3 个表面属性，分别为墙（wall）、地板（floor），燃烧表面（burner），分别进行参数设置。用户利用已经导入的材料定义表面物理参数。该表面代表的是在模型中的实体对象使用的材料。通风口和火源表面直接定义，没有参考材料。

（1）墙用混凝土制作

① 在 Model 菜单中点击 Edit Surfaces...。

② 单击 New 按钮，在 Surface Name 输入 wall，选择 Surface Type 为 Layered，并单击 OK。

③ 点击 Texture 并选择 psm_brick2.jpg，单击 OK 关闭 Texture 的对话框。

④ 在 Material Layers 控制板中，在 Thickness 栏中输入传热厚度 0.1，如图 6-6。

⑤ 材料成分可以被定义为一种混合物。点击 Edit 按钮，在 Mass Fraction 列输入 1.0。在 Material 栏中选择 CONCRETE，单击 OK 以关闭 Composition 对话框。

⑥ 在 Edit Surfaces 对话框中，点击 Apply 更改保存。

（2）地板用黄松制作

① 在 Model 菜单中点击 Edit Surfaces...。

② 单击 New 按钮，在 Surface Name 输入地板，选择 Surface Type 为 Layered，并单击 OK。

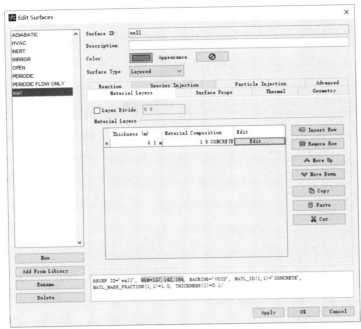

图 6-6 输入传热厚度

③ 点击 Texture 并选择 psm_spruce.jpg，单击 OK 关闭 Texture 的对话框。

④ 在 Material Layers 控制板中，在 Thickness 栏中输入传热厚度 0.01。

⑤ 点击 Edit 按钮，在 Mass Fraction 列输入 1.0。在 Material 栏中选择 YELLOW PINE。单击 OK 以关闭 Composition 对话框。

⑥ 在 Edit Surfaces 对话框中，点击 Apply 应用并保存。

（3）创建火源表面（burner） 火源将以一个恒定的速率释放热量。创建火源表面并注入示踪粒子：

① 在 Edit Surfaces 对话框中单击 New。在 Surface Name 中输入 Burner，在 Surface Type 中选择 Burner，然后单击 OK。

② 在 Heat Release 选项上，点击单位面积热释放速率 Heat Release Rate Per Area（HRRPUA）并在框中键入 500 kW/m^2。

③ 点击 Particle Injection，勾选 Emit Particle。

④ 在 Particle Type 中选择 Tracer。

⑤ 点击 Edit Particle，选择 Properties 勾选 color，默认为黑色，如图 6-7 所示。

⑥ Duration 设置为 60.0，Sampling Factor 设置为 1。

⑦ 点击 OK 关闭 Edit Particle 对话框，点击 OK 关闭 Edit Surfaces 对话框。

6.2.5 导入 CAD 图纸

由于在 CAD 中进行图层处理更方便、快捷，在进行火灾模拟仿真前，首先要对所使用的 CAD 文件进行处理，去除 CAD 文件中的多余标注、文字、线条等，保留在火灾模拟时，所建立三维模型需要使用到的基本结构即可。本例所使用的酒店 CAD 文件原件如图 6-8 所示。

该图纸中含有大量多余的线条和标注，需在 CAD 软件中进行相应图层的关闭或者删除处理，得到该酒店图纸平面图，如图 6-9 所示。

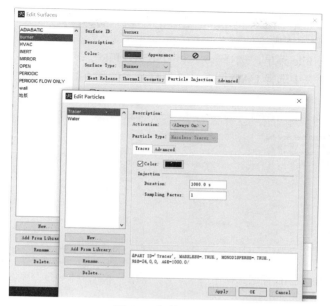

图 6-7　勾选 Color

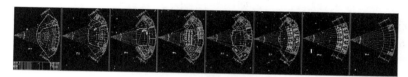

(a) 酒店平面图

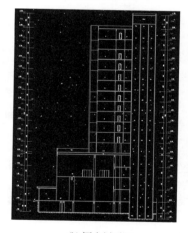

(b) 酒店剖面图

图 6-8　酒店 CAD 图纸

图 6-9　处理后的酒店 CAD 结构图

将 CAD 文件处理完毕后进入 PyroSim 建模环节。现在将需要建立的酒店模型 CAD 图纸导入到 PyroSim 中，步骤如下所述。

① 鼠标右键单击 File 菜单，选择 Import FDS/CAD File…。

② 在相应的文件夹中选择 CAD 图纸，单击打开，如图 6-10 所示。

图 6-10　CAD 图纸选择

图 6-11　单位选择

③ 选择图纸单位，默认为毫米（mm），如图 6-11 所示。选择完后单击 Next。

④ 导入设置，一般选择默认设置，如图 6-12 所示。设置完后单击 Next。

⑤ 导入选项，通常需要选上 Lines 和 Faces，以保证导入全部模型组件。设置完后单击 Finish，如图 6-13 所示。

图 6-12　导入设置

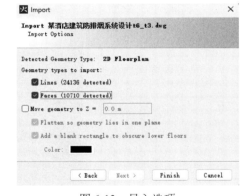

图 6-13　导入选项

⑥ 导入完成后，将多余的线段删除，只留下建筑框架图形，如图 6-14 所示。

6.2.6　创建地板和墙

在导入图纸上创建建筑物的地板和墙壁。

（1）创建地板　根据导入的图纸，在 2D View 下进行操作。

创建一楼的地板：

① 在 View 菜单栏中选择 Show 2D View。

② 在主页的工具栏中选择 （Draw a Slab Obstruction），创建地板。

③ 点击 （Draw a Slab Obstruction）后，根据图纸描绘地板，最后形成闭合，如图 6-15 所示。

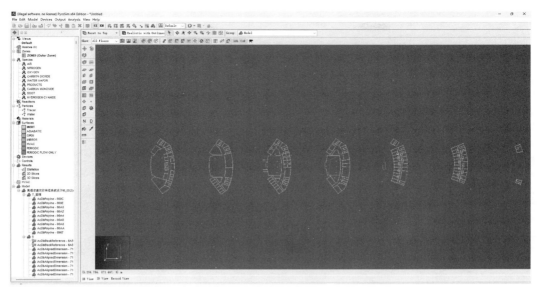

图 6-14　建筑框架图形

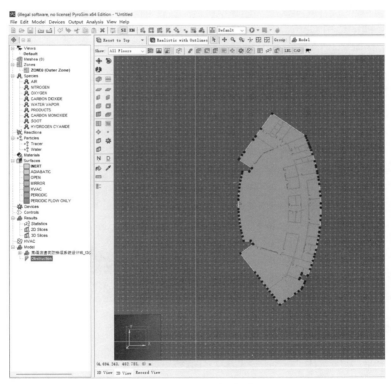

图 6-15　地板创建图

④ 在双击创建的地板，对话框中点击 Surfaces。

⑤ 在 Surfaces 中的 Single 选择 floor 替换材料，如图 6-16 所示。

⑥ 点击 OK，保存修改并关闭对话框，地板建立完成。

同理可得，由于 2～5、6～15 楼结构相同，地板可以直接复制或者重复上述操作。

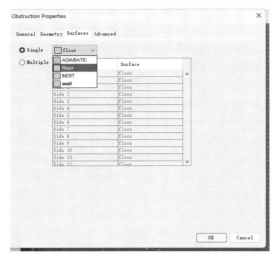

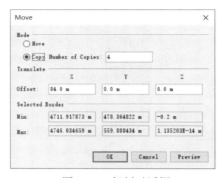

图 6-16　材料替换对话框　　　　　　　图 6-17　复制对话框

① 在 View 菜单栏中选择 Show 2D View。

② 在鼠标右键选中一楼地板，点击 Move…。

③ 在 Move 框中选中 Copy，Number of Copies 填 4，Offset 中 X 填 84，如图 6-17 所示。

④ 点击 OK，本建筑的第一至五层地板创建完成，如图 6-18 所示。

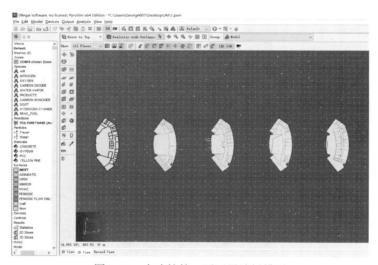

图 6-18　本建筑第一至五层地板模型

（2）创建墙壁　创建一楼墙壁，将 CAD 图纸转换为墙壁：

① 在 View 菜单栏中选择 Show 2D View。

② 单击左键选中一楼所有线段，如图 6-19 所示。

③ 选中后单击鼠标右键，选择 Convert CAD lines into Walls。

④ 在 Convert To Wall 对话框中，填写墙的高度（Height）4.1m，厚度（Thickness）0.1m，如图 6-20 所示。

⑤ 鼠标左键单击 OK 生成墙壁的三维模型，在 3D View 下如图 6-21 所示。

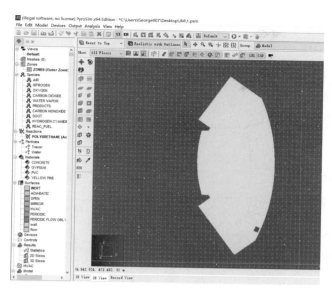

图 6-19　选中一楼所有线段

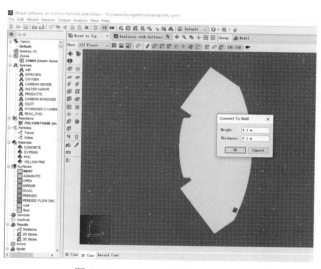

图 6-20　Convert To Wall 对话框

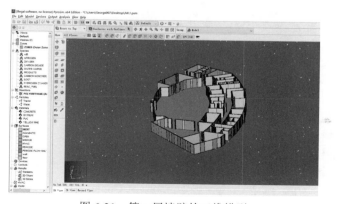

图 6-21　第一层墙壁的三维模型

图 6-22　2D 视图下墙壁属性设置

也可以在 2D 视图条件下创建墙壁：

① 点击下方 2D View。

② 点击按钮<u>Draw a Wall</u>，并选择下方的 Tool Properties。

③ 在 Tool Properties 对话框中设置 Height 为 4.1m、Wall Thickness 为 0.1m，Surface Prop 选择为 wall，如图 6-22 所示，点击 OK 保存并关闭对话框。

④ 在网格中对应的墙壁位置点击鼠标右键，绘制墙壁轮廓。

⑤ 在左边显示框中，将刚刚建立的 wall 拖动到分组 1 墙中。

⑥ 由于鼠标绘制的墙壁坐标不够精确，因此在 3D 视图中纠正坐标，点击下方的 3D View。

⑦ 在左边显示栏中双击刚刚建立的墙壁，弹出 Obstruction Properties 对话框。

⑧ 分别查看 General 中的各选项是否正确，若对应 Group 不正确，不能在该对话框中修改，只能关闭 Obstruction Properties 对话框，在左边的显示框中将 wall 拖动到正确的 Group 分组中。

⑨ 查看 Surface 全为 wall，确认无误后点击 OK，关闭并保存墙壁参数。

根据上述操作，同理可生成第二层至第五层墙壁的三维模型，如图 6-23 所示。

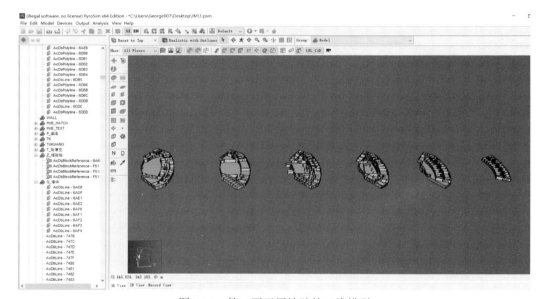

图 6-23　第二至五层墙壁的三维模型

由于本大楼第六至十五层结构相同。因此，在完成第六层建模后，只需要通过复制完成其他楼层，六楼墙壁的三维模型如图 6-24 所示。

详细步骤如下所述。

① 选中第六层模型。

② 单击鼠标右键，点击 Move…。

③ 在 Move 对话框中，选中 Copy，在 Number of Copies 中输入 9，在 Translate 中 Z 轴中输入层高 4.1m，如图 6-25 所示。

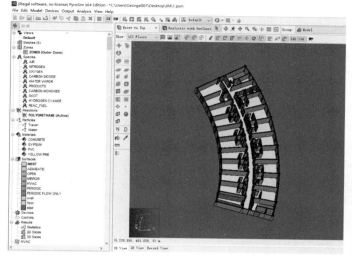

图 6-24　第六层墙壁的三维模型　　　　　　　图 6-25　Move 对话框

④ 单击 OK，完成复制，如图 6-26 所示。

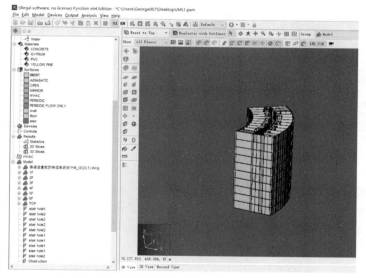

图 6-26　完成复制后第六至十五层墙壁的三维模型

（3）创建楼梯　本模型中，每层楼共两处楼梯，在建立楼梯之前，楼梯处的楼板应该是贯通的，在 PyroSim 中有多种方法建立楼梯间贯通空间，例如：建立地板后设置 Hole 开洞，该方法通常需要 Hole 的厚度比楼板更厚，楼板上下需要富余的 Hole，因此易造成接近楼板处的楼梯踏步也有 Hole，导致漏烟；在建立地板过程中采用二维建模中的地板，通过地板边界多点连线形成封闭的地板，在连线过程中可以将楼梯间贯通，该方法误差更小，更接近真实情况。以下展示通过设置 Hole 进行楼板开洞，以达到完成楼梯贯通目的。

首先在楼梯口开洞。

创建二楼的第一处楼梯口：

① 在 Model 菜单上单击 New Hole...。

② 在 Description 框中键入 stair hole1。

③ 在 Group 列表中选择 stair1。

④ 在 Geometry 选项卡上输入对应的值。

⑤ 单击 OK 关闭 Hole Properties 对话框。

创建二楼的第二处楼梯口：

① 在 Model 菜单上单击 New Hole...。

② 在 Description 框中键入 stair hole21。

③ 在 Group 列表中选择 stair2。

④ 在 Geometry 选项卡上输入对应的值。

⑤ 单击 OK 关闭 Hole Properties 对话框。

同理，建立其他楼层预留楼梯口，如图 6-27 所示。

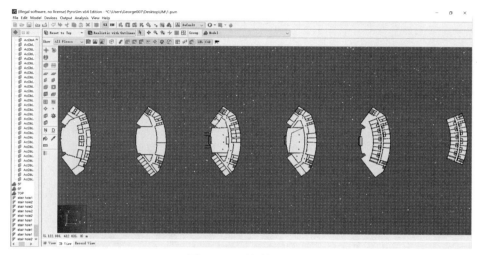

图 6-27　预留楼梯口

然后创建楼梯。

用户将通过创建障碍物，利用复制和移动功能建立楼梯。

创建二楼的第一处楼梯的第一跑楼梯：

① 在 Model 菜单上单击 New Obstruction...。

② 在弹出 Obstruction Properties 对话框中的 Discription 键入 staircase11。

③ Group 选择为 stair1。

④ 在 Geometry 选项卡上输入对应的值。

⑤ 点击 Surfaces，点击选中 Single，选择 INERT。

⑥ 点击 OK，保存并关闭对话框。

通过复制和移动功能，创建第一跑剩余台阶：

① 单击左键选中 stair1 分组中已建立的 staircase11。

② 单击右键，在弹出的菜单栏中选择 Copy/Move。

③ 在弹出的 Translate 对话框中，选中 Copy，键入 9。

④ Offset（m）中 X 键入 0.0，Y 键入 0.25，Z 键入 0.2。

⑤ 点击 OK，保存并关闭设置。

创建转台：

① 在 Model 菜单上单击 New Obstruction...。

② 在弹出 Obstruction Properties 对话框中的 Discription 键入 turntable11。

③ Group 选择为 stair1。

④ 在 Geometry 选项卡上输入对应的值。

⑤ 点击 Surfaces，点击选中 Single，选择 INERT。

⑥ 点击 OK，保存并关闭对话框。

创建第二跑楼梯：

① 在 Model 菜单上单击 New Obstruction...。

② 在弹出 Obstruction Properties 对话框中的 Discription 键入 staircase12。

③ Group 选择为 stair1。

④ 在 Geometry 选项卡上输入对应的值。

⑤ 点击 Surfaces，点击选中 Single，选择 INERT。

⑥ 点击 OK，保存并关闭对话框。

通过复制和移动功能，创建第二跑剩余台阶：

① 单击左键选中 stair1 分组中已建立的 staircase12。

② 单击右键，在弹出的菜单栏中选择 Copy/Move。

③ 在弹出的 Translate 对话框中，选中 Copy，键入 9。

④ Offset（m）中 X 键入 0.25，Y 键入 0.0，Z 键入 0.2。

⑤ 点击 OK，保存并关闭设置。

同理，其他楼层楼梯建模方法与上述方法相同，楼梯模型如图 6-28 所示。

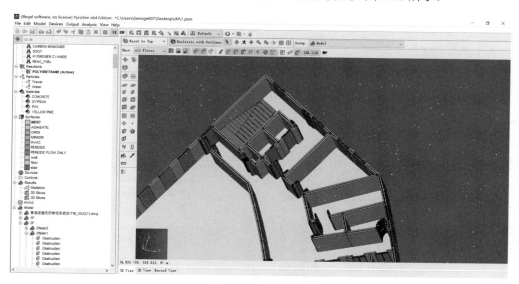

图 6-28　楼梯模型

6.2.7　创建窗

创建完墙壁后，我们需要在墙壁上设置窗户。窗的创建方法为在墙壁上添加洞，实际上就是将墙壁上窗位置的封闭障碍物挖空，让其成为开放、流通部分。

首先创建 Group，方便对窗进行分类管理，创建步骤：

① 鼠标右键单击 Model 菜单，选择 New Group。

② 在 Great Group 对话框中的 Parent Group 中选择 Model，Group Name 输入一层窗。

③ 单击 OK，保存并关闭 Group 窗。

窗户是房间与房间之间、房间与外界之间进行空气、烟气和光线等流通的通道。在本模型中所有的窗户都在 Model-Group 一层窗中，窗户主要利用 Hole 功能开洞来创建。前面创建墙壁过程中讲到网格边界处用网格直接代替墙壁，在该处具有门与外界开放空间相连通时，利用 Vent 功能，open Surfaces（表面）即可实现该功能，因此添加 Vent，open 表面创建该处的出口，并放置在 Group 一层窗中进行统一管理。

用 Hole 创建窗户的过程，与用 Hole 创建门的过程相同，只是门由地面开始计算高度，而窗户与地面之间具有一定的高度。本模型中窗户与地面的高度为 2m，以第一扇窗户（窗 1）为例，创建步骤如下所述。

① 在 Model 菜单上单击 New Hole...。

② 在 Description 框中键入 Window 或者就使用默认的 Hole，因为 Description 并不影响门的属性。

③ 在 Group 列表中选择一层窗。

④ 在 Geometry 选项卡上输入表 6-1 中的值。请注意，窗的坐标值将稍微超出墙的厚度，这可确保窗穿透墙壁的两边，达到流通空间的目的。

⑤ 单击 OK 关闭 Obstruction Properties 对话框，如图 6-29。

表 6-1 窗 1 坐标参数

类型	X	Y	Z
Min	4742	497	2
Max	4743	498	3

模型中其他窗户的创建步骤与此相同，只是窗户的位置不同，因此坐标参数不同，继续按照以上步骤将剩余窗户创建完毕。

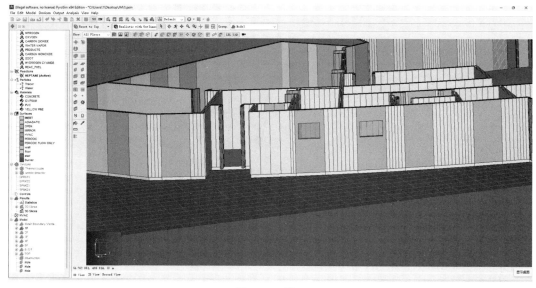

图 6-29 窗 1

由于 1～5 层、6～15 层结构相同，所以创建完 1 层和 6 层的窗户后，可以直接通过复制创建剩下楼层的窗户，以 6～15 层为例，详细步骤如下所述。

① 根据上述操作创建 6 层的一面窗户。

② 鼠标右键点击创建的窗户，然后点击 Move...。

③ 然后选中 Copy，在 Number of Copies 中填 9，在 Translate 的 Z 轴中填楼层高度 4.1，如图 6-30 所示。

④ 点击 OK，完成操作。

同理，剩下楼层采用同样的方法，创建完所有窗户后的模型如图 6-31 所示。

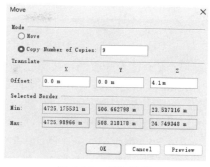

图 6-30 填入数据

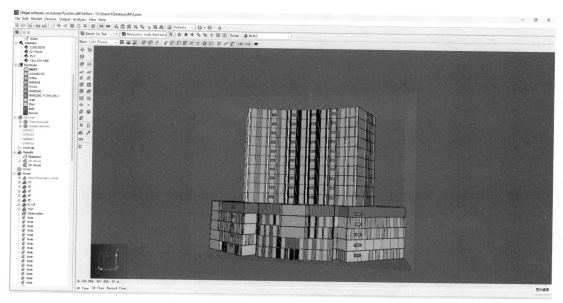

图 6-31 创建完所有窗户后的酒店大楼模型

6.3 添加探测系统

6.3.1 使用通风口定义火源

火灾是通过固定热释放速率的火源点燃的，相邻的材料受火源高温影响最终达到点火温度，并开始燃烧。本模型中的火源设置在服务台左侧隔壁的行李箱房间内，用通风口设置火源。

① 在 Model 菜单上单击 New Vent...。

② 在 Description 框中键入 Burner。

③ 在 Group 列表中选择 Model。

④ 在 Surface 列表中选择 Burner。

⑤ 单击 Geometry 选项卡，在 Plane 列表中选择 Z，在输入框中键入 0.101（高度位置比地板上表面高 0.01，以确保通风口能够显示在地板上并且不会太高，计算过程中离散化处理使其没有附着在障碍物表面上而报错）。

⑥ 单击 OK 关闭 Vent Properties 对话框。

6.3.2　定义开放边界

由于实际情况中，通常房屋建筑的四周为开放的边界，因此在模型中也必须将除地面外的其他区域设置为开放的边界。由于网格边界默认为封闭的，因此我们要将其设置为开放边界，PyroSim 程序为此提供了一条捷径让用户可以在网格边界上创建开放的通风口。本模型中除了地面，其他表面都要设置为开放边界，具体步骤如下所述。

① 在导航树形视图中，右键单击 MESH，单击 Open Mesh Boundaries。这将新增一组命名为 Grid Boundary Vents——Vents for MESH 的通风口，这里面包括每个网格边界上的通风口。

② 按住 ctrl 键，单击 Mesh Vent：Mesho1[ZMIN]网格边界通风口（Grid Boundary Vents）。

③ 右键单击并删除（Delete）所选的 Vents。

④ 在模型上右键单击，并选择 Show All Objects。

6.3.3　设置探测器

本模型中所设置的探测器包括烟感探测器和热电偶。

（1）烟感探测器　一楼中共设置 5 处烟感探测器，设置高度为 2.5m，创建第一个烟感探测器：

① 在 Devices 菜单中单击 New Smoke Detector...。

② 在 Detector Name 中键入 1F-smoke detector01。

③ 点击选中 Trigger only once（通常默认为该项）。

④ 在 Location 框中输入 X=4733.0，Y=514.0 和 Z=2.5，如图 6-32 所示。

⑤ 单击 OK 以关闭 Smoke Detector 对话框。

模型中其他烟感探测器的创建步骤与此相同，只是坐标存在差异，因此只需按照以上步骤设置烟感探测器，如图 6-33。

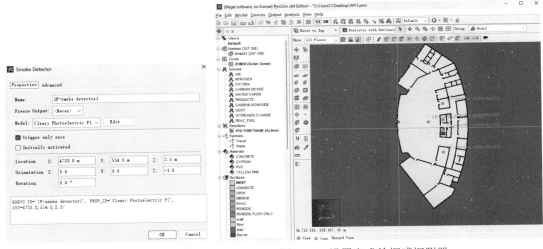

图 6-32　输入烟感探测器相关参数　　　图 6-33　设置完成的烟感探测器

2～15 楼每层设置 2 个，详细步骤如下：

① 按住 ctrl 键，单击 1F-smoke detector01、1F-smoke detector04，点击鼠标右键，选中 Move...。

② 点击 Copy 在 Number of Copies 中填入 14，在 Translate Z 轴中填入探测器距离 4。

③ 单击 OK，设置完成，如图 6-34 所示。

图 6-34　热感烟探测布置

（2）热电偶　热电偶创建可直接新建热电偶（New Thermocouple），也可以新建气体探测器（Gas-phase Device）然后选择 Quantity 为 Thermocouple。一楼中共设置 5 处热电偶，设置高度为 2.5m，创建第一个热电偶的步骤：

① 在 Devices 菜单中单击 New Thermocouple...。

② 在 Device Name 中键入热 1F-THCP-01。

③ 在 Location 框中输入 X=4732.0、Y =514.0 和 Z=1.5，如图 6-35 所示。

④ 单击 OK 以关闭 Thermocouple 对话框。

其他热电偶的属性与此相同，只是坐标存在差异，运用设置 1F-THCP-01 的方法设置其他热电偶。

2～15 楼每层设置 1 个，详细步骤如下：

① 按住 ctrl 键，单击 1F-THCP-01，点击鼠标右键，选中 Move...。

② 点击 Copy 在 Number of Copies 中填入 14，在 Translate Z 轴中填入探测器距离 4，如图 6-27 所示。

③ 单击 OK，设置完成，如图 6-36 所示。

图 6-35　New Thermocouple 创建热电偶

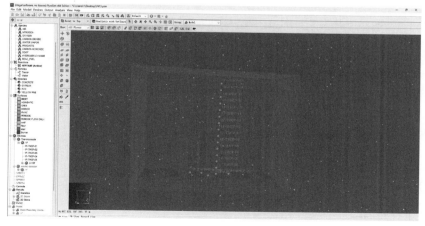

图 6-36　热电偶布置

6.3.4　设置水喷淋设备

本模型只在一楼设置 4 个自动喷水喷头，自动喷射系统激活条件为系统默认的条件，即温度 74℃，设置第一个喷头：

① 在 Devices 菜单，点击 New Sprinkler...，图 6-37 显示了自动喷水灭火系统对话框。

② 在 Sprinkler Name 中键入喷淋 1，Spray model 选择为 Generic Commercial Link。

③ Activator 选中 Temperature Link，选择 Generic Commercial Link，选中 Trigger Only Once。

④ 在 Location 中设置 X=4734m、Y=516.0m、Z=3.0m。

⑤ 单击 OK 创建自动喷水灭火系统。

按照以上方法设置其他自动喷水灭火系统。

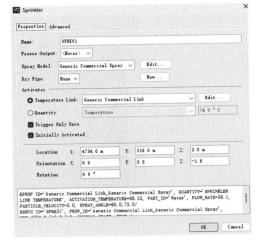

图 6-37　自动喷水灭火系统对话框

6.3.5　设置切片

用户可以把运行后的 Smokeview 结果用切片（Slice）平面来显示它的 2D 轮廓。在这种分析中，我们可以根据平面数据分布来分析火灾情况。

定义切片平面：

① 在 Output 菜单上单击 Slices...。

② 在表中输入表 6-2 中的值。用户可以点击行号选择整行复制和粘贴，这样可以加快操作。

③ 单击 OK 关闭 Animated Planar Slices 对话框。

表 6-2　切片参数

坐标轴（XYZ Plane Plane ）	坐标值（Plane Value）/m	气象数据（Gas Phase Quantity）	使用向量（Use Vector）
X	4733.0	Temperature	NO

其他切片，可按照以上方法进行设置，所有切片设置完成如图 6-38。

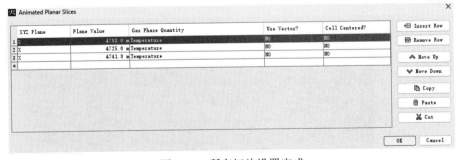

图 6-38　所有切片设置完成

6.3.6　设置模拟属性

定义结束时间：

① 在 Analysis 菜单上单击 Simulation Parameters...。

② 在 Simulation Title 框中键入 one floor fire。

③ 在 End Time 框中键入 200s。

④ 单击 OK。

6.3.7 保存并运行

用户在完成模型创建并设置好模拟参数后，如图 6-39 所示，可以点击 File→Save 菜单进行保存，也可以点击快捷操作按钮 进行保存，保存时请新建文件夹使其和其他例子分开保存。

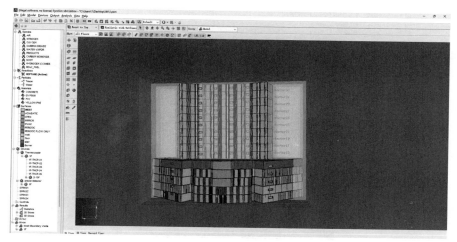

图 6-39　酒店模型图

在 Analysis 菜单上，单击 Run FDS...，等待计算机的运行结果。

6.4　模拟结果

6.4.1　Smokeview 查看 3D 结果

用户可以使用 Smokeview 软件把结果分块。在 Smokeview 程序的 Wireframe Render 中选择不同的图形显示，以轮廓线展示的三维模型结果如图 6-40 所示。

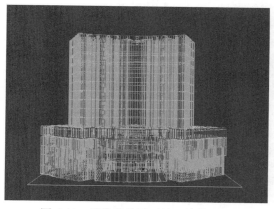

图 6-40　以轮廓线展示的三维模型结果

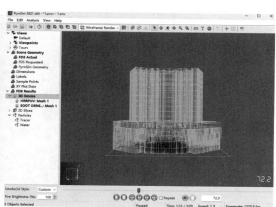

图 6-41　选择要查看的过程

如何查看火灾过程？在左边菜单栏中双击 3D Smoke，然后点击 ▶。用户可以查看火焰燃烧过程，也可以查看烟气蔓延过程，查看火焰燃烧过程选择 HRRPUV：Mesh1，查看烟气蔓延过程选择 SOOT MASS FRACTION：Mesh1，如图 6-41 所示。如果用户想要退出查看某选项，可以右键点击选中的对象，然后点击 Hide 退出，也可以双击已经选中的对象退出。

查看切片结果，在左边菜单栏中双击 2D Slices，然后选择需要查看的结果类型和切片位置，同时需要退出某切片上可以右键点击选中的对象，然后点击 Hide 退出，也可以双击已经选中的对象来退出。这里是隐藏了模型，以便更好地查看切片温度变化，如图 6-42 所示。

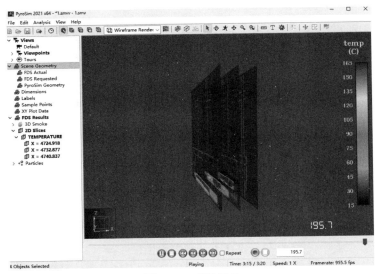

图 6-42　查看切片

为了更好地观察烟气蔓延路径和聚集情况，用户可以查看粒子，在左边菜单栏中双击 Particles，粒子效果如图 6-43 为水喷淋的水粒子。如果想退出粒子的查看，可以右键点击选中的对象，然后点击 Hide 退出，也可以双击已经选中的对象退出。

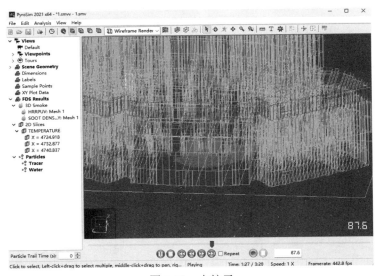

图 6-43　水粒子

6.4.2 查看时间历史结果

① 在 PyroSim 窗口上选择 Analysis 菜单，点击 ⊠ ▾，选择 Plot Time History Results...。

② 将出现一个显示 2D 的结果文件清单的对话框。选择 1_devc，并单击打开，得到时间的函数图，用户可以查看各探测器的监测结果，如图 6-44 所示。

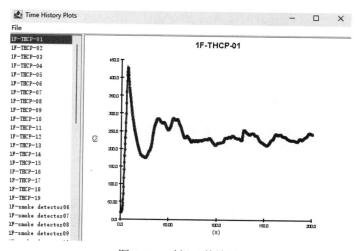

图 6-44　时间函数结果

第7章
人员疏散仿真理论基础

7.1 疏散仿真理论模型简介

人群疏散模拟的方法主要有两种——人群疏散演习和计算机模拟。人群疏散演习虽然真实可靠，但弊端也十分明显。这主要是由于：

① 将大量人员集于某个公共场所内专门进行疏散演习、同时对所有人的相关属性和疏散轨迹进行跟踪记录是十分困难的。

② 人的行为具有很大的随机性，即使同样的人群在同一场景中，其前后两次的疏散行为也会有许多差别，需要多次重复才能得到可靠的结果，但反复演练的可操作性比较困难。

因此，计算机模拟技术已成为提高人员疏散安全水平的有效技术手段，也是安全工程领域的发展方向。

目前人员疏散仿真模型主要分为宏观（macroscopic）模型和微观（microscopic）模型两类。宏观模型把人群看作一个整体，将人群疏散行为看作类似于气体或液体的流动。宏观模型主要用于早期设计者调整疏散方案，而微观模型是与人群行为有关的模型，主要用来研究个体行为对疏散时间的影响。图 7-1 为人员疏散仿真模型的分类。

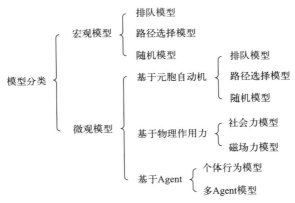

图 7-1　人员疏散仿真模型分类

（1）宏观模型　宏观模型最早由 Fruin 提出。宏观模型的研究对象为作为整体的人群，并不考虑个体之间的相互影响，建筑物的平面布局被简化为网络，为了适应当时的计算机计算能力，对模型进行了大量的简化，建模方法简单，所需计算能力不高，成为早期主要的疏散仿真模型。随着计算机技术的发展，计算能力提高，微观模型逐步取代宏观模型，越来越受到研究者的青睐。

（2）微观模型　微观模型最早由 Henderson 提出。微观模型的研究对象为人群中的单个个体，再利用相关技术将单个个体综合为人群群体行为。微观模型考虑了个体之间的相互影响、考虑个体意图和个体之间的相互作用，适用于复杂的建筑环境。由此也产生了大量的个体特点与人群行为的分析方程。由于提出的微分数学模型很难进行求解，因此，通过计算机技术对其进行计算机仿真已经变得越来越实用。微观模型是一种针对个体建模并利用计算机模拟个体行为规律的计算机仿真模型。微观模型可以分为三类，即基于元胞自动机、基于物理作用力和现阶段广泛应用的基于 Agent 的模型。

根据不同的分类标准，人员疏散模型有多种分类方法，其中按照物理空间的模化方法可分为离散化模型和连续性模型两类。离散化模型把建筑平面空间离散为很多相邻的小区域，同时也把疏散过程中的时间离散化以适应空间离散，离散化模型以元胞自动机为代表。连续性模型中的空间、时间连续，行人的空间位置、运动速度等状态量也是连续值，连续性模型以社会力模型为代表。

（1）连续型疏散模型　主要有磁力模型和社会力模型。磁力模型把人员个体、障碍物、出口等视为磁体，被赋予正负极，同性相斥，异性相吸。社会力模型是目前研究最多的模型，由 Dirk Helbing 等在 Kurt Lewin 的研究基础上提出。Kurt Lewin 将格式塔心理学的理念扩大到社会情境，提出了著名的行为公式：$B = f(PE)$，表示行为（B）是随人（P）与环境的变化（E）而变化的。基于此 Dirk Helbing 等提出的社会力模型给出了个体之间、个体和物体之间相互作用力的计算式和在恐慌时人流的动态特征模型。其他学者又进行了不断完善，如 F. Zanlungo 等研究了人们为避免碰撞而不断调整自己的运动轨迹。只要考虑足够多的因素，社会力模型就能对人群疏散中个体动力学特征作出近似真实的刻画，据此编写的计算机程序甚至能够模拟出人群运动呈现的复杂自组织现象，但计算的复杂性也是显而易见的。

（2）离散型疏散模型　主要采用网络模型和网格模型。网络模型将疏散空间抽象为多个网络节点，如通道、楼梯间、出口等，节点之间连接是既无距离又无面积的假象空间，人员在各个网络节点的移动按排队模型处理。网格模型则将人员集聚的空间划分为许多网格，人员的移动以对网格的占据和释放来表示。在模型空间的划分方法上有粗网格和细网格两种：粗网格类根据建筑物的格局进行划分，在同一模型中网格的面积、形状会有所不同，如 EVACNET+软件；而细网格类则是用正方形、六边形等网格把整个建筑平面分割成同样形状和面积的网格，如著名的 Building EXODUS 过程模拟软件。在处理人员特性和行为特征方面，一种是把人群看作均质整体，个体特性相同，采取同样的移动策略，另一种则是考虑了个体差别，不同特质的个体有不同的移动策略。显然，前一种有更快的运算速度，后一种则更为精确。

从 20 世纪 90 年代开始，国外研究学者基于行为描述以及调查访问开发了一系列人员疏散模拟软件，如 EVACNET+、SIMULEX、EGRESS、MAGNET、EVAC、SMULEX、PyroSim、Pathfinder、Building EXODUS 等。这些软件大致可分为两类：一类专门针对疏散，如 Pathfinder、Building EXODUS；另一类既可以用来做疏散，也可以模拟火灾等其他内容，功能强大，应用广泛。仿真软件既拥有行人动力学模型的特点又具有高速的计算速度，是近些年来疏散模拟研究的重要工具。本节对应用广泛的疏散仿真软件的疏散原理及适用范围进行了总结归纳，如表 7-1 所示。

表 7-1　软件性能分析

软件名称	疏散原理	适用范围
FDS+EVAC	FDS +EVAC 采用 Helbing 的社会力模型。软件将人员等价为有自驱动的几何特性粒子。建筑内存在一个引导人员"流动"符合流体力学规律的虚拟流场，如同在出口设置一台抽风机，吸引人员从建筑中流出来。软件不考虑人员的"再进入行为""羊群行为""回避行为"等	体育场、商场等公共场所，劳动密集型工厂、轮船、火车等大型交通工具

软件名称	疏散原理	适用范围
Building EXODUS	Building EXODUS 是一种细网格的过程模拟软件,时间采用仿真时钟表示,建筑的几何形状、内部构造、障碍物、出口位置等采用二维网格表示。软件还考虑了疏散中人与人、人与火灾、人与建筑的相互作用	超市、医院、车站、学校、机场等大型空间及有大量人群逃生需求的建筑
Pathfinder	Pathfinder 包含 SFPE 和 Steering 两种人员运动模式。SFPE 模式中,通过各区域人员密度确定此区域的人员行为和速度,人员会寻找最近的出口且相互之间不影响。Steering 模式中,通过路径规划、指导机制、碰撞处理相结合控制人员运动,如果人员之间的距离和最近点的路径超过阈值,可以再生新的路径,以适应新的形势	适用于大型建筑的疏散模拟
SIMULEX	以精细网格模型为基础,三个圆代替人,根据人群环境改变速度,通过等距图获取出口方向	适用于大型、复杂几何形状,带有多个楼层和楼梯的建筑物
SimWalk	Simulex 中建筑采用精细网格模型表示,软件中人员的速度通常设有一个正常值,当拥挤时,人员速度会降低并根据拥挤情况确定速度。软件中也为人员设计了赶超,转身,捷径行走和小程度回转等活动方式。软件也考虑了心理因素对疏散的影响,包括对报警的响应时间和出口选择等	各种建筑类型以及预先确定运动的轨迹的列车、公共汽车等载人交通工具
Legion	Legion 软件是基于智能体理论对行人的交通行为特征进行建模,并以"代价最小"理论来描述行人与行人、行人与周边环境之间的相互作用。其主要包含 Model Builder、Simulator 和 Analyser 三个部分。通过设定客流量时间曲线、行车组织、进出站通道、闸机、售检票模式、电扶梯运行模式等,对远期最大高峰客流进行数值模拟分析	城市地铁车站设计中广泛应用
AnyLogic	以社会力模型为基础,采用类似于牛顿动力学方程的思想描述人群集体行为,认为行人在行走的过程中会受到目标吸引而产生自驱动力、行人与行人之间的作用力和行人与障碍物之间斥力的影响	用于制订地铁车站客运组织方案,给予应急资源配置和处置方案决策建议
Simio	基于"智能对象"技术的全 3D 系统仿真模拟软件,Simio 仿真软件可以方便直观地对排队系统进行建模仿真,能提供快速和灵活的模拟能力	大型交通枢纽(如国际机场、港口)的仿真分析、供应链设计和优化、离散制造业、采矿业、医疗业以及军事资源配备等多个领域
STEPS	以元胞自动机模型为基础,运用 NFPA 算法	地下车站、高层建筑、体育场及商场等公共场所

7.2 元胞自动机

元胞自动机(cellular automata)是由大量简单一致的个体通过局部联系组成的离散、分散及空间可扩展系统。它最早是由 Von Neuman 和 Ulam 提出来的,这类模型能十分方便地复制出复杂的现象或动态演化过程中的吸引子、自组织和混沌现象,因此目前元胞自动机被广泛应用于模拟各种物理系统和自然现象。

元胞自动机具有以下基本特性:

① 元胞:它是元胞自动机的基本元素,每一步每个元胞只取有限多状态中的一个;

② 网格:所有的元胞都排列于空间均匀划分的网格上;

③ 邻域:每个元胞下一个时间步的状态是由其邻域内所有元胞以及它自身当前时刻的状态共同决定的;

④ 时间步:所有元胞的状态是同时发生变化的;

⑤ 规则:记第 i 个细胞在时刻 t 的状态为 a_i^t,在时刻 $t+1$ 的状态是 a_i^{t+1},由 t 时刻的第 i 个

元胞以及邻域内的所有元胞（假设有 n 个）的状态共同决定。用公式表示为

$$a_i^{t+1} = f\left(a_i^t, a_{i+1}^t, a_{i+2}^t, \cdots, a_{i+n}^t\right)$$ （7-1）

其中映射 f 与 t 和 i 无关，它被称为元胞自动机的局部映射或局部规则。一般通过制定不同的规则来满足实际应用的需要。

最初将元胞自动机模型应用于行人动力学是由 Mummatsu 等人提出的无后退有偏随机行走模型。该模型阐述了利用元胞自动机模型模拟行人运动行为的基本规则。其中包括：

① 空间离散：将人员所处的建筑物理空间划分成边为 0.4m 的正方形网格，相当行人的平均直径，每个行人位于网格点之上；

② 体积排斥原则：在同一时刻单个格点最多只能被一个人占据，单个格点上的人不允许相互重叠；

③ 人员运动规则：行人可以向与其相邻的四个格点移动，只要该相邻的格子的状态为空。运动的概率由行人所处的状态、行人运动的目的性和随机性共同决定。

元胞自动机模型中，空间、时间和状态变量都是离散的，其规则简单，运算速度快。但由于在考虑人员之间的相互作用方面存在一定的困难，该模型难以再现人们经验观察所认识到的所有群体行为特征和自组织现象，如堵塞、行人带和人群的恐慌现象等。

7.2.1 元胞自动机模型理论及建模

（1）理论模型 元胞自动机是一种模拟人员疏散过程的模型，它由一个元胞空间和定义在该空间的变换函数所组成，可以用一个四元组表示。

$$A = \left(d, S, N, f\right)$$ （7-2）

式（7-2）代表一个元胞自动机系统。式中，d 是一个正整数，表示系统的维数；S 是元胞的有限离散状态集合；N 表示空间邻域内元胞的组合，包含各个不同元胞状态的空间矢量，记为 $N = \left(S_1, S_2, S_3, \cdots, S_n\right)$，$n$ 是邻域内元胞的个数；S_i 属于 Z（整数集合），$i = (1,2,3,\cdots,n)$；f 是变化规则；S_n 为将映射到 S 上的一个局部转换函数。

（2）模型建立 模型的建立需要考虑众多因素，如疏散路径的选择、疏散过程中人员行为的研究等。

（3）建筑空间模型假设 将公共场所的布局设定在一个二维空间，按矩形方式对其进行均匀划分，每个网格为一个元胞，所有元胞共同构成元胞空间，每个元胞空间只能容纳一人。元胞有三种状态［以二维数组 $B(i,j)$ 表示］：一被建筑或障碍物占据（以"2"表示），二被人员占据（以"1"表示），三为空（以"0"表示）。若元胞的烟雾达到一定浓度则会威胁人的生命。可以采用 Von Neumann 或 Moore 两种模型，如图 7-2 所示。

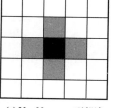
(a) Von Neumann型邻域

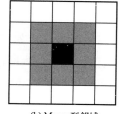
(b) Moore型邻域

图 7-2 元胞自动机邻居模型

以二维建筑平面左上角顶点为原点建立二维平面坐标系 x-y，将网格在行列方向顺序排列，可确定任一元胞 $A(i,j)$ 中心坐标 (x,y) 为

$$x(i,j) = 0.5i - 0.25; \quad y(i,j) = 0.5j - 0.25$$ （7-3）

7.2.2 人员模型假设

假定疏散人员具有相同的特征，在仿真开始同时井然有序地进行疏散，用元胞中心坐标来计算元胞至出口中心的距离。

① 初始位置：人员处于元胞自动机的某个单元格中，可以随机产生或预先设定。

② 移动方向：人员可以移动到周围 4 个或 8 个未被占据的元胞中。

③ 冲突检测：当出现多个人员都选择同一个单元格时则需要进行冲突检测。在此引入个体竞争力 W 来解决冲突问题。

$$W = A / D \tag{7-4}$$

式中，A 表示疏散人员的个体特性，一般认为青壮年的 A 值高于老幼病残人员；D 表示人员距该目标点的方向值，一般认为目标点处于人员的前后左右时其值小于处于 4 个对角线的方向距离值。

7.2.3 人员疏散模型建立

（1）人员疏散规则　首先，所有人员根据其所处网格的状态和邻域内网格的状态选择领域网格吸引力概率最大的一个网格。其次，在疏散时人员总是以寻找距离自己最近的出口为目标。最后综合网格位置吸引力概率及火灾场景排斥力概率得出人员下一步的目标网格。图 7-3 为人员下一步可能的移动方向和概率。

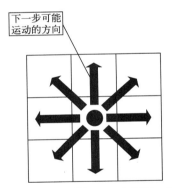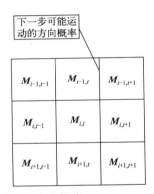

图 7-3　人员下一步可能的移动方向和概率

① 网格位置吸引力概率

$$W_1 = \frac{\max d_{(i,j)} - d_{(i,j)}}{\max d_{(i,j)} - \min d_{(i,j)}} \tag{7-5}$$

式中，$d_{(i,j)}$ 为网格 (i,j) 到疏散出口的距离；$\max d_{(i,j)}$ 为距离出口最大网格距离值；$\min d_{(i,j)}$ 为距离出口最小网格距离值。距离疏散出口越近，位置吸引力概率越大，反之越小。

② 冲突避让规则　对于多个竞争力相同的人（状态值为"1"）同时竞争同一个空位网格（状态值为"0"）时，随机选取一个元胞进入该空位网格，其他元胞则退回原地，直到所有状态值为"1"的元胞都找到自己唯一的目标网格。

③ 火灾场景排斥力概率　将火源中心边缘网格分为五层（如图 7-4 所示），中心区域的一系列矩形区域为火源点，伤害力最大，边缘区伤害力较小，当距离达到一定程度后，火源对人员将无伤害。

$$W_2 = 5 - x_h \tag{7-6}$$

式中，W_2 为火灾场景排斥力；x_h 为网格距离火源中心一系列矩形区域最外层的距离。

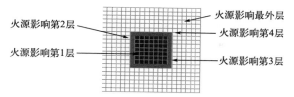

图 7-4　火源中心边缘网格

④ 综合影响力概率　对每个网格计算网格综合影响力概率：

$$W = W_1 - 0.5W_2 \tag{7-7}$$

式中，W_1 为网格位置吸引力概率；W_2 为火灾场景排斥力概率。为了保证出口对人员的综合影响力概率大于其周围的其他网格，故将火灾场景排斥力概率乘以系数 0.5。

（2）人员行走算法　采取并行规则，即所有元胞的状态是同时发生变化的。每个元胞的下一个时间步的状态是由其邻域内所有元胞以及它自身当前状态决定，每个元胞每一时刻只能移动一步或者不动。采用元胞 $A(i,j)$ 的 Moore 型邻域，则元胞 $A(i,j)$ 能以上下左右邻域以及对角的四个领域或自身共九个邻域为下一时刻的目标网格。假设有两个出口，出口中心坐标为 $01(x_1,y_1)$，$02(x_2,y_2)$ 则可得 $A(i,j)$ 与距离其最近的出口 0 的距离：

$$D(i,j) = \min\left\{\sqrt{(0.5i-x_1-0.25)^2+(0.5i-y_1-0.25)^2},\right.$$
$$\left.\sqrt{(0.5i-x_2-0.25)^2+(0.5i-y_2-0.25)^2}\right\} \tag{7-8}$$

$A(i,j)$ 的上下左右四个邻域与 0 点的距离分别为

$$D(i-1,j) = \min\left\{\sqrt{(0.5i-x_1-0.75)^2+(0.5i-y_1-0.25)^2},\right.$$
$$\left.\sqrt{(0.5i-x_2-0.75)^2+(0.5i-y_2-0.25)^2}\right\} \tag{7-9}$$

$$D(i+1,j) = \min\left\{\sqrt{(0.5i-x_1-0.25)^2+(0.5i-y_1-0.25)^2},\right.$$
$$\left.\sqrt{(0.5i-x_2-0.25)^2+(0.5i-y_2-0.25)^2}\right\} \tag{7-10}$$

$$D(i,j-1) = \min\left\{\sqrt{(0.5i-x_1-0.25)^2+(0.5i-y_1-0.75)^2},\right.$$
$$\left.\sqrt{(0.5i-x_2-0.25)^2+(0.5i-y_2-0.75)^2}\right\} \tag{7-11}$$

$$D(i,j+1) = \min\left\{\sqrt{(0.5i-x_1-0.25)^2+(0.5i-y_1+0.25)^2},\right.$$
$$\left.\sqrt{(0.5i-x_2-0.25)^2+(0.5i-y_2+0.25)^2}\right\} \tag{7-12}$$

$A(i,j)$ 的对角线四个邻域与 0 点的距离分别为

$$D(i-1,j-1) = \min\left\{\sqrt{(0.5i-x_1-0.75)^2+(0.5i-y_1-0.75)^2},\right.$$
$$\left.\sqrt{(0.5i-x_2-0.75)^2+(0.5i-y_2-0.75)^2}\right\} \tag{7-13}$$

$$D(i-1,j+1) = \min\left\{\sqrt{(0.5i-x_1-0.75)^2+(0.5i-y_1+0.25)^2},\right.$$
$$\left.\sqrt{(0.5i-x_2-0.75)^2+(0.5i-y_2+0.25)^2}\right\} \quad (7\text{-}14)$$

$$D(i-1,j-1) = \min\left\{\sqrt{(0.5i-x_1+0.25)^2+(0.5i-y_1+0.75)^2},\right.$$
$$\left.\sqrt{(0.5i-x_2+0.25)^2+(0.5i-y_2-0.75)^2}\right\} \quad (7\text{-}15)$$

$$D(i+1,j) = \min\left\{\sqrt{(0.5i-x_1+0.25)^2+(0.5i-y_1-0.25)^2},\right.$$
$$\left.\sqrt{(0.5i-x_2+0.25)^2+(0.5i-y_2+0.25)^2}\right\} \quad (7\text{-}16)$$

（3）边界与出口处的特殊处理　由于边界上的元胞不满足 Moore 型邻域的八个可能行走方向，特将初始二维矩阵的四周扩展一层并赋值为"2"即可满足邻域要求。

7.3　Agent-based 模型

基于 Agent 的整体建模方法是在复杂适应系统（CAS）理论指导下，结合元胞自动机网络模型和计算机模拟技术来研究复杂系统的一种有效方法。

7.3.1　Agent 模型

Agent 是人工智能和计算机软件领域中一种新兴的技术。其定义为实际系统的某种抽象，它能够在一定的环境中为了实现已设计目标，而采取一系列的自主行为。Agent 总是能够感知其所处的环境，具有可影响环境的多种行为能力，并能够适应环境变化。Agent 模型又被称为智能体模型，是人工智能的一种体现。Agent 模型的最初目的是用来作为一个分布式的智能计算模型，该模型的提出克服了人机交互的局限性。

总的来说，Agent 具有以下特性。

（1）自治性　在一个环境中的所有 Agent 都是独立的个体，它们能实现自我控制，当遇到外界环境改变时，通过感知系统，会根据具体情况改变自己的决策行为。

（2）社会性　由于 Agent 模型是人工智能型的一种表现，它和人类一样，都不是单独存在的。因此，Agent 在场景中，是作为一个群体存在的，它具有自己的行为属性和交互性，能和其他 Agent 进行信息交流，作出适合自己的决策，也能和其他 Agent 进行合作，达到共同解决问题的目的。

（3）反应性　Agent 能根据自身所处的环境，通过自身的感知系统感应外界的情况变化，并根据所感应的信息作出相对应的反应

（4）能动性　Agent 作为一个智能体，具有自主能力。Agent 能根据自身所处的环境和自身选择的目标，主动选择自己的行为或者状态，而不是被迫接受来自外界对自身的影响，这是 Agent 的能动性的体现。

（5）交互性　交互性即 Agent 能与其他 Agent 进行多种形式的交互，能有效地与其他 Agent 进行协作。在这些状态的基础上，Agent 能够自主地进行决策，采取行动，而无须他人或其他 Agent 的干预。日常应用的典型形式为多 Agent 之间的交互，需将多个分散控制的 Agent 作为一个整体来研究，这时就需要为 Agent 增加一个社会属性，即 Agent 之间或 Agent 与人之间可以进行交互，以满足其设计目标。

（6）智能型　作为人工智能的产物，智能性是 Agent 模型的基础特征。Agent 具有一定的学习能力和适应性，能对自身所处环境进行推理分析，从而反映出 Agent 的智能性。

慎思型 Agent、反应型 Agent 以及混合型 Agent 是单个 Agent 系统的三种分类方式。

慎思型 Agent 将 Agent 看成一种具有成熟意识的系统，其意识包含信念、承诺、意图、愿望、责任、目标等。Agent 通过传感器感知外部环境，并通过自己的推理能力，将感知结果处理，作出决策，进行下一步的行动。但是反应型 Agent 的智能性相比来说比较低，灵活性较差。

慎思型 Agent 的示意图如图 7-5 所示。

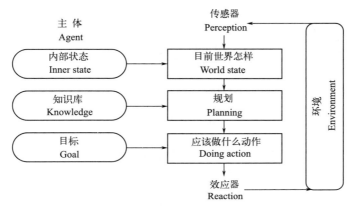

图 7-5　慎思型 Agent 的示意图

反应型 Agent 相比慎思型 Agent 而言缺少推理系统，只是通过一系列的外部刺激，做出自己的反应。反应型 Agent 只需要根据它所处环境的当前状态做出自己的反应即可，不用考虑环境之前的状态如何，也不用考虑未来的发展方向。反应型 Agent 之间通过两两之间的交互工作来完成疏散过程中人员行为的表示。在疏散过程中，反应型 Agent 鲁棒性和容错性相对来说很高，不会因为某个 Agent 的疏散失败而导致全局疏散过程的失败。另外，反应型 Agent 的疏散过程不涉及复杂的推理过程，因而执行速度也很高，适用于许多疏散仿真过程。但是无法快速辨别周边环境变化的情况，执行效率也相对较低。

反应型 Agent 的示意图如图 7-6 所示。

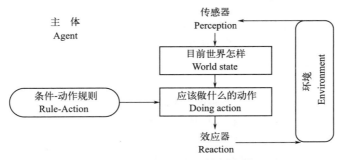

图 7-6　反应型 Agent 的示意图

混合型 Agent 集合了上述两种 Agent 模型的优点，具有较高的灵活性和快速响应能力。

混合型 Agent 的示意图如图 7-7 所示。

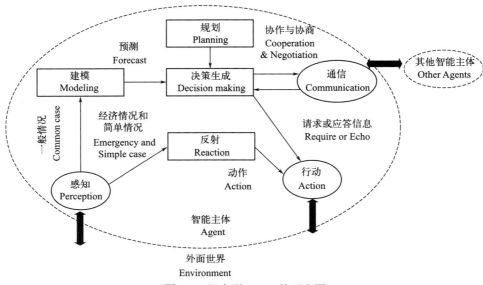

图 7-7　混合型 Agent 的示意图

随着对 Agent 模型理论研究的深入，发现了单独的 Agent 系统的缺陷，为了解决这一问题，多 Agent 系统（multi-agent system，MAS）应运而生。多 Agent 系统将同一系统内的所有 Agent 结合在一起，每个个体有着独立的个人问题求解能力和所掌握的有限信息资源，彼此之间也会相互交流、相互作用、合作解决问题，体现系统的优势。

多 Agent 系统研究的问题有以下方面：Agent 独立的推理能力、Agent 的任务分配工作、Agent 对目标的规划、Agent 彼此之间的相互作用及其影响、Agent 之间的通信管理和资源共享、Agent 系统的安全和负载平衡等。

多 Agent 的交互行为可以分为以下几种：

① 独立。这种交互表现了 Agent 之间目标一致、资源充足、有足够能力时的交互情况，可以理解为个体之间的简单排列。

② 简单协作。这种交互表现了 Agent 之间目标一致、资源充足、但没有足够能力时的交互情况。这种协作可以理解为知识技能的简单叠加。

③ 阻塞。这种交互表现了 Agent 之间的目标一致、资源不充足、有足够能力时的交互情况。在这种情况下，Agent 虽然目标是一致的，但是由于资源的不足，且由于具有足够的技能，彼此互不需要，所以可能会阻碍其他 Agent 的行为。

④ 协调性协作。这是最复杂的协作情况。当 Agent 之间目标一致、资源不充足、没有足够能力时进行这类交互。此时 Agent 需要协调他们之间的行为来最大限度地利用他们有限的资源和技能。

⑤ 纯个体竞争。当 Agent 之间目标不一致、资源充足、有足够能力时，他们之间不得不通过斗争或协商来实现各自的目标。此时由于资源和技能是足够的，所以 Agent 之间的竞争完全出于各自目标的不同。

⑥ 纯集体竞争。当 Agent 之间目标不一致、资源充足、没有足够能力时，Agent 之间可能会先通过协调性协作组成组织，当有足够能力时，组织与组织之间将发生竞争。

⑦ 个体资源冲突。这种情况表现了 Agent 之间目标不一致、资源不足、有足够的能力时发生的交互。此时，资源的利用是不能共享的，所以 Agent 之间发生对资源的争夺。

⑧ 集体资源冲突。与前一种交互不同的是，此时 Agent 没有足够的能力，所以必须先形成组织，然后竞争资源。这种交互实际上是集体竞争与个体资源冲突两种交互情况的合并。

表 7-2 列出了各种交互的分类情况。

表 7-2　Agent 交互情况的分类

目标情况	资源情况	技能情况	交互类型	分类
一致	充足	充足	独立	不关心
一致	充足	不足	简单协作	协作
一致	不足	充足	阻塞	
一致	不足	不足	协调性协作	
不一致	充足	充足	纯个体竞争	对抗
不一致	充足	不足	纯集体竞争	
不一致	不足	充足	个体资源冲突	
不一致	不足	不足	集体资源冲突	

在面向 Agent 的仿真系统中，Agent 之间的交互表现为在多个 Agent 之间的事件、状态与行为的动态关系。Agent 之间的交互则是多个 Agent 共同的行为过程，其中涉及两个因素——Agent 各自的行为以及相互之间的交互机制。

7.3.2　Agent 理论的人员疏散仿真应用

在信息技术，尤其是人工智能和计算机领域，可把 Agent 看作是能够通过传感器感知其环境，并借助执行器作用于该环境的任何事物。通常，Agent 有一个可用的动作库，这些可能的动作表示一个"Agent"的有效行为能力，即它可以改变环境的能力。

突发事件情况下的人员疏散是一个高度不确定性的、动态的过程。疏散过程中，人的心理意识作用，人与人、人与环境之间的频繁交互，以及其他一些看似很偶然的因素，却都对疏散结果有着无法忽视和回避的影响。因此，重要的是以人为本，研究紧急疏散情况下人的行为及行为背后的机理。Agent 是主动的、活的实体，这个特点使得它特别适合人员疏散的仿真，便于我们集中研究个体的属性、行为、行为发生的内在原因。

已有的基于 Agent 的人员疏散仿真大多是基于概率选择的离散时空方法，将平面空间划分为细小的网格，通过制定一系列的行为规则，实现人员在网格上的移动，从而模拟人员疏散的行为。这些模型将 Agent 与环境及 Agent 相互之间的作用都简化为假设的规则，要求仿真人员对人的行为规则已有透彻的认识。另外一种著名的方法是 Helbing 的"Social ForceModel"（社会力模型），个体 Agent 在各种物理及心理力的驱动下运动。

7.3.3　人员疏散模型

环境代表了人员疏散过程中个体 Agent 所在的虚空间。虚空间采用二维的连续空间模型，位置用二维的连续坐标表征。建筑物边界（墙壁）及内部障碍物（如座位等，不包括其他阻挡的人）等采用其轮廓线表示（为简化，采用直线或折线，曲线可用折线来近似）。当受到边界的限制和障碍物的阻挡时，人将不能进入或逾越这些区域。参考图 7-8 中相关部分的表示。

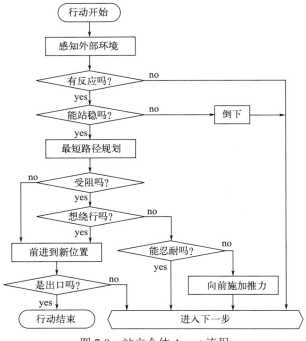

图 7-8 站立个体 Agent 流程

7.3.4 个体

每个个体 Agent 代表个人，具有静态和动态属性。根据我们对现实世界人的了解和简化假设，个体 Agent 属性集定义为

person 属性集{ mass，size，speed，response，patience，balance，dexterity，strength }

质量（mass）：代表人的体重。

尺寸（size）：将人视为圆形状，通过指定人体半径确定人员个体大小。个体的位置用其圆心处的坐标表示。

行进速度（speed）：仿真的每一步行进的距离，在给定的最小值和最大值范围之内。

反应时间（response）：从紧急事件发生，到人对此做出行为反应所用的时间。通常某个个体 Agent 安全疏散所用的总时间应为该 Agent 疏散时间=紧急事件发生到该 Agent 做出反应的时间+该 Agent 开始行动到通过安全出口的时间。

耐性（patience）：当被其他人员阻挡，而且不适合绕行的情况下，在决定推倒前面的人员之前可以等待的时间。

平衡能力（balance）：反映当人受到推力时，在其倒地之前可以承受的最大推力。

敏捷度（dexterity）：反映当人被推倒后到重新站起来需要等待的时间。

体力（strength）：倒地后的人员可以承受的最大推力。如果超过此极限，人将被践踏导致伤亡而不能再站起来。

设定突发事件情况下的个人行为原则：

① 人总是选择欧几里得距离最短的路径走向自己的目的出口。

② 人能关注自身周围的情况，随时调整方向，速度，甚至在被其他人阻挡时原地等待。

③ 等待超出其忍耐极限时，会对其他人员施加推力。

④ 失去平衡时，人会被推倒，失去体力时，人将被践踏导致受伤而不能站起来。

因此，个体 Agent 的动作库定义为

person 动作库{apperceive，move，push，fall，stand，die}

感知环境（apperceive 动作）：在该动作里实现个体 Agent 对环境的感知及环境对个体 Agent 的影响。人员可以观察其周围人员，并感受周围人员施加的推力，受力效果为位置影响力和平衡影响力两部分，即一方面位置改变受到影响，另一方面平衡状态受到影响，可能导致倒地。

位置影响力导致人员在周围每一个人对他的推力作用下被迫沿所受力的方向进行位置上的移动，并遵守牛顿第二定律 $F=ma$，假定仿真中的每一步时间为 0.1s，得到个体 Agent 受力移动的平均速度为

$$V = F \times 0.1/m \tag{7-17}$$

与位置影响力相关的两个因素为施力者 Agent 的速度和施力者 Agent 理想行进情况下与受力者 Agent 的接近程度。人在挤压情况下，原先占据的面积会缩小，形成"重迭"。假设两个邻近 Agent 为 i、j，计算 i 受到 j 的位置影响力：

$$V = FS_jD_{ist} \tag{7-18}$$

式中，k 为可调系数；S 表示 j 的理想行进距离，即假设没有阻挡时按当前速度计算可以行进的距离；D_{ist} 表示 j 理想行进的情况下，两个 Agent 之间的"重迭"距离，反映了两个 Agent 之间的挤压程度。

$$D_{ist} = \left| \left[\left(x_i - x_j \right)^2 + \left(y_i - y_j \right)^2 \right]^{1/2} - size_i - size_j \right| \tag{7-19}$$

式中，(x_1,y_1)、(x_2,y_2) 为 j 理想行进情况下的起始和结束坐标，$size_i$ 和 $size_j$ 分别为 i 和 j 的半径尺寸。

平衡影响力导致人员为应对每一个人的推力需要付出相应的平衡力，当人付出的平衡力超出极限（即自身平衡能力）时，人就会摔倒。模型假设每个 Agent 受力时为保持平衡需要付出的平衡力为标量定值。

行进（move 动作）：该动作即代表人员疏散行为，是人为安全逃离而发起的主动动作。首先，个体 Agent 基于当前的位置，进行疏散的路径规划。然后，在没有其他 Agent 阻挡的情况下，人按计划前进，而如果被其他 Agent 阻挡，人可能绕行（如果代价不是很大的话），也可能原地等待。

施加推力（push 动作）：当被阻挡而决定原地等待时，如果等待时间超过其忍耐极限，个体 Agent 将向周围的其他 Agent 施加推力。该模型中，我们假设一方面对其他个体 Agent 造成位置上的移动，且影响很小，另一方面对其他个体 Agent 的平衡施加一定的影响，且我们将该影响力设定为标量。详细描述参见感知环境动作。

倒下（fall 动作）：当个体 Agent 受到推力过大而失去平衡时，处于倒地状态。

站立（stand 动作）：处于倒地状态的 Agent 恢复平衡力时，处于站立状态。

伤亡（die 动作）：实现个体 Agent 的自我消亡。

我们研究的个体躲避其他人员的能力很有限，当距离其他 Agent 很近时才能做出反应即只能感知附近有限范围内的其他 Agent。而且，模型中做了一个非常残酷的假设，当人倒下后受到的伤害超过极限时，人将无法站起来，而此时，别的人员将无视该人员的存在，会从其身上践踏过去。这在极度恐慌的情况下也是常见的。

7.3.5 路法规划算法

人员疏散过程，也就是选择路径向目标移动，并在遇到阻碍时选择策略的过程。为实现最

短路径算法，可以引入子目标。路径选择的一般依据是走出出口需要通过的路径最短。基于这样的假设，当人与出口之间是直接可达（在视野范围内，没有被障碍物阻挡，不包括人的阻挡），人沿直线向出口行动，当人与出口之间不直接可达时，人从子目标库中选择一个直接可达的最佳子目标（此时暂不考虑该子目标与出口之间是否直接可达），先向子目标移动，到达该子目标后，再继续向出口行动。当然，如果仍不直接可达，则再选择一个中间子目标，如此反复。我们因此假设在向直接可达的目标行动时，人走直线，而总的行动路线呈直线或折线形式。

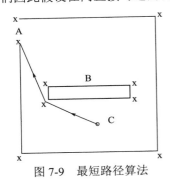

图7-9 最短路径算法

子目标的设定方法：由于建筑物边界及内部障碍物采用沿其轮廓的折线表示，在组成折线的每一段的两个端点附近处设立子目标。

图7-9中，A代表出口，B代表场馆内障碍物，C代表个人，用小圆圈表示。小x形状即为子目标。C的行进路径如图7-9中箭头标示的折线所示。

选择最佳子目标的步骤：搜索所有的子目标，选出视野范围内即直接可达的子目标，从中挑选人到子目标的距离与子目标到目的地的距离之和为最小。

7.4 SFPE 模式

Pathfinder 提供了在 SFPE 模式下计算运动的选项。该模式实现了《SFPE 消防工程手册》（SFPE 2016）和《SFPE 工程指南：火灾中的人类行为》（SFPE 2019）中提出的基于流的出口建模技术。手册中描述的 SFPE 计算是一个流动模型，其中定义了通过门和走廊的行走速度和流速。

在 Pathfinder 中，导航几何包含三种类型的组件：房间、门和楼梯。房间是人员可以行走的开放空间。门是连接房间和楼梯的流量限制器。楼梯可以被认为是专门的房间，其中楼梯的坡度限制了人员的速度。在 SFPE 指南中没有专门的走廊类型，而是将走廊设计成两端都有门的房间，其处理方式与房间相同，流量由门控制。

在 SFPE 模式下，多个人员可以占据导航面上的同一点。

7.4.1 SFPE 模式参数

在 SFPE 模式下，使用以下参数。

最大房间密度（$D_{max} > 0$，默认值=3.55 人/m^2）：该参数控制允许多少人员通过门和楼梯进入房间。Pathfinder 使用房间密度来确定移动速度和门的流速。当人员在门口排队时，他们将无法轮流离开队列，除非这样做可以使下一个房间的密度低于此值。

边界层（$BL \geqslant 0$）：此值控制模拟中每个门的有效宽度，包括与楼梯相关的门。门的有效宽度为 $W - 2BL$，其中 W 为门的实际宽度。门的有效宽度控制着人员通过门的速度。值得注意的是，在计算房间密度时也使用 7.4.2 小节中定义的相同的边界层。

7.4.2 速度

人员移动的速度（v）取决于几个因素，包括用户界面中指定的人员最大速度（v_{max}）、行走的地形类型、与地形相关的速度修正系数以及当前房间中的人员密度。

（1）基本速度 人员的基本速度（v_b）定义为密度、地形和基于 SFPE 基本图的速度分数曲线的函数。它不考虑地形速度修正系数。

$$v_{\mathrm{b}} = v_{\max} v_{\mathrm{f}}(D) v_{\mathrm{ft}} \qquad (7\text{-}20)$$

式中，$v_{\max}$ 为用户界面中以 speed 形式输入的人员最大速度；$v_{\mathrm{f}}(D)$ 是速度分数作为密度的函数。

$$v_{\mathrm{f}}(D) = \begin{cases} 1, D < 0.55 人/m^2 \\ \max\left[v_{\mathrm{fmin}} \ \dfrac{1}{0.85}(1 - 0.266D) \right], D \geqslant 0.55 人/m^2 \end{cases} \qquad (7\text{-}21)$$

式中，v_{fmin} 是用户界面中定义的最小速度分数（默认=0.15）；D 是当前房间中的人员密度；v_{ft} 是一个速度分数，取决于人员所穿越的地形类型。它被的定义为

$$v_{\mathrm{ft}} = \frac{k}{1.4} \qquad (7\text{-}22)$$

对于平坦的地形（房间）和坡道，k=1.4m/s。对于楼梯，k 取决于楼梯的阶梯坡度。SFPE 手册定义 k 仅适用于一组有限的已知阶梯斜率，如表 7-3 所示（1 英寸=2.54 厘米）。

表 7-3　SFPE 手册 k 值表

楼梯立面/英寸	楼梯踏面/英寸	k
7.5	10.0	1.00
7.0	11.0	1.08
6.5	12.0	1.16
6.5	13.0	1.23

Pathfinder 使用这些信息，通过构造分段线性函数，将台阶坡度映射到使用这些已知数据点的 k 值，从而确定任意楼梯的 k 值。

楼梯的台阶坡度定义为

$$坡度 = \frac{楼梯立面}{楼梯踏面} \qquad (7\text{-}23)$$

对于超过表中最大值的阶梯斜率，这些值将使用最小值 k。这确保了非常陡峭的楼梯不会导致人员变得过于缓慢。对于低于表中最小值的阶梯斜率，k 在阶梯斜率处采用线性插值（虽然不现实，但这将对应于平坦的楼梯）。这将生成一个 k 值函数，如图 7-10 所示。

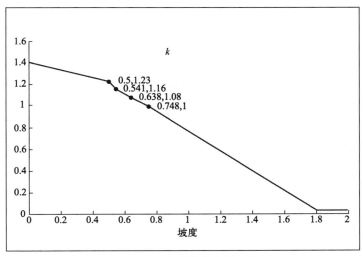

图 7-10　k 为阶梯斜率的函数

（2）密度　在 SFPE 模式下，整个房间的密度被认为是均匀的。计算方法如下：

$$D = \frac{n_{\text{pers}}}{A_{\text{room}} - A_{\text{blayer}}}$$
（7-24）

式中，n_{pers} 是房间内人数；A_{room} 是房间面积；A_{blayer} 为边界层面积，其计算方法是将房间内边界总长度，乘以 SFPE 模式下边界层的宽度。

（3）速度修正系数　疏散组件（如房间、楼梯和坡道）可以在用户界面中分配速度修正系数和速度常数，可用于模拟环境效果（如烟雾）和专门的导航几何（如自动扶梯和移动走道）。默认情况下，所有疏散组件的速度修正系数都为 1。

当人员进入带有速度修正系数的疏散组件时，人员在该组件上的速度计算如下：

$$v = k_v + v_b$$
（7-25）

式中，k_v 是该组件的速度修正系数；v_b 是乘员在部件上的基本速度。

如果组件具有速度常数而不是速度修正系数，则人员的速度取决于人员的轮廓参数、在自动扶梯上行走状态和速度常数值。

如果在自动扶梯上行走状态已经开启或速度常数为 0，则人员速度为

$$v = v_c + v_b$$
（7-26）

式中，v_c 是这个组件的速度常数。否则，占用者的速度为

$$v = v_c$$
（7-27）

7.4.3　通过门

在 SFPE 模式下使用 Pathfinder 时，通过门的人员流速由 SFPE 指南指定。这是通过延迟计时来实现的，它可以控制允许乘客通过门的速度。此计时器最初设置为零。当人员通过门时，模拟器根据门的特定流量计算出延迟时间。该延迟时间被添加到门上，并且必须在另一个人员被允许通过前经过。

每扇门可能有不同的特定流量，这取决于人员穿过门的方向和与门相连的地形类型。通过门的特定方向的特定流量为

$$F_s = (1 - 0.266D) kD$$
（7-28）

式中，疏散速度常数 k 取决于前一个房间的地形；D 是与门相连的房间内人员密度的最大值。由于流动方程是二次方程，D 的值被限定在 [1.9，3.0] 人/m² 范围内。该范围可确保低密度不会减慢流速，且高密度不会将流速降低到零。

在用户界面中，如果选择"高密度门流速，使用计算特定流量"，则密度计算方法如上所述。否则，将其设置为最大流量 1.88 人/m²，n 名人员通过有效宽度为 W_e 门所需时间为

$$T = \frac{n-1}{F_s}$$
（7-29）

其中 n 值减少 1，是因为第一个通过门的乘员不需要等待时间延迟。

在逆流情况下，来自 R_1 的人员可能正在排队等待进入 R_2，而来自 R_2 的人员可能正在等待进入 R_1。在这种情况下，队列匀速交换下一个人员，并且两个人员都可以通过门。放置在门队列上的延迟时间变成了每个人员通过的延迟时间的总和，从而保持模拟的正确流速。

7.4.4　碰撞处理/响应

在 SFPE 模式下，虽然人员不能与其他人员发生碰撞，但他们仍然可以与墙壁发生碰撞。

冲突处理分为两个步骤。第一步发生在尝试移动之前，第二步发生在移动过程中。对于移动前的步骤，可调整移动速度以迫使人员沿着附近的任意墙壁滑动。调整行进速度后，人员尝试使用这个新的速度移动。在移动阶段，仍然有可能与墙壁发生碰撞，因此人员只需在最早的碰撞时停下来。

7.5 Steering 模式

疏散软件 Pathfinder 的运算模式中使用 Steering 模型，在 Steerig 模式下，Pathfinder 使用转向机制和碰撞处理的组合来控制人员如何跟随他们的寻道曲线。这些机制允许人员偏离路径的同时仍然朝着正确的方向前进。这种模式试图尽可能地模仿人类的行为和运动。

7.5.1 速度

当人员沿着他们的路径移动时，他们计算修改后的最大速度 v'_{max}，取决于人员的当前地形、指定的最大速度 v_{max} 以及周围人员的间距。周围人员的间距用于估计人员密度 D。然后在方程中使用这些参数来计算 SFPE 模式下的 v，从而得到 v'_{max}。

在 Steering 模式下，用于计算 v'_{max} 的 $v_f(D)$ 和 v_{ft} 可以使用 SFPE 默认值，也可以在人员配置文件中作为分段线性函数自定义。$v_f(D)$ 是人员密度的函数，v_{ft} 是楼梯坡度或斜坡坡度的函数，这取决于地形类型。通过指定楼梯的立面和踏面，在用户界面中输入楼梯台阶坡度。

三角形的斜率计算如下：

$$slop = \frac{\sqrt{n_x^2 + n_y^2}}{n_z} \tag{7-30}$$

n_x、n_y 和 n_z 是三角形的法向量分量。此外，当人员上下楼梯或坡道时，可以定义不同的 $v_f(D)$ 和 v_{ft} 功能。这与 SFPE 计算相反，SFPE 计算对上下都使用相同的函数。

一旦计算出 v'_{max}，软件系统就会使用它来计算所需的速度矢量，如 7.5.4 小节所述。

7.5.2 加速度

根据软件系统计算出的所需速度矢量，人员的加速度被分成多个部分。

加速度的切向前分量计算为

$$a_{f\,max} = \frac{v_{max}}{t_{accel}} \tag{7-31}$$

式中，t_{accel} 为加速时间。

加速度的切向反向分量为

$$a_{b\,max} = 2a_{f\,max} \tag{7-32}$$

加速度的径向分量为

$$a_{r\,max} = 1.5a_{f\,max} \tag{7-33}$$

这些分量组合起来决定最终的加速度矢量。

7.5.3 人员密度估计

要计算一个人员的 v'_{max}，必须知道该人员所在位置的人员密度 D。

Pathfinder 通过使用附近人员的间距和平均纵向和横向间距密度关系来估计密度，如图 7-11 所示。

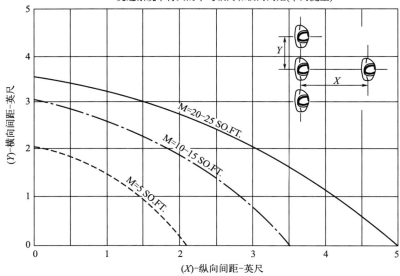

图 7-11　系统中行人的平均纵向和横向间距（1 英尺=3048 厘米）

在 Pathfinder 中，图中的密度线被视为轮廓线，每一条都被估计为一个椭圆。轮廓在 Y=0 处镜像。

为了计算人员的密度，图 7-11 中的 X 轴与人员的当前速度对齐，原点设置为人员的位置，形成局部坐标系。对于附近的人员，它们的位置被转换到这个局部坐标系中。如果其他占用者的局部坐标 X 值小于 0，则忽略该占用者。这可以防止人员的速度受到后面人员的影响。对于局部 $x \geqslant 0$ 的人员，人员密度由密度等高线内插或外推。这些密度的最大值被用作人员的密度。

7.5.4　Steering

Pathfinder 的 Steering 系统可以移动乘客，使他们大致遵循当前的寻找曲线，并能对不断变化的环境做出反应。在 Pathfinder 中使用的反向转向是评估人员的一组离散运动方向，并选择使成本函数最小化的方向的过程。请参见图 7-12 中的示例方向。成本函数是通过组合几种类型的转向行为来计算成本的。使用的转向行为类型由人员的当前状态决定，样本方向的数量由人员的状态和当前速度控制。有关状态的更多信息，请参见 7.5.6 小节。

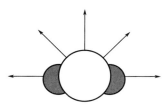

图 7-12　反向转向示例

Pathfinder 定义了几种转向行为：搜索、空闲分离、寻找分离、寻找隔离墙、躲避墙壁、躲避人员、通过、车道和转弯。大多数行为对每个样本方向的代价在 0 到 1 之间。一个方向的净成本是这些值的加权和。

（1）搜索　搜索行为引导人员沿着寻道曲线行进。给定采样方向 v，求曲线 sc 时，寻道行为的代价基于 v 与 sc 的切线之间夹角的大小。

成本计算如下：

$$C_{seek} = \frac{\theta_t}{2\pi} \qquad (7\text{-}34)$$

式中，θ_t 是 v 与 sc 的切向量之间的夹角。

（2）空闲分离　空闲分离行为引导人员与其他人员保持所需的距离，并在人员处于空闲状态时使用。这种行为在逆向转向系统之外也可以工作，因为在考虑样本方向之前，分离行为会计算所需的绝对运动矢量（方向和距离）。

该运动向量由人员分离向量的平均值计算，如下所示：

$$\bar{m} = \frac{1}{n_{\mathrm{occ}}} \sum_{i=1}^{n_{\mathrm{occ}}} \bar{m}_i \tag{7-35}$$

式中，n_{occ} 是人员想要分开的人员的数量。

如果 i^{th} 人员闲置，则 $\bar{m}_i$ 计算为

$$D_{\mathrm{gap}} = \left| \bar{p} - \bar{p}_i \right| - r - r_i \tag{7-36}$$

$$\bar{m}_i = \left(D_{\mathrm{gap}} - D_{\mathrm{sep}} \right) \frac{\bar{p} - \bar{p}_i}{\left| \bar{p} - \bar{p}_i \right|} \tag{7-37}$$

式中，$\bar{p}$ 为人员的位置；r 为人员的半径；D_{sep} 为人员期望的分离距离。

如果 i^{th} 人员正在寻找，则计算 $\bar{m}_i$，使其垂直于 i^{th} 人员的移动方向，其大小定义为

$$\left| \bar{m}_i \right| = r + r_i + D_{\mathrm{sep}} - D_{\mathrm{path}} \tag{7-38}$$

式中，D_{path} 是人员到 i^{th} 人员寻道曲线切线上最近点的距离。

一旦定义了运动向量，分离行为就像其他反向转向行为一样工作。

成本计算如下：

$$C_{\mathrm{isep}} = 1 - \bar{m}_i \bar{d}_s \tag{7-39}$$

式中，$\bar{d}_s$ 是样本方向。

（3）躲避墙壁　避墙行为检测墙壁并引导人员避免与墙壁碰撞。此行为将在投影点的方向上在人员前面投射一个移动的圆柱体。这种行为所报告的成本是基于人员在投影点方向上可以行进的距离。它还受到人员撞击墙壁的角度的影响。如果人员以与期望方向呈浅角度撞击壁面，则成本会降低。

$$D_{\mathrm{min}} = \frac{v'^2_{\mathrm{curr}}}{2a_{b\max}} \tag{7-40}$$

$$D_{\mathrm{max}} = D_{\mathrm{min}} + \max\left(\frac{v'^2_{\mathrm{curr}}}{2a_{b\max}}, v'_{\mathrm{curr}} t_{\mathrm{wcr}} \right) \tag{7-41}$$

$$C = 1 - \frac{D_{\mathrm{coll}} - D_{\mathrm{min}}}{D_{\mathrm{max}} - D_{\mathrm{min}}} \tag{7-42}$$

$$C_{\mathrm{aw}} = \begin{cases} 1, \bar{d}_{\mathrm{slide}} \bullet \bar{d}_{\mathrm{des}} \leqslant 0 \\ C \times \left(1 - \bar{d}_{\mathrm{slide}} \bar{d}_s \right), \bar{d}_{\mathrm{slide}} \bar{d}_{\mathrm{des}} > 0 \end{cases} \tag{7-43}$$

式中，t_{wcr} 是人员对墙壁碰撞做出反应的最大时间（固定为 2 秒），$a_{b\max}$ 是最大切向减速。D_{coll} 是碰撞距离，$\bar{d}_{\mathrm{slide}}$ 是当人员撞到墙上时滑动的方向，$\bar{d}_{\mathrm{des}}$ 为期望的行进方向，$\bar{d}_s$ 是样本方向。

由此产生的成本区间为 0 到 1。

（4）躲避人员　避开人员行为引导人员避免与其他人员发生碰撞。此行为首先在截锥内创建一个人员列表，其大小和形状由人员的速度控制。该行为在样本方向上投射出一个移动的圆柱体，这个圆柱体与另一个移动的圆柱体进行测试。如果移动的圆柱体没有发生碰撞，则成本为零，否则，成本取决于碰撞前人员所能行驶的距离。碰撞点越近，转向行为的代价越高。

该成本是根据样本方向上与其他人员最早发生碰撞的时间计算的，计算方法如下：

$$D_{\min} = D_{\text{sep}} + \frac{v_{\text{curr}}'^2}{2a_{\max}} \tag{7-44}$$

$$D_{\max} = D_{\min} + \max\left[\frac{v_{\text{curr}}'^2}{2a_{\max}}, v_{\text{curr}}' t_{\text{cr}}\right] \tag{7-45}$$

$$C_{\text{ao}} = 1 - \frac{D_{\text{coll}} - D_{\min}}{D_{\max} - D_{\min}} \tag{7-46}$$

式中，D_{sep} 是人员和碰撞人员之间的期望分离距离；t_{cr} 是人员对碰撞做出反应的最大时间；D_{coll} 是碰撞距离。

由此产生的成本区间为 0 到 1。

（5）单独搜索　根据人员的速度-密度曲线和 Fruin 的空间-密度关系，单独搜索行为将人员展开实现其行驶速度的最大化。

对于一个样本方向，人员在该方向上的未来位置是使用 $v_{\max}'$ 和转向更新间隔来预测的。此外，周围人员的位置预测使用他们的当前速度和转向更新间隔。这些位置预测密度 D 的估计如 7.5.3 小节所述。然后从密度和人员的速度-密度曲线预测该位置的速度，使用预测的速度来计算成本。

$$C_{\text{ssep}} = 1 - \left(\frac{v_{\text{pred}}}{v_{\max}}\right)^2 \tag{7-47}$$

式中，$v_{\max}$ 是人员的最大速度，忽略人员密度；v_{pred} 是预测的速度。

（6）搜寻隔离墙　搜寻隔离墙行为引导人员，使他们与边界层和墙壁保持一定的期望距离。与单独搜索行为类似，人员的位置通过 $v_{\max}'$ 和转向更新间隔沿样本方向预测。然后用离这个位置最近的墙来计算成本。

$$C_{\text{swsep}} = 1 - \frac{d_{\text{w}} - r - bl}{bl} \tag{7-48}$$

式中，d_{w} 为到最近壁面的距离（忽略与样本方向 90° 以上的壁面），r 是人员半径，bl 为人员剖面中设置的边界层。成本区间为 0 到 1.25。

（7）寻道　寻道行为引导人员进入道路，当人员发现他们在与其他人员逆流时。它的工作原理是将一个人员转向前面没有人员逆流的方向。如果其他人员的中心与人员的寻求曲线的切线在 60° 以内，则认为其他人员在前面。对于这些前排人员，其质心的矢量计算如下：

$$\overline{v}_{\text{cen}} = -\overline{p}_{\text{occ}} + \frac{1}{n_{\text{occ}}}\sum_{i=1}^{n_{\text{occ}}}\overline{p}_i \tag{7-49}$$

式中，$\overline{p}_{\text{occ}}$ 是人员的位置；n 是前面的人员人数；$\overline{p}_i$ 是前面 i^{th} 人员的位置。

车道行为的成本 C_{lanes} 按以下顺序确定：

如果占用者被认为是人群领导者，则成本为 0。如果前方没有正向行进的占有者，则占有者是车道领先者。

如果测试方向不产生逆流，则代价为 0。如果从占用者到逆流占用者的至少一个矢量与测试方向的夹角小于 36°，则测试方向为逆流方向。

成本按测试方向与 $\overline{v}_{\text{cen}}$ 的夹角计算。

（8）通行　通行行为引导乘客，使他们更喜欢走在快速移动的乘客后面。对于每个样本方向，计算与该方向其他人员的碰撞时将其他人员视为静止。如果检测到碰撞，则使用最近的碰撞计算代价，如下所示：

$$C_{\text{pass}} = 1 - \frac{v_{\text{o}}}{v_{\text{max}}} \tag{7-50}$$

式中，v_{o} 是另一个人员的速度；v_{max} 是人员的最大速度，忽略其他人员。

成本被限制在 0 到 1 的范围内。如果检测到逆流，则不使用通行行为。

（9）转弯　转弯行为试图引导人员，以便他们可以作为群体的一部分进行大转弯，而不会插队。这使他们能够更好地利用宽阔的走廊/坡道转弯。

转弯行为的工作原理类似于躲避人员，但在计算占用者路径之间的交叉点时，它对附近人员的大小和位置进行了不同的处理。附近人员的尺寸扩大了 50%，他们的位置沿着最近的转向方向移动了人员半径 150% 的距离。

此外，从个体前方附近的人员开始计算流动方向如下：

$$\overline{v}_{\text{flow}} = \sum_{i=1}^{n} \overline{d}_{\text{if}} \tag{7-51}$$

式中，n 是前面附近的人员人数；$\overline{d}_{\text{if}}$ 是 i^{th} 人员面对的方向。

成本 C_{cnr} 的计算方法如下：

如果发现任何交叉口，除了扩大人员半径和调整位置外，成本计算与躲避人员行为相同。

当测试方向与搜索曲线切线的夹角大于 60°，且测试方向与 $\overline{v}_{\text{flow}}$ 的夹角大于 90° 时，成本为 1，否则为 0。

（10）最终方向成本　样本方向的最终成本是个体行为成本的加权和：

$$\begin{aligned}
C_{\text{ds}} = 5C_{\text{seek}} + w_{\text{isep}}C_{\text{isep}} + w_{\text{ao}}C_{\text{ao}} + w_{\text{aw}}C_{\text{aw}} + w_{\text{ssep}}C_{\text{ssep}} \\
+ w_{\text{swsep}}C_{\text{swsep}} + w_{\text{lanes}}C_{\text{lanes}} + w_{\text{cnr}}C_{\text{cnr}} + w_{\text{pass}}C_{\text{pass}}S
\end{aligned} \tag{7-52}$$

权重取决于人员的当前状态，并在表 7-4 中定义。

表 7-4　各状态权重

权重	状态=空闲	状态=搜索
w_{ao}	1	1
w_{aw}	1	1
w_{isep}	1	0
w_{ssep}	0	2
w_{swsep}	0	1
w_{lanes}	0	1
w_{cnr}	2	2
w_{pass}	0	5

7.5.5　评估运动

一旦确定了最低成本的方向，就可以计算人员在转向方向上的转向速度和加速度。

除了成本，每个转向行为还计算沿样本方向应行进的最大距离。然后用这个最大距离来确定所需速度 $\bar{v}_{des}$ 的大小，如下所示：

$$D_{stop} = \frac{v_{curr}'^2}{2a_{max}} \qquad (7\text{-}53)$$

$$|\bar{v}_{des}| = \begin{cases} 0, D_{max} \leqslant D_{stop} \\ v_{max}, D_{max} > D_{stop} \end{cases} \qquad (7\text{-}54)$$

$$\bar{v}_{des} = |\bar{v}_{des}| \bar{d}_{des} \qquad (7\text{-}55)$$

式中，D_{max} 是最小成本样本方向的最大距离；$\bar{d}_{des}$ 为最小代价采样方向；$\bar{v}_{curr}$ 为人员当前速度。

加速度计算如下：

$$\bar{a} = \frac{\bar{v}_{des} - \bar{v}_{curr}}{|\bar{v}_{des} - \bar{v}_{curr}|} \qquad (7\text{-}56)$$

然后使用显式欧拉积分来计算每个人员在转向加速度的下一个时间步长的速度和位置。速度和位置的计算方法如下：

$$\bar{v}_{next} = \bar{v}_{curr} + \bar{a}\delta t \qquad (7\text{-}57)$$

$$\bar{p}_{next} = \bar{p}_{curr} + \bar{v}_{next}\delta t \qquad (7\text{-}58)$$

式中，δt 是时间步长；$\bar{p}_{curr}$ 是当前位置；$\bar{p}_{next}$ 为时间步长后的位置。

7.5.6　人员状态

根据人员当前的脚本行为，他们将处于以下两种状态之一：

① 搜索。人员试图沿着一条路径到达某个目的地。

② 空闲。人员正在等待指定的时间。

（1）对转向行为的影响　人员状态直接影响转向行为的组合，以确定最低成本的转向方向。

空闲时，人员结合分离，躲避成员，躲避墙壁。这允许人员与其他人员保持分离，远离可能试图在他们附近寻找的其他人，同时避开其他人员和墙壁。

在搜索时，人员结合了搜索、躲避人员、躲避墙壁、单独搜索、搜寻隔离墙、寻道、转向。这允许人员避免与其他人员和墙壁碰撞，并遵循他们的寻道曲线。在搜寻过程中，如果人员感觉到另一个优先级更高的人员，或者他们移动的方式正在接触另一个人员，他们可能会暂时切换到空闲状态。通过暂时切换到空闲状态，它们能够远离其他占用者，以保持所需的距离。

（2）对样本方向的影响　人员状态也影响反向转向的样本方向数量。

在空闲状态下，测试 8 个相距 45° 的样本方向，以及一个静止不动的"零"方向。这使得人员可以 360° 移动，因此他们可以很容易地与其他人分开。

在搜寻时，人员会根据自己的速度测试一组不同的方向。与人员寻道曲线相切的方向被用作起始方向。如果人员的速度相对较慢，他们会考虑 7 个以上的采样方向，与空闲时相距 45°。如果它们的速度更快，则采样方向相距 15°，最多可达两侧 75°，创建 9 个采样方向。如果符合以下条件，则占用者的速度被认为是"缓慢"的：

$$v_{curr} \leqslant f_{slow} v'_{max} \tag{7-59}$$

式中，f_{slow} 是通过输入参数 slow Factor 设置的；v'_{max} 是人员修改后的最大速度。除了样本方向外，还考虑向零方向进行搜索。

7.5.7 优先级

Pathfinder 提供了一个优先级系统，该系统在分配给每个人员的离散优先级级别上运行。当人员遇到与自己具有相同优先级的其他人员时，它们的行为将与常见情况无差异。然而，如果它们在附近和前面发现另一个具有不同优先级的人员，它们会稍微改变上述行为。

如果其他人员的优先级较低，人员将不会分开，并且使用零的安全距离，从而有效地允许他们在必要时推动另一个人员。然而因为没有人员相互施加力的概念，所以其他人员必须做出相应的反应。

因此，在相反的情况下，一个人员在安全距离内检测到另一个优先级更高的人员，他们会忽略搜寻行为，而是使用分离行为，即使他们的目标使他们处于搜寻状态。这使得他们可以远离优先级更高的人员。

优先级完全是相对的。例如，如果三个人员相遇，他们的优先级分别为 5、7 和 12，那么他们彼此之间的行为将完全相同，就像他们的优先级分别为 0、1 和 2 一样。

7.5.8 解决运动冲突

在某些情况下，由于几何形状的限制，一个人员的运动与另一个人员的运动发生冲突。在这种情况下，人员必须协商如何解决这些冲突，以便他们能够继续前进。下面的例子说明了这些情况是如何出现的。

图 7-13 表示多个人员同时朝着一个共同的方向前进，并且正在接近一个物理上不允许所有人同时通过的狭窄区域（例如狭窄的门或狭窄的走廊）。图 7-14 表示拥挤的大厅里，人员向相反的方向前进（逆流）。图 7-15 表示由于一堵墙或单向门，人员挤在一个狭小的区域，无法后退。图 7-16 表示走廊里，人员朝着相反的方向前进，实际上不允许他们通过。

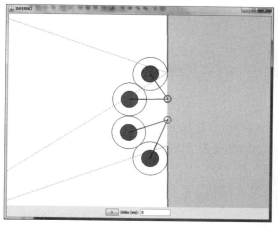

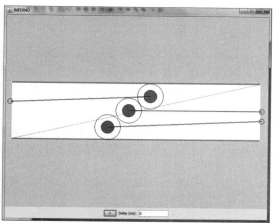

图 7-13　人员正同时向一个共同的、冲突的方向前进　　图 7-14　拥挤大厅内人员正向相反方向前进

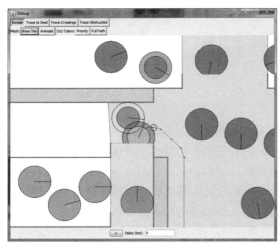
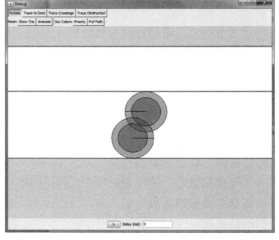

图 7-15　大量人员拥挤在一起　　　　　　图 7-16　走廊里逆流的人员拥挤在一起

Pathfinder 采用特殊的处理方法来解决这些运动冲突，防止人员被卡住。这是作为每个人员转向行为的一部分处理的。

人员执行前面所述的转向行为，并确定成本最低的方向是要么原地不动，要么因为另一个人员而向其期望的转向方向反向移动。

人员执行如下所述的"自由通行"测试。如果人员获得免费通行证，他们将继续下一步，否则将返回无进展的转向方向。

人员重新计算转向与局部提高优先级。局部提升优先级是指人员对于同一优先级级别内的其他人员具有更高的优先级，但对于具有更高优先级级别的其他人员，其仍然具有较低的优先级。

如果人员在新计算的转向方向上取得进展，则人员将其优先级提高到新的局部优先级（如果尚未提高），并返回新的转向计算。但是，如果人员没有取得进展，则会跳到下一步。值得注意的是，当人员提高其优先级时，软件会开始进行一个倒计时，或若优先级已经提高，则扩展先前的计时器。此外，人员的半径通过减小因子减小，允许人员挤过其他人员。如果其他人员检测到这个人员，他们也会通过设置的减少因子来减少自己的半径。

如果人员还没有设置计时器，他们将返回没有进展的结果。如果他们设置了计时器，他们就会跳到下一步。

如果人员的计时器还没有从之前的转向计算中结束，人员将保持静止，并在局部提高优先级，希望其他人员因此而分开。但是，如果计时已经结束，将跳转到下一步。

人员保持较高的优先级，并进入一种状态，在这种状态下，人员可以立即通过阻碍他们的其他人员。

在 Steering 模式下，如果附近所有人员至少满足以下条件之一，则人员获得免费通行证：①另一个人员的优先级较低。②另一个人员具有相同的优先级，并且在被考虑的人员之前到达路径交叉点的机会较低。

7.5.9　避免碰撞/响应

虽然躲避墙壁和躲避人员的回避行为会试图绕过障碍物，但它们并不总是成功。这通常发生在拥挤的环境中，当人员无法避免被紧紧地压在墙上或其他人员身上时，就需要进行额外的碰撞处理以防止模拟进入无效状态。有两种碰撞处理场景：一种是两个或多个人员碰撞；另一种是一个人员与导航网格的边界（即墙壁）碰撞。

如果打开了碰撞处理，在给定的时间步骤中，人员将在与墙壁或其他人员的最早碰撞时停止。如果碰撞处理关闭，人员只会在最早与墙壁碰撞时停止。

7.5.10 穿过门

默认情况下，Steering 模式在模拟人员穿过门时不会提供额外的约束，但可以通过模拟参数、限制门流量或单个门上的流量参数打开限流。

在 Steering 模式下，限流工作原理与 SFPE 模式相似。详情请参见 7.4.3 小节。两种模式下流量限制的主要区别如下所述。

在 Steering 模式下，流量限制只能指定为一个固定值。它不能像 SFPE 模式那样基于房间密度。

在 Steering 模式下实际实现的流量通常会小于指定的限制。这是由于加速模型和人员避免使用转向模式。当人员停在门口时，他们必须再次加速离开门口，让另一个人员进入。

在 Steering 模式下通过流量限制门的人员可能会在门的门槛处遇到轻微的减速，即使他们不需要保持在门口以达到流量限制。这是因为每个人员越过阈值时总是需要在门口排队，以便限制逻辑正常进行，这个排队步骤可以使人员完全停止。在这样的情况下，门会立即释放人员，但人员的一些动量会丢失。这种减速的效果好坏取决于模拟的时间步长的大小。

7.6 人员疏散模拟软件简介

7.6.1 Pathfinder

（1）Pathfinder 软件简介　Pathfinder 疏散仿真软件是由美国 Thunderhead Engineering 公司开发的一个基于人员运动的仿真系统，该系统的运动环境是一个完整的三维三角网格设计环境，可以配合建筑物实际设计进行建模，给每个人员设定一套独特的参数（走行速度、肩宽、出口选择等），并分别仿真出每个人员的独立运动模式，它还提供了图形用户界面的模拟设计和执行，以及三维可视化工具的分析结果。通过 Pathfinder 软件对场景进行疏散模拟时，根据方案的设计成果图，将设计平面图导入 Pathfinder 中构建建筑的疏散模型，从 2D 层面按照设计成果设定各层层高，按照功能平面绘制各层的疏散平面，从 3D 层面构建疏散楼梯及各层疏散出入口。其中，2D 界面可预览三种不同角度进行操作。主界面左侧为各种编辑功能，并可以通过左侧处的边栏进行控制。构建完疏散模型后添加疏散人员的各项疏散指标，包括按照疏散人群计算原则计算的各层房间内疏散人数、疏散行走速度、疏散人员身体特征以及疏散行为特征等。最后，通过操作主界面上侧的功能区开始进行疏散模拟，运算得到疏散结果，软件对于疏散结果处理包括数据可视化、2D 流线图、3D 疏散过程视频。

Pathfinder 为三维网格模型，是一种基于人员的疏散和移动模拟仿真器，可模拟正常与紧急状况下人员疏散情况。Pathfinder 软件通过对行人各项参数定义，行人行为根据疏散环境变化做出响应，以选择最优疏散路径。Pathfinder-2015 增加了更丰富的分析功能，运用色彩变化描述疏散过程中各个房间内的人群密度、疏散速度等指标，可视化能力更强。Pathfinder 软件模拟疏散过程中，每个行人都有一个最大速度 v_{max}，如果行人是在一个密度小于 0.55 人/m² 的房间，则速度的计算公式如下：

$$v(D) = v_{max} \tag{7-60}$$

式中，D 为人群密度；v_{max} 为最大步行速度。如果 D 为 0.55 人/m² 或更高，则行人的速度由下面的公式确定：

$$v(D) = v_{max} \times \frac{k - 0.266kd}{1.19} \qquad (7\text{-}61)$$

式中，k 为疏散速度常数；v_{max} 为最大步行速度；D 为人群密度。

在这两个方程中，房间和坡道的疏散速度常数 k 值为 1.40m/s，这些速度方程均基于 1.19m/s 最大速度和人最大速度等因素计算得出。

（2）Pathfinder 使用流程　在使用 Pathfinder 时，应该确定使用对象的建筑面积、建筑楼层、每一楼层的房间数量、建筑高度，可容纳人的总数量等。首先，将 Revit 软件中的建筑三维立体图以 dwg 格式保存，形成 CAD 可以读取建筑的三维立体图，即导出的 dwg 格式模型。然后将 dwg 的建筑三维立体图通过 Pathfinder 软件的导入指令直接导入至 Pathfinder 软件中，形成格式为 pth 的该建筑的三维立体图。

流程如下：首先，简化安全信息模型并导入 Pathfinder 疏散软件；其次，设置疏散模拟参数（疏散区域和路径），对现场施工人员进行定义（人员体征、比例、速度和分布等），选择人员行为为模式（SFPE 和 Steering 模式），设置完成后进行安全应急疏散模拟。Pathfinder 可提供实时输出的可视化程序，3D 动画可调整模型角度观察不同疏散时刻不同区域人员密度情况、各疏散楼梯使用频率情况以及对外出入口流率与流量变化情况。通过模拟结果分析施工人员疏散时间是否满足建筑设计防火疏散规范要求，若不满足要求，需优化调整建筑内部障碍物品堆放位置、数量、每层人员数量、对外出入口位置以及数量和宽度等，直至达到防火疏散设计要求。基于 Pathfinder 的人员安全应急疏散优化流程如图 7-17 所示。

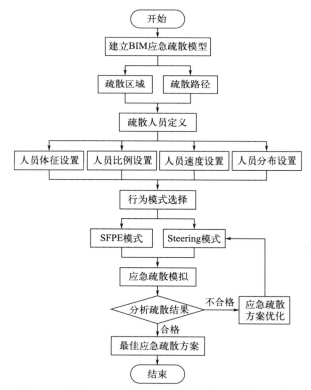

图 7-17　基于 Pathfinder 的人员安全应急疏散优化流程

7.6.2　STEPS

　　STEPS（simulation of transient evacuation and pedestrian movements，瞬态疏散和行人运动模拟）是一个三维疏散软件，由 Mott MacDonald 设计。STEPS 是基于典型的微观仿真模型（元胞自动机模型）编辑而成的具有强大功能的开放性可视三维软件。相比于以往的软件它更加形象，模拟更加真实。STEPS 中可以定义环境中人员的多种属性，包括行进速度、耐心程度等。STEPS 中还有两种不同的疏散模式，一种是正常模式，另外一种是紧急模式，在正常模式下人会有序地选择最近的门到户外，紧急模式下人员会慌乱地选择任意可以逃生的出口。

　　STEPS 软件可以模拟办公区、体育场馆、购物中心和地铁车站等人员密集区域在紧急情况下疏散问题。对环境的描述是 STEPS 的一个关键特性，它有很强的灵活性来模拟各种建筑类型。在这些建筑物之内，自然瓶颈和限制（例如走廊、座位、零售店、电话亭、分割墙、文件柜和桌子）可以与滚梯和直梯一起被模拟。还可以按照希望改变滚梯和直梯的速度、方向和运输能力。

　　STEPS 具有很强的灵活性，因为它可以分配具有不同属性的人员，给予他们各自的耐心等级和适应性，也可以指定年龄、尺寸和性别。通过与基于建筑法规标准的设计作比较，STEPS 的有效性已经得到验证。因此，它能够按照推荐的方法，例如 NFPA 等法规，计算疏散和行走时间。

　　STEPS 模拟人员疏散时，人员在每一个时间步从所在元胞移动至目标元胞，且遵循最短路径原则。STEPS 可以设置人的年龄、耐心等级、人对建筑的熟悉程度等，也可以在疏散时随时改变环境条件，如突发性灾难可能会使特定出口失效，不同区域人员对灾难响应时间不同可能会使人员在不同时间、不同地点开始疏散等。

　　STEPS 提供了丰富的建模工具，如 Shapes、Planes、Exits、Stairs、Lifts、Blockage、Location等。由于 STEPS 可以模拟地铁人员疏散，因此还提供了 Vehicles 工具。软件中对人员几何特征的描述有身高、肩宽和胸厚。软件提供了 8 种不同特征的人员类型，如乘坐轮椅、携带手提包、携带拉杆箱等。软件提供了两种定义人员步行速度的方法，一是由用户设定，二是随机正态分布。STEPS 中给出了一套复杂的行人路径决策过程，包括以下步骤。

　　① 计算直接到达出口的时间 T_{walk} 和在出口处的排队时间 T_{queue}：

$$T_{walk} = \frac{D}{v} \tag{7-62}$$

$$T_{queue} = \frac{N}{F} \tag{7-63}$$

　　式中，D 为人员到达出口的最短路径的距离；v 为人员行走速度，由用户设定；N 为在当前用户之前到达出口的人数；F 为出口人流量，由用户设定。

　　② 计算步行调整时间 $T_{ad-walk}$ 和排队调整时间 $T_{ad-queue}$：

$$T_{ad\text{-}walk} = \frac{D_2}{V} \tag{7-64}$$

$$T_{ad\text{-}queue} = \frac{N_2}{F} \tag{7-65}$$

　　式中，D_2 为队尾距出口的距离，由紧挨着当前用户前面一个人员的距出口的距离得到；v 为人员行走速度，由用户设定；N_2 为当前用户到达队尾时已经离开出口的人数；F 为出口人流量，由用户设定。

③ 计算实际步行时间 $T_{re-walk}$ 和实际排队时间 $T_{re-queue}$：

$$T_{re\text{-}walk} = T_{walk} - T_{ad\text{-}walk} \tag{7-66}$$

$$T_{re\text{-}queue} = T_{queue} - T_{ad\text{-}queue} \tag{7-67}$$

④ 计算结合耐心指数后的预计排队时间 $T_{re-queue}$：

$$C_{queue} = 1 + \frac{0.5 - Patience}{0.5} \tag{7-68}$$

$$T_{est\text{-}queue} = T_{re\text{-}queue} C_{queue} \tag{7-69}$$

式中，*Patience* 为耐心指数，由用户设定，取值范围[0，1]。

⑤ 计算到达出口的最终能用时 T_{total}：

$$T_{total} = T_{re\text{-}walk} + T_{est\text{-}queue} \tag{7-70}$$

7.6.3 Building EXODUS

（1）Building EXODUS 模型简介　Building EXODUS 是一种细网格的过程模拟软件，由英国格林威治大学火灾安全工学研究组开发而成。Building EXODUS 可用于模拟复杂环境里大量人员的应急疏散行径。能够模拟建筑物的疏散能力和疏散人员的疏散效率。Building EXODUS 最大的特点在于它考虑了疏散人员之间、人与火灾之间以及人与建筑物之间的相互作用关系。因此，该软件能够比较真实地追踪疏散过程的诸多细节，适用于超市、医院、剧院、火车站、机场、高层建筑、学校等诸多场所。

Building EXODUS 软件综合考虑了人与人之间、人与火之间以及人与结构之间的交互作用。模型跟踪每一个人在建筑物中的移动轨迹，他们或者走出建筑物，或者被火灾（例如热、烟和有毒气体）所伤害。Building EXODUS 由 5 个互相交互的子模块组成，它们是人员、移动、行为、毒性和危险子模块。在 Building EXODUS 中，空间和时间用二维空间网格和仿真时钟（SC）表示。空间网格反映了建筑物的几何形状、出口位置、内部分区、障碍物等。多层几何形状可以用由楼梯连接的多个网格组成，每一层放在独立的窗口中。建筑物平面图可以用 AutoCAD 产生的 DXF 文件，建筑物三维实体建模可以使用 Revit Architecture 来完成，然后存储在图形库中以备用。在 Building EXODUS 中，网格由节点和弧线组成，每一个节点代表一个小的空间，每一段弧线代表节点之间的距离。人员沿着弧线从一个节点到另外一个节点。在 Building EXODUS 和 CFAST 之间已经建立了一个软件连接。允许 CFAST（4.0 版）的历史数据自动传送到 Building EXODUS 中。因此，允许 Building EXODUS 和 CFAST 以一种直接的方式交互。为了协助解释 Building EXODUS 产生的结果，可以使用它们来搜索巨大的数据输出文件并且有选择性地、高效地提取特定的数据，建立一个虚拟现实的图形环境，提供疏散的三维动画演示。

Building EXODUS 是一种细网格的过程模拟软件，它与其他疏散模拟软件最大不同之处在于它考虑了疏散人员之间、疏散人员与火灾之间以及疏散人员与建筑结构之间的相互作用。Building EXODUS 能比较真实地模拟疏散人员和场景的若干属性和行为，追踪疏散过程的诸多细节，在此基础上给出比较全面翔实的预测结果。因此，Building EXODUS 设定的疏散场景是最现实的。所有这些特点使 EXODUS 成为目前使用较多的疏散模型。

（2）Building EXODUS 模拟软件的结构及特点　Building EXODUS 综合考虑了人与人、人与火及人与结构间的关系。因此，每个人的行为和运动都由一套启发式的论据或规则来确定。为方便使用，这些规则被分为5种相互作用的子模型，即人员、运动、行为、毒性及危险子模型。这些模型在一定空间内随几何环境的变化而变化。Building EXODUS 是当前应用较广泛的人员疏散计算机模拟软件之一。Building EXODUS 是专门对诸如超市、医院、车站、学校、机场等建筑人员疏散过程进行模拟分析的软件，同时还可以用于评价建筑设计是否合乎规范要求，分析各种建筑结构的人员疏散性能以及各种建筑结构中的人群移动效率。而且，通过研究疏散动力学的性质可以模拟确定存在缺陷的区域、对改进建筑设计和疏散程序提出建议。Building EXODUS 可以得出各种各样的结果，而不仅仅是疏散总时间。如 Building EXODUS 能解释模拟结果，确定瓶颈位置、疏散速度、疏散起始时间和终止时间、疏散过程等。

与其他模型相比，EXODUS 结合了社会因素的观点，包括每个人员的特性及社会学的特点，共22项，如年龄、姓名、性别、步行速度等。EXODUS 模型中的人员特征包括对建筑物的熟悉程度、自身的活力以及忍耐力等。该模型可以模拟大量人员在建筑物内的疏散，且考虑了因毒气或高温而使人产生的停留或延迟。另外，EXODUS 还注意到了疏散过程中人与人间冲突的问题。因为人与人间的冲突是随机的，即可能发生也可能不发生，因此，不能把这个问题简化为人与人间小规模的相互作用。必须根据人员特性来确定最终的情况。因此，Building EXODUS 设定的疏散场景是最现实的。

（3）EXODUS 的优点

① EXODUS 在建筑中的应用。可对建筑设计的标准符合性、各种结构下人员逃生以及人员在结构内的移动效率等进行相关模拟。

② EXODUS 结合了社会的观点，它包括每个人员的特性及社会学的特点，含有人员对建筑物的熟悉程度、活力以及忍耐力。并且考虑了由于毒气或高温的作用使人产生的停留或延迟。

③ 在 EXODUS 中，每个人在疏散出去之前，按照预定的路线完成一系列任务。

④ EXODUS 考虑了人与人间冲突的问题，这个行为规则是随机确定的，根据人员特性来确定最终的情况。

⑤ 人们可用 EXODUS 评价一座建筑的疏散方法，揭露建筑和疏散过程中的缺陷，也可以对建筑提出改进建议，建筑物改进之后重新模拟可以得到改进的效果。

⑥ 手势的作用。手势使疏散者在寻找路线的时候可以互相联系。EXODUS 还有一些独特之处，如考虑火灾产物的作用以及出口处可能发生的堵塞。

7.6.4 SIMULEX

（1）SIMULEX 软件介绍　SIMULEX 软件是最先由英国爱丁堡大学设计，后来由苏格兰集成环境解决有限公司的 Peter Thompson 博士继续发展的一款人员疏散仿真模拟软件。该软件可以模拟大型、复杂形状、带有多个楼梯的建筑物，通过 CAD 软件所产生的 DXF 文件定义单个楼层，并通过"LINK"作为楼梯来连接各个楼层。在模拟过程中，用户可以看到人员运动的全过程，可以看到任意位置、任意时刻的疏散情况。模拟结束后，软件会生成疏散过程的数据。SIMULEX 软件用三个圆代表每一个人的平面形状，精确模拟了实际的人员，对正常不受阻碍的行走、与他人接近而形成的避让、旋转、超越等移动类型均能很好地模拟。SIMULEX 还模拟了一部分心理方面的内容，例如对出口的选择。这些心理因素的进一步改进成为模型发展的方向。

SIMULEX 软件能够模拟大量人员在多层建筑物中的疏散，可以容纳上千人的模拟，对人员利用三个圆来进行表示，具有较高的模拟精度。用户能够观察和回放疏散全过程。

SIMULEX 软件非常适合进行商业综合体室内步行街的研究。由于其仿真人员利用三个圆表示，比其他软件保留了更多的真实信息，具有较高精度，能够比较准确地反映室内步行街的疏散规律。SIMULEX 软件不仅可以精确计算疏散时间，还可以对仿真实验过程全程录像与回放观察，能够完整反映室内步行街疏散过程中每时每刻人员分布情况，有利于对疏散瓶颈、人员拥堵等现象展开深入分析，进而提出更加有效的优化策略。

SIMULEX 属于精细网格模型，利用 CAD 生成的 DXF 文件对多层建筑物的分层建筑平面初始化，可根据设计需要模拟建筑物里面的人员疏散，并且模拟人员在紧急状态下如何疏散。SIMULEX 在关于人员疏散或者灾害安全设计方面，输出界面形象直观，操作方便，能较好地模拟建筑物疏散的真实情况，发现潜在的危险隐患并且找到解决方案。

SIMULEX 的原理就是把一栋建筑定义为每个楼层的二维平面图的集合，这些平面楼层通过楼梯相连接，每一个楼层中的人进入楼梯的出入口都可以指定。SIMULEX 中的楼梯和楼层通过"LINK"指令相连接，并设置最终的安全出口，模型中的人员可以通过一个个"LINK"进入楼梯最终到达设定的出口以进行疏散。模拟结束后，会自动生成一个含有详细疏散时间信息数据的文本文件。

（2）SIMULEX 软件参数设定与元素　在 SIMULEX 软件中，每个人被设定为用三个圆形来表示，如图 7-18 所示，人的躯干可以用半径为 R（t）的大圆表示，人的双肩则用半径为 R(s) 的两个略小的圆形表示，整个人的范围则表示为以躯干中心覆盖双肩的半径为 R(b) 的圆。软件中疏散人员的体型和类型如表 7-5 和表 7-6 所示。

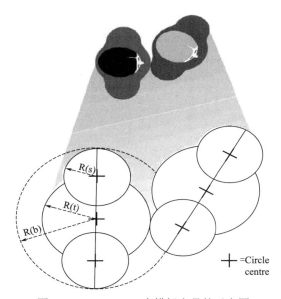

图 7-18　SIMULEX 中模拟人员的示意图

表 7-5　SIMULEX 中模拟人员的体型尺寸数据

群体类型	R(b)/m	R(t)/m	R(s)/m
平均体型	0.25	0.15	0.10
成年男性	0.27	0.16	0.10
成年女性	0.24	0.14	0.09

群体类型	R(b)/m	R(t)/m	R(s)/m
儿童	0.21	0.12	0.07
老年人	0.25	0.15	0.09
NFPA-1m/s	0.25	0.15	0.10
SFPE-1.4m/s	0.25	0.15	0.10
SFV-1.2m/s	0.25	0.16	0.10

表7-6 疏散人员类型表

人员类型	平均值比例/%	男性比例/%	女性比例/%	儿童比例/%
办公室员工	30	40	30	0
工作通勤者	40	30	30	0
购物者	30	20	30	20
在校学生	10	10	10	70
老年人	50	20	30	0
全部男性	0	100	0	0
全部女性	0	0	100	0
全部儿童	0	0	0	100

SIMULEX 软件中建模主要包括如下元素。

楼层平面图：需要模拟的建筑的每一层楼层平面图数据都要导入 SIMULEX 中，楼层的平面图必须来自 CAD 软件包，比如 CADD、Auto CAD 或者 Quick CAD。SIMULEX 只支持 DXF 格式的文件，所以在导入前需要将平面图在 CAD 软件中修改并编辑为标准的 DXF 文件并存储。

楼梯模型：在 SIMULEX 软件中，每个楼梯都被定义为二维线性走廊，如果是三维螺旋楼梯也将被简化的二维矩形图形代替。

LINK：SIMULE 中的各个楼层和楼梯需要通过"LINK"指令相连接才能构造一个完整的整体建筑模型，只要楼层平面和楼梯之间有开口就需要"LINK"，需要注意的是，每个"LINK"和"LINK"之间的宽度必须一样才能成功连接，否则软件会报错。

最终疏散出口：在最终疏散层处添加一个"EXIT"，代表这是一个最终外部出口，即整个建筑模型疏散的最终目标。SIMULEX 会自动计算模型中人的疏散路线并最终到达这个出口，当所有模型楼层中的疏散人员都经过这个出口逃生后，定义为模拟结束，逃生成功。SIMULEX 中可以设置若干个最终出口，人员可以根据设定的路线选择出口进行逃生。

以上条件参数设定好后，就可以进行下一步，安置疏散人员。在添加人员之前可以按性别、年龄、职业等条件设定需要模拟的人员的初始状态参数，并调整响应时间和步速等各个条件。SIMULEX 中可以选择单次逐个添加人员，即通过鼠标一个接一个地点击指定位置来添加，也可以通过批量设定，在选定的区域内按自定义的人数或者密度来添加大批量人员。

等距图：以上设置完成后，可以在 SIMULEX 中计算和绘制等距图。等距图代表了很多

0.2m×0.2m 的正方形网格，分布在整个建筑空间中。每个正方形中心到出口的距离值由SIMULEX 计算得出，距离值以 1m 为单位进行图像颜色变换处理，使得整个建筑呈现出"距离等值线"。当一个人试图找到一条走出建筑物的路径时，这个人就会朝着这些等值线的最优路径走，即通过计算过的最短距离走到出口。软件中建模完成后即可生成并查看相应的等距图。

SIMULEX 用三个圆来表示一个人以进行模拟，精确度高于 0.0001m，能够高精度地模拟人群疏散时的流向交汇和穿过建筑物时的移动。SIMULEX 能够模拟的移动类型包括不受阻碍的正常行走，由于人员聚集与其他人接近时造成的步速变低、相互超越、身体的旋转和避让等移动形式。还有一些心理方面的模拟，比如疏散人员对熟悉出口的选择以及对发生紧急情况后到疏散前的响应时间都可以自由设置。

要注意的是，楼梯和楼层的连接周围必须有足够的空间供人们在连接前后移动。"LINK"后最少应有 0.5m 的空间。另外，LINK 的边缘用于定义进入楼梯的门口的边缘。平面图上相应的 LINK 图标也必须和实体墙线紧密相连，这些实体墙线向上延伸至 LINK 图标的边缘并在那里停止。待疏散人员的位置是通过 LINK 来移动，所以围绕着开口的不同的几何形状会造成故障终止模拟。

SIMULEX 软件也存在一些不足之处，如果事先绘制好的 DXF 图纸中有超过 50 个安全出口，导入 SIMULEX 后建模时会弹窗提示无法继续设置，因此 SIMULEX 只能对少于 50 个安全出口的场景进行模拟。不过这种几十个出口的情况比较不常见，可以考虑用别的疏散软件进行。导入 SIMULEX 的 DXF 源文件需要先把所有无关的线条删掉或者简化，删除任何影响疏散的线条，比如原来楼层平面 CAD 图中表示门的线条都需要删除，只留一个开口图形才能设置成出口进行模拟。另外，SIMULEX 只能进行单纯的人员楼梯疏散模拟，无法模拟出火灾和烟气条件下对人员疏散的影响，无法模拟有消防电梯情况下的楼梯和电梯混合疏散，所以当需要模拟火灾中的人员楼梯疏散时，需要和其他模拟火灾烟气的软件相结合进行比对得出结论。

第8章
Pathfinder 模拟软件

8.1 软件界面

8.1.1 图形用户界面

    Pathfinder 的图形用户界面主要用于创建和运行仿真模型。图形用户界面的屏幕截图如图 8-1 所示。图 8-1 是由 Van Hooft Adviesburo 创建的荷兰一家剧院的仿真模型，该模型包含 2177 人，简洁起见只对该模型的一部分进行展示。

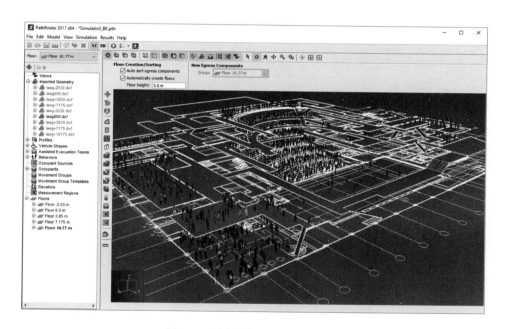

图 8-1　图形用户界面的屏幕截图

    Pathfinder 还专门提供了高性能可视化的 3D 时间历程模拟，利用透明化功能更好地显示密集人群在楼层中的疏散情况。3D 时间历程模拟结果如图 8-2 所示，在这幅图中，可清晰展示人员在进行疏散前，聚集在避难区的情景。

    除了 3D 模拟视图，Pathfinder 还提供了 2D 时间关系曲线图的 CSV 文件和记录楼层疏散时间和出入口流通率的文本文件。时间关系曲线如图 8-3 所示。该图显示了避难区和建筑物内的人员数量随时间的变化。

图 8-2　3D 时间历程模拟结果

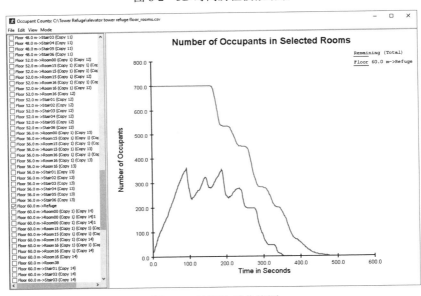

图 8-3　时间关系曲线图

8.1.2　视图

Pathfinder 为疏散模型提供了三个主要视图：2D 视图、3D 视图和导航视图。 这些视图表示用户当前的模型。如果在一个视图中添加、移动或删除一个物体，其他视图将同时反映出这一变化。

① Navigation View：导航视图，该视图用层次格式列出了模型中的所有对象。可以通过物体名称快速定位和修改物体。

② 3D View：3D 视图，该视图显示了当前模型的 3D 视图。可以使用各种工具对该模型进行修改。

③ 2D View：2D 视图，该视图非常类似于 3D 视图，但它另外提供了一个捕捉网格和一个

当前模型的正视图。

（1）导航视图　导航视图可以帮助用户快速找到在 2D 和 3D 视图上不是很方便观察到的对象和数据。

导航视图分为如下所述的 13 个组。

➤ 视图（View）

该组包含用户定义的相机位置。

➤ 导入几何图形（Imported Geometry）

导入几何组储存了导入的图像、IFC、FDS、PyroSim 或其他 CAD 模型。这些对象不会影响模拟，但会贯穿始终以帮助进行结果分析，它们还可用于生成模型元素。

➤ 属性（Profiles）

属性组包含了通过使用编辑属性（Edit Profiles）对话框创建人员的属性。

➤ 运送工具形状（Vehicle Shapes）

该组包含定义为多边形的运送工具图形。

➤ 协助疏散小组（Assisted Evacuation Teams）

该组包含辅助疏散方案中的用户定义的救援和被救援团队。

➤ 行为（Behaviors）

该组包含用户定义的脚本，用来指导疏散模拟中的人员应如何行动。

➤ 人员释放源（Occupant Sources）

该组存储由区域、房间或门定义的人员释放源，并且可以在模拟期间生成人员。

➤ 人员（Occupants）

人员组包含了在模型中的每一个人。如果使用工具一次性添加多个人到模型中，那么添加的这些人将被放在同一个副组里。

➤ 运动组（Movement Groups）

此组存储被分到移动组中的人员。在模拟过程中，运动组的成员将保持在一起。

➤ 运动组模板（Movement Group Templates）

此组包含可用于自动创建大量移动组的模板。模板还可用于在模拟期间生成移动组。

➤ 电梯（Elevators）

电梯组包含了模型中的疏散电梯。

➤ 测量区域（Measurement Regions）

该组包含按面积定义的区域，在该区域内将进行速度和密度测量。

➤ 楼层（Floor）

楼层组定义了模型里的楼层，楼层中会包含创建移动网格所必需的几何体，包括房间、楼梯、斜坡、门、出口等，如图 8-4 所示。

导航视图的各个按钮可分别执行以下操作。

🔹 自动展开选项（Auto Expand Selection），当在 3D或 2D 视图中选择一个对象（或人员），点击该按钮将有助于展开导航视图中的组来显示选中的对象。

🔹全部折叠（Collapse All），折叠导航视图中所有的

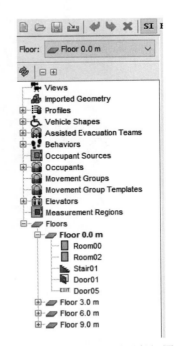

图 8-4　展开楼层组的导航视图

展开组。

⊞ 全部展开（Expand All），展开导航视图中所有的组（包括副组）。

视图上面的楼层框（Floor）可以用来管理楼层。

任何时候创建一个房间、楼梯、坡道或门，它都将被添加到在楼层框中与现在选择的楼层匹配的楼层组中去。

在楼层框中更改选择的楼层，新选中的楼层会显示出来，并会将其他所有楼层隐藏。同时，所有绘图工具的高度（Z）属性将自动默认为当前选中的楼层的高度。任何对象或对象组的隐藏或者显示都可以使用鼠标右键快捷菜单来进行手动设置。如果想在同一时间显示两层 （例如当创建一个楼梯时），这个技巧将非常有用。

（2）3D 和 2D 视图　图 8-5 中所示的 2D 和 3D 视图是在 Pathfinder 中进行模型绘制、创建的主要视图。这两种视图都包含绘制几何出口和模型的导航工具。两个视图之间的主要区别是 3D 视图可以从任意方向观察模型，而 2D 视图只可以从一个正交的方向查看。此外，3D 视图不包含网格捕捉，而 2D 视图包含。3D 视图可以通过选择透视摄像机视角，点击 🔵 来进入。而 2D 视图是通过选择一个正交摄像机角度，点击 🔲 🔲 🔲 来进入。

视图顶部的几个按钮，代表了不同的相机模式，显示选项和导航模式。在按钮下面的面板被称为属性面板（property panel）。如果一个绘图工具被选中时，面板会显示可以帮助绘图的相关属性。如果没有选中绘图工具，并且选中了一个或几个对象，面板将显示选择对象相关的属性。在面板左边的按钮为各种移动、复制、绘图工具，底部的小面板显示与当前工具相关的消息。

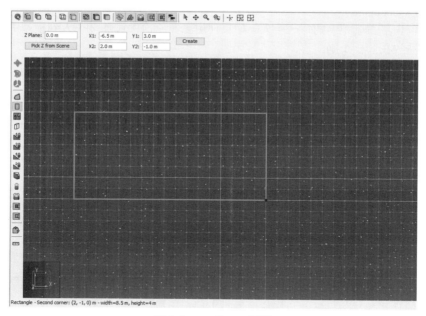

图 8-5　3D 和 2D 视图

① 3D 导航视图　提供了多个用于 3D 视图下浏览模型的工具，包括动态观察、漫游、平移和缩放工具。

3D 视图的主要导航工具是动态观察工具（orbit tool）🔾。通过左键点击和拖动，模型将围绕其中心点进行旋转。滚轮可用于放大和缩小特定点。按住键盘上的 SHIFT 键并同时点击和拖动，将平移模型。按住 ALT 键同时拖动模型，模型将放大或缩小。

3D 视图另一个导航工具是漫游工具（roam tool）🏃。这个工具可以使摄像机随意地进出模型。这个工具学习起来比较困难，但是它是最灵活的视图工具，因为它可以将视角放置在模型的任何一个角落。该工具可以在三种不同的模式下工作，在前两种模式下，可以通过按住并向上或向下旋转鼠标滚轮来更改相机的移动速度。向上旋转以增加速度，向下旋转以降低速度。

➢ 鼠标+键盘模式：单击并拖动鼠标左键环顾四周，相机将保持静止。向上拖动鼠标将使摄像机视角向上移动，左右拖动鼠标将会使摄像机视角左右移动。在按住 CTRL 时，拖动鼠标会使摄像机在 XY 平面上向前和向后移动，拖动时按住 ALT 的同时将使摄像机沿着 Z 轴上下移动。

➢ WSAD 模式：此模式模仿了电子游戏中的控制方式。单击并拖动以像上一个模式一样环顾四周。按 W 键沿查看方向向前移动，按 S 键向后移动，按 A 键向左移动，按 D 键向右移动。SPACE 使相机沿 Z 轴向上移动，C 使相机向下移动。按下这些键，相机就会以固定的速度移动，另外，同时按下 SHIFT 键可使速度加倍。

➢ 仅鼠标模式：此模式仅使用鼠标即可将摄像机平滑地移动到任何位置。为此，按下并松开鼠标中键。光标将消失，工具将进入仅鼠标模式。在此模式下，移动鼠标将像在其他模式下一样环顾四周，只是不必按下鼠标按钮。按住并拖动鼠标左键将在 XY 平面中移动相机。鼠标移动得越远，相机移动的速度就越快。这可以模拟加速相机的效果。使用鼠标中键执行相同操作将导致相机在 XY 平面中沿 Y 轴向前/向后移动，并沿 X 轴向左/向右移动。按下并拖动鼠标右键将以相同的方式沿 Z 轴移动相机。此外，该模式下，W、S、A、D 键也可用于移动相机。再次按下并释放鼠标中键或按键盘 Esc 键即可退出仅鼠标模式。

其他的导航工具包括：一个平移/拖拽工具，它左右上下移动摄影机；一个缩放工具，当点击拖动模型时它不断地放大和缩小；一个缩放箱工具，它可以绘制一个框来明确变焦范围。

Pathfinder 还可以通过选择/箭头工具 ▶ 进行导航。在透视视角中可以通过鼠标右键点击同时拖动来移动摄像机的轨道。在透视视角中，用鼠标中键单击同时拖动来进行平移。

② 2D 导航视图　2D 视图中的导航比 3D 视图中的导航更简单。选择工具不仅可以在单击时选择对象，还可以通过中键或右键单击并拖动来平移视图，并使用滚轮缩放视图。为方便起见，拖动和缩放工具也分为单独的工具。

③ 重置视图　在任何时候，通过键盘上 CTRL+R 键或者点击+按钮可以重置摄像机。这将使整个模型在当前视图可见。对于漫游工具以外的所有导航工具，重置将使镜头向下观察模型中 Z 轴的负面。然而，对于漫游工具，重置将使摄像机向下观察模型中 Y 轴的负面。

在任何时候通过按 CTRL+E 键或者点击 🎯 按钮，摄像机也可以被重置，并放大当前选择的对象并且使轨道工具旋转到对象的边界球体的中心。

④ 填充视图　与重置视图的功能相似，视图可以通过键盘上的 F 键或选择 🔳 工具来进行填充调整。填充视图与重置视图的区别是它不会改变模型视图展示的角度，相反，相机将重新调整/缩小以适应屏幕。

⑤ 3D 和 2D 视图中的模型绘制　在 3D 视图和 2D 视图中都可以进行模型绘制。3D 视图允许用户从任何角度查看模型，但大多数工具都只能在 XY 平面上绘图。在顶部视图中，不能在 XY 平面上进行绘制，但会显示一个可选的捕捉网格。捕捉网格大小可以在视图菜单（View）中的编辑捕捉网格间距（Edit Snap Grid Spacing）内进行设置，捕捉网格也可以关闭，在视图菜单下的显示捕捉网格（Show Snap Grid）选项可以关闭。

可以通过以下两种方式进行模型绘制。

正常模式（Normal Mode），在视图的左边单击一个绘图工具按钮。通过在本书中不同部分介绍的方法来绘制对象。当绘制完成时，绘制的对象将被选择，视图将还原为先前的导航工具。

黏性模式（Sticky Mode），在开始绘图之前在左侧面板双击一个绘图工具按钮。当绘制完成后，绘图工具仍将被选择，这时可以绘制更多的对象。要取消这一模式，在键盘上按 ESC 键，这时之前的导航工具将被选择。工具图标上的绿色的圆点表明该工具目前处于黏性模式。单击该工具的图标将会关闭黏性模式，但保持工具被选择。

在绘制的任意时刻，用户都可以按下 Escape 键，这将取消当前对象的选择并且选中之前的导航工具。

对于每个工具都有两种方法来创建对象。一种方法是使用鼠标和键盘来绘制对象。另一个方法是通过在工具的属性面板键入信息，比如坐标、宽度等创建对象。属性面板将立即更新图形预览来反映输入的变化。这种方法可以对创建对象的精细度进行控制。

（3）视图选项　Pathfinder 为显示导航几何体和输入几何体提供了各种视图选项，可以帮助进行模型绘制。包括渲染几何体、人员显示、房间着色和设置房间的透明度等选项。

① 渲染　在 2D 和 3D 视图工具栏上面的属性窗口，有许多按钮对渲染选项进行控制，如图 8-6 所示。

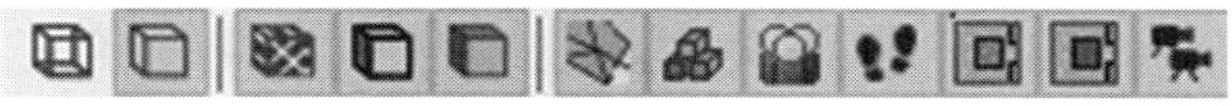

图 8-6　渲染选项

从左到右，这些按钮分别是：线框图渲染（Wireframe Rendering）、固体渲染（Solid Rendering）、显示材料（Show Materials）、显示对象轮廓（Show Object Outlines）、柔和的光照（Smooth Lighting）、显示导航几何体（Display Navigation Geometry）、显示导入几何体（Display Imported Geometry）、显示人员（Show Occupants）、显示行为（Show Behaviors）、显示人员释放源（Show Occupant Sources）、显示测量区域（Show Measurement Regions）、显示视图对象（Show View Objects）。

➢ 线框图渲染（Wireframe Rendering）：显示输入 3D 几何体的线框。该选项与固体渲染选项互斥。导入 3D 几何体之后，该工具可用于在 2D 视图下绘制门。

➢ 固体渲染（Solid Rendering）：显示导入的 3D 几何体模型。这个选项默认被选中。

➢ 显示材料（Show Materials）：显示 3D 几何体对象的表面材料。这个选项默认被选中。

➢ 显示对象轮廓（Show Object Outlines）：显示导入的 3D 几何体对象的外部轮廓。这类似于同时显示线框和实体对象。

➢ 柔和的光照（Smooth Lighting）：使用一个更真实的阴影模型来显示所有几何模型。在旧的显卡上渲染可能会慢一些。

➢ 显示导航几何体（Display Navigation Geometry）：使所有导航几何图形可见。它不会影响其他任何内容（包括导入的几何图形和人员）。

➢ 显示导入几何体（Display Imported Geometry）：使所有导入的 3D 几何体可见。

➢ 显示人员（Show Occupants）：使模型中的人员可见。

➢ 显示行为（Show Behaviors）：使行为对象（如航点）可见。

➢ 显示人员释放源（Show Occupant Sources）：使人员释放源可见。

➢ 显示测量区域（Show Measurement Regions）：使测量区域可见。

➢ 显示视图对象（Show View Objects）：使视图对象可见。

② 人员显示　人员可以通过很多方式来显示。它们可以被视为简单的形状，包括盘状和圆柱体。它们还可以视为人体模型或作为一个简单的人的形象，这些都可以通过人员设置来实现。这些选项存在于在视图（View）菜单和人员（Agents）子菜单中。

当人员不被视为人时，他们也可以以多种方式着色，可在视图→人员颜色下进行。

➢ 默认（Default）：如果人员具有单独设置的颜色，则使用此颜色着色，否则使用其属性颜色。

➢ 按运动组（By Movement Group）：如果人员是移动组的一部分，则将其组中所有人员着为相同的颜色。组颜色在所选移动组的属性面板中设置。如果人员不在移动组中，则使用其默认颜色。

➢ 按运动组模板（By Movement Group Template）：如果人员是从移动组模板创建的移动组的一部分，则此选项使用移动组模板的颜色为人员着色，否则将使用其默认颜色。

➢ 按行为（By Behavior）：使用人员行为的属性面板中指定的颜色为其着色。

➢ 按属性（By Profile）：使用人员属性颜色为其着色，即使人员具有单独设置的颜色也是如此。

③ 房间着色　房间可以用许多方式来上色。所有的着色选项可在视图菜单（View）下的房间着色子菜单（Color Rooms）中找到。房间可以通过以下方式着色。

➢ 默认（Default）：以不同的颜色显示每个房间。

➢ 按人员密度（By Occupant Density）：使用基于房间中人员密度的颜色为其着色，即红色代表高密度，蓝色代表低密度。

➢ 混合（Mixed）：若房间中包含人员，则房间按人员密度着色，否则按不同的颜色上色。

➢ 按房间类型（By Room Type）：根据房间类型着色，浅灰色表示普通房间，绿色表示避难区。

④ 房间透明　透视房间和楼梯有时是非常有用的，比如在导入背景图像的顶部绘图中，想要改变一系列组件的透明度，需要选中它们并在特征面板内改变它们的透明度。透明度设置也将在 3D 模拟结果展示中显示出来。

（4）群组设置　Pathfinder 的主要组织方法是使用群组。在每一个模型中已经存在一些不能被修改的隐式分组，包括视图（View）、导入几何体（Imported Geometry）、配置文件（Profiles）、运送工具形状（Vehicle Shapes）、协助疏散团队（Assisted Evacuation Teams）、行为（Behaviors）、人员释放源（Occupant Sources）、人员（Occupants）、移动组（Movement Groups）、移动组模板（Movement Group Templates）、电梯（Elevators）、测量区域（Measurement Regions）和楼层（Floors）如图8-7 所示。

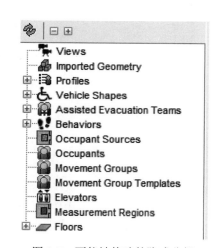

图 8-7　不能被修改的隐式分组

① 创建子群组　可以在所有群组下面创建子群组，也可以在其他子群组下创建群组。要创建一个新组，在导航视图中右键单击所需的母群组，并选择新组（NewGroup...）或从模型菜单中（Model）选择新组（New Group...）。此时会显示一个对话框，并且会要求用户选择一个母群组（如果从右击菜单中执行，母群组将自动被选中）并为新建的子群组输入名称，最后点击 OK 来创建新组。

② 变更群组　可以随时将对象从一个组移动到另一个组。改变一个对象的组，可以在导航视图中拖动对象到所想要的组或者右键单击对象并选择改变组（Change Group...）。此时将显

示一个对话框，用户可以选择新组。选择的新组必须是有效的，群组才可以被改变，最后选择 OK 改变该组。

（5）键盘快捷键 默认情况下，Pathfinder 使用 Windows 和 Java 应用程序标准的各种键盘快捷键。为了加速模型创建，可以以多种方式添加或更改快捷方式。

Java UI 组件使用一些键盘快捷键。如果快捷方式没有产生预期的行为，那么它可能与先前存在的 Java 快捷方式直接冲突，最佳做法是避免这些冲突（默认 Swing 键绑定）。

键盘快捷键编辑器窗口可以在文件→首选项对话框中找到，单击编辑操作和工具可以绑定到修改键（ALT、CTRL、SHIFT 等）和其他按键的组合，如图 8-8 所示。

对话框被分为类似于 Pathfinder 工具栏菜单中使用的部分。还有一些其他与工具激活、对象选择和上下文相关操作相关的快捷方式选项卡。

要更改快捷方式，请单击 Key Press 列中的 cell，然后弹出一个键盘快捷监听器窗口，如图 8-9，其中包含三个不同选项。

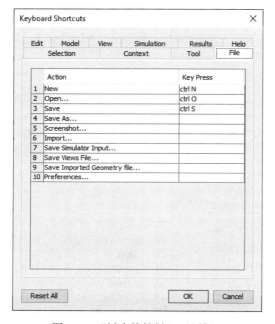

图 8-8　"键盘快捷键"对话框

图 8-9　键盘快捷键监听器

➤ 清除（Clear）：从操作中删除当前键绑定。
➤ 重置（Reset）：为操作分配默认键绑定。
➤ 取消（Cancel）：退出编辑器窗口而不进行任何更改。

（6）创建视图 任何时候都可以保存透视相机的状态，包括它的位置、方向和变焦。这些信息存储在一个名为 View 的对象中，之后可以在 Pathfinder 或 3D 结果中调用视图，以便从该视角查看场景。

视图在 Pathfinder 中显示为点，可以单独隐藏，也可以作为一个整体隐藏。要显示/隐藏所有视图，请单击 3D/2D 视图工具栏中的显示视图对象 🔲 按钮。

若要创建视图，需要使用导航工具之一定位透视相机。在"模型"菜单上，选择"新建视图"，或者右键单击导航视图中的"视图"，选择"新建视图"来创建新视图。完成后，导航视图中将出现一个新视图，如图 8-10 所示。

（7）调用视图　要调用视图，可双击导航视图中的所需视图，也可右键单击导航视图或 3D/2D 视图中的视图，然后选择"在 3D 视图中显示"。这将显示 3D 视图，透视相机将使用保存视图的状态进行初始化。

（8）编辑视图　如果需要更改视图的方向，可将透视相机定位到新的所需位置，或者右键单击视图，然后选择"更新视图"，还可以操作表示相机的图形来移动视图的位置。

（9）结果中的视图　为了使在 Pathfinder 中创建的视图在结果中可用，每当运行模拟时，都会将一个特殊的视图文件写入输出文件夹。打开"结果"应用程序时，它会从此文件中读取视图，并使这些视图在"结果"中可用。

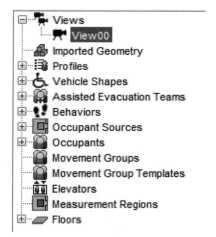

图 8-10　创建的新视图

但是，由于此文件仅在运行模拟时自动写入，因此在运行模拟后，可以在 Pathfinder 中更改视图，使其与"结果"中的视图不同步。为了在不重新运行模拟的情况下同步 Pathfinder 中的视图和结果，必须手动写入视图文件。为此，需要操作者首先在 Pathfinder 中对视图进行所需的更改，然后在"文件"菜单上，点击"保存视图文件"，选择保存现有视图文件，最后在 3D 结果查看器中重新加载结果。

（10）相机漫游　在旧版本的 Pathfinder 中，也可以在其内部创建游览，此功能后来移至 3D 结果。同时，在旧版 Pathfinder 中进行的游览仍将显示在其导航视图中，虽然无法再在 Pathfinder 中编辑它们，但仍可以将其删除。未删除的内容将写入"结果"视图文件，以便它们在"结果"中可用。

8.2　建筑模拟建模

8.2.1　创造运动空间

Pathfinder 人员疏散模拟中创建的楼层是能使人员行走的。在 Pathfinder 绘制的每个导航组件都是可以行走的地方，可以是地板、门口或者楼梯。存在的障碍物用地板上的空洞来代表。

主要出口组件包括：房间，是被墙、门包围的空旷的楼层空间，这些门、墙和同一楼层的房间相连；楼梯/坡道，连接不同楼层的房间；电梯，连接多个楼层的房间。房间形状可以是任意多边形的，但是不能在同一楼层里重叠。门的厚度可以变化，如果门占据门口（两个房间之间的区域），那么门就应该具有一定的厚度，如果门仅是连接两个相连的房间，那么门就可以是不具有厚度的薄门。楼梯/坡道总是矩形，并且两端各隐含了一个薄门，用于连接相邻的房间。电梯可以是任何形状，并且可以在任何方向上运动。

为了组织疏散组件，Pathfinder 提供了楼层的概念，将不同 Z 位置的组件组合在一起。

当使用导入文件（如 IFC、DWG 或 FBX）时，Pathfinder 提供了可以简化移动空间创建的工具。在某些情况下，例如 IFC 文件，Pathfinder 甚至可以自动创建大部分或全部的移动空间。

（1）楼层　楼层是 Pathfinder 主要的组织方法。在最基本的用法上，楼层仅仅是可以放置房间、门、楼梯、坡道、出口的地方。同时，楼层也是大多数工具的绘制平面并且可以对导入的几何图形进行过滤。

在每一个 Pathfinder 模型中，必须存在至少一个活动的楼层。每当绘制出一个导航对象时，它会被放置在活动楼层或活动楼层的子群组上。

默认情况下，在一个新模型中，会在 Z = 0 上存在一个楼层，额外的楼层可以根据绘制的几何体尺寸自动创建或手动创建。此外，在绘制新的导航组件时自动归属到适当的楼层。

① 自动创建楼层　当在模型中没有选择任何对象时，地板创建（Floor Creation）面板就会出现，如图 8-11 所示。这个面板可以控制楼层的自动创建和新对象到楼层的自动归类。

图 8-11　楼层创建面板

➤ 自动归类出口组件（Auto sort egress components）

如果被选中，当导航组件被创建或修改时后，会被自动归类成适当的楼层。如果没被选中，新的导航组件会被放置在新出口组件（New Egress Components）下指定的组内，如果没有手动移动，那么新的导航组件将保持在这个组内。

➤ 自动创建楼层（Automatically create floors）

如果被选中，当导航组件创建和修改时，楼层会自动创建。

➤ 楼层高度（Floor height）

可以控制自动创建的新楼层的高度。如果一个导航组件创建或移动到一个位置，位置到前面楼层的距离比设置的高度要大，一个或多个新的楼层将以设置的高度创建，直到连接到前面的楼层。

➤ 分组（Group）

如果 Auto sort egress components 没被选中，这个下拉选项会用于为新的导航组件指定组/楼层。

下面的场景展示了当自动归类和自动楼层创建启用时对象是如何组织的，模型的组织如图8-12 所示。

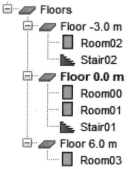

图 8-12　自动创建和分类楼层

a. 创建一个新的模型。楼层高度设置采用默认的 3m。

b. Room00 是画在 Z = 0m 处，自动放置在 Floor 0.0 m 中。

c. Room01 是画在 Z=1.5m 处，自动放置在 Floor 0.0m 中。

d. Stair01 画在连接 Room00 到 Room01 处，并自动放置在 Floor 0.0 m 中。

e. Room02 画在 Z=–1.5m 处。将自动创建一个新楼层 Floor–3.0m，Room02 被自动放置其中。

f. Stair02 画在连接 Room02 和 Room00 处，自动放置在 Floor–3.0m 中。

g. Room03 画在 Z=7.5m 处。会自动创建一个新楼层 Floor 6.0m，Room 03 将自动放置在里面。

在这个示例中，只有房间和楼梯被创建。楼层是自动创建的，房间、楼梯被自动归类到适当的楼层中去。

此外，要想创建自动楼层并将组件分类到楼层中，可以先打开模型，清除选择，使"楼层创建"面板可见（图 8-11），确保启用了所需的创建/排序选项，并为模型设置正确的楼层高度。然后选择应自动排序的所有组件（如果要对所有组件进行排序，请选择"楼层"顶部节点），右键单击所选内容，从快捷菜单中单击"按楼层排序"创建相应的楼层，并将所有选定项目分类到相应的楼层。

这个操作不会删除任何现有楼层。如果存在不需要的现有楼层，请先将导航组件从这些楼层移出到将保留的另一个楼层，删除不需要的楼层，然后执行排序到楼层。

② 手动创建楼层　用户可以在任何时候手动创建楼层，单击导航视图上的楼层下拉框，选择<Add New...>，如图 8-13 所示，将弹出一个设置楼层位置的对话框，键入一个 Z 平面的位置或在 3D 和 2D 视图上点击捕捉网格中一点，并点击 OK。当这个楼层是活动的时候，Z 平面将用于更新绘图工具中的工作位置。默认情况下，楼层的名称是 Floor x，其中 x 是楼层的工作平面。如果在新楼层对话框中选中 Set as active floor，在模型创建之后，楼层会被设定为活动楼层。如果 Resort existing egress components into new floor 被选中，所有属于新楼层的现有组件将移动到该新建楼层中。

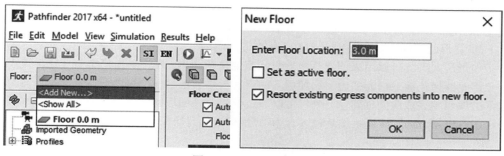

图 8-13　手动创建楼层

③ 改变活动楼层　如果要更改活动的楼层，单击楼层下拉框，如图 8-13 所示，选择所需的楼层。选择的楼层将被激活，而其余楼层不活动。

每当活动楼层被改变时，模型中会发生以下额外的变化：

a. 活动的楼层、楼层组中的所有对象，在楼层上的所有住户这时都可见。

b. 所有其他楼层、其他楼层的子对象，这些楼层的住户这时都隐藏。

c. 房间的工作平面和墙的增减工具都设置在该楼层的工作平面上。

d. 一个剪切过滤器被应用在导入几何模型中，因此，只有在活动平面的 Z 剪切几何模型是可见的。

④ 显示所有楼层　若要显示所有楼层，单击楼层下拉框，如图 8-13 所示，然后单击全部显示< Show All >。该操作还将显示全部楼层的所有人员和子对象，将所有楼层的过滤器整合成导入过滤器。

⑤ 楼层特性　要编辑楼层属性，首先选择所需的楼层。选择后将出现如图 8-14 所示的属性面板，在面板上有楼层的名字、在 Z 平面上的位置和导入 3D 几何模型的 Z 剪切面。面板上还有一些楼层的统计数据，包括楼层的总面积（Area）、楼层上的人口数（Pers）和人口密度。避难区和速度修改器在部分房间属性中讨论。

图 8-14   楼层属性面板

新绘制的房间、墙体障碍物等所在的平面由 Working Z 属性控制。

当楼层是可见的时候，Z 最小值和最大值过滤器控制导入的 3D 几何模型的切割面。剪切掉任何低于 Z 的最小值和大于 Z 的最大值几何图形。Z Min Filter 属性可以是一个 Z 平面的位置或是一个特殊值，如当前楼层（CURR_FLOOR）。当选择是 CURR_FLOOR 时，如果有任何楼层低于这个楼层，那么剪切平面就将设置在工作 Z 位置上，如果该楼层下面没有楼层，那么剪切平面将设置为−∞。Z Max Filter 可以是一个 Z 平面位置或也可以设置为一个特殊的值，如下一个楼层（NEXT_FLOOR）。当设置为 NEXT_FLOOR 时，如果存在一个更高的楼层，那么 Z 平面将设置在工作 Z 位置上，如果没有更高的楼层，那么将设置为+∞。

（2）房间   房间是住户可以自由行走的开放空间。每个房间被四周的墙壁包围。房间可以绘制成相邻的，但是只有当两个房间被门连接时，人员才能在两个房间之间穿行。房屋和房屋之间不能重叠，因此如果一个房间重叠在另一个房间上，重叠的区域就会从先前的房间减掉，然后给予新的房间。多个房间也可以合并成一个，一个房间也可以分成多个部分，并在其中绘制内部的细边界。

① 创建新房间   Pathfinder 提供了两个工具来添加新房间。

➤ 多边形的房间工具（Polygonal Room Tool）

多边形房间工具可以用来创建任意数量顶点的复杂图形。左键单击模型中任意位置设置第一个点，并继续左键点击为多边形添加更多的点。当添加至少三个点之后，右键点击将会关闭多边形的编辑并完成房间创建。另外，可以通过使用属性面板的添加点（Add Point）和关闭多边形（Close Polygon）按钮从键盘输入 X 和 Y 坐标来创建房间，如图 8-15 所示。

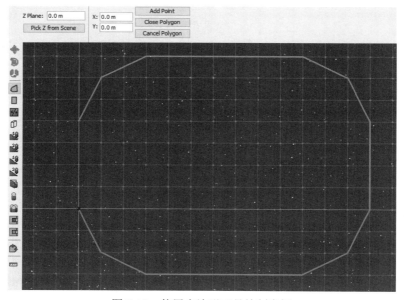

图 8-15   使用多边形工具绘制房间

➢ 矩形房间工具（Rectangular Room Tool）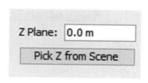

通过左键单击模型中的两个点来创建简单的矩形几何体。矩形区域也可以通过在属性面板中输入两点的坐标，然后单击 Create 按钮创建，如图 8-16 所示。

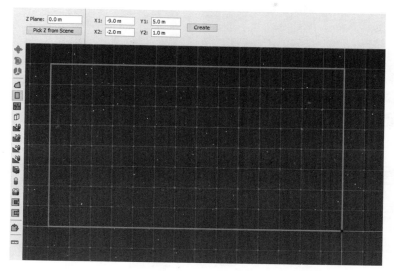

图 8-16 使用矩形工具绘制房间

除了创建新的区域，这两种工具可用于在现有几何体上创建负区域。在现有区域上创建新几何体时，系统会自动将区域内的干扰部分删除，然后可以删除新创建的几何形状，留下负空间。

② 绘制平面 在绘制每一个房间时，都会给房间设置一个 Z 轴的属性值，如图 8-17 所示。

Z 轴绘制时既可以通过手动输入 Z 轴坐标也可以通过选择 2D、3D 视图下的 Z 轴坐标进行设置：

a. 选择一个房间绘制工具。

b. 在工具属性面板里对 Z 轴数值进行设置，此后将在用户单击位置时清除属性面板。

图 8-17 Z 轴属性值

c. 点击 2D 视图或 3D 视图中的点，工具属性面板将返回所选绘图工具，Z 轴数值将被单击位置的坐标填充。

③ 分割房间 使用薄墙工具可以把房间分成两个或多个。选择两个在房间最外层边界上的点，两点之间的直线会将几何体分为两个新房间，该线则作为它们之间的边界，如图 8-18 所示。

④ 分离和合并房间 除了分割房间，Pathfinder 有两个其他的方式来帮助创建更复杂的空间几何模型。

➢ 合并（Merge）

合并命令的作用是将两个或两个以上共享边界的房间合并成一个房间。选择相邻的房间并从模型菜单（Model）或者右键菜单选择合并（Merge）即可将其合并，即使房间不处于同一平面，只要它们共享一个边，房间就可以合并。房间也可以和楼梯和坡道合并，但楼梯和坡道将转换为房间，并失去其楼梯或坡道的属性，如图 8-19 所示。

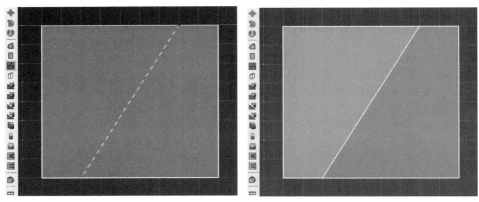

图 8-18　分割房间

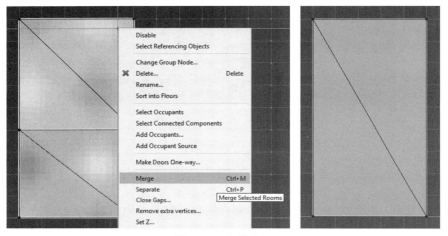

图 8-19　合并房间

> 分离（Separate）

分离命令可以将一个房间按照内部负空间的位置划分为多个部分。要分离房间，可选择被分离的房间并从模型菜单（Model）或者右键菜单选择分离（Separate），如图 8-20 所示。

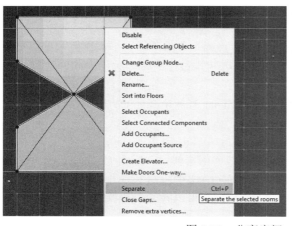
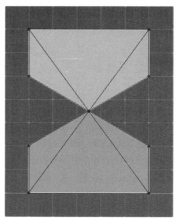

图 8-20　分离房间

⑤ 房间属性　为了观察和编辑房间属性，选择一个房间。这个房间的属性将被显示在属性面板中，如图 8-21 所示。

图 8-21　房间属性面板

➢ 名称（Name）：给房间定义一个名称。

➢ 显示（Visible）：当前房间是否显示，取消该选项可以隐藏该房间。

➢ 颜色（Color）：房间的颜色，若未选中，则使用默认颜色。

➢ 不透明度（Opacity）：房间的不透明度，此值小于 100% 将使房间后的物体可见。

➢ 坐标轴边界（X，Y，and Z Bounds）：显示房间的几何边界。

➢ 面积（Area）：房间的面积。

➢ 人员数目（Pers）：当前房间中的人员数量。

➢ 密度（Density）：房间中的人员密度。

➢ 避难区（Refuge Area）：将房间标记为避难区域，然后可以在前往避难区操作的房间列表中指定该区域。当选择此选项时，无论何时在房间内，居住者都将被标记为"安全"。"安全"时间在"人员摘要"和"人员历史"输出文件中报告。

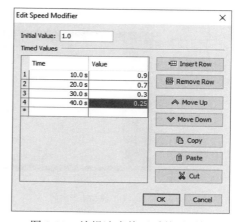

➢ 速度修正（Speed Modifier）：影响在房间内行走的每个人员的速度变量。当人员在房间内行走时，他们的最大速度乘以该值。这可以用来表示烟雾对人员速度的影响。默认情况下，整个模拟过程中修正值为 1.0。要更改此设置，需单击链接，此时将显示编辑速度修正对话框，如图 8-22 所示，在该图中房间最初保持人员速度不变，但在前 40 秒内，人员速度下降到其最大值的 25%。

➢ 容积（Capacity）：房间的最大容量，可以使用人员数量或密度来指定。若模拟过程中达到最大容量，则在房间容量降至限定值以下之前，任何人员都不能进入。

图 8-22　编辑速度修正系数对话框

➢ 接受的属性（Accepted Profiles）：用户可据此进入此房间的人员简介列表。默认情况下，接受所有人员属性。

⑥ 阻止从房间进出　在某些疏散实例中，例如在商城中，对于某些房间来说，我们可能只希望人员从房间出去或进来，而不希望人们从房间进出。我们可以通过将普通的门改变为单方向通过的门来实现这一目的，过程如下：

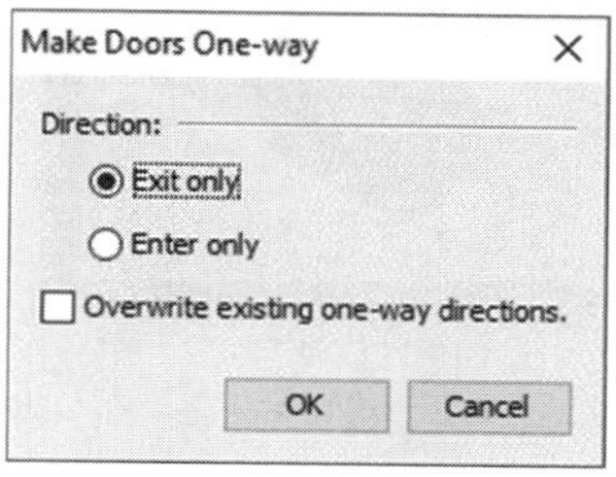

a. 选择不能随意进出的房间。

b. 右击房间，在下拉菜单中选择单方向门（Make Doors Oneway），将出现如图 8-23 所示的对话框。

c. 在对话框中选择人员只可进入或只可走出该房间。如果任何房间的门已经被标记为单向，将提供另一个选项来覆盖这些门的单向状态。点击 OK 即完成本次设置。

图 8-23　单向门设置对话框

Pathfinder 将自动计算门的正确方向，使房间仅进入或仅退出。

若选择中有任何门在房间之间共享，这些门也不会受到影响，因为它们的方向是模糊的。

⑦ 网格优化　Pathfinder 执行自动网格优化。网格优化的一个例子是删除一条直线上的多个顶点，或者删除合并房间后剩下的额外顶点。在某些情况下，禁用网格优化可能是有益的。要禁用网格优化，可在文件菜单中选择 Preferences，并取消 Optimize Navigation Geometry 选项。值得注意的是，即使重启 Pathfinder，此设置也仍将保留。如果启用了网格优化，则 Pathfinder 将提供一个选项来一次性优化所有导航几何体。

（3）障碍物/孔洞　在 Pathfinder 里，障碍物被模拟成为导航几何体中的孔洞。孔洞可以使用任意多边形形状或厚墙来创建。

① 任意形状的障碍物　为了模拟一个房间的障碍物（如办公桌或其他的障碍物），就要使用房间的删除命令。这意味着这个包含障碍物的房间必须已经存在。创建障碍物，选择添加一个多边形房间工具（Add a Polygonal Room）或添加一个矩形房间工具（Add a Rectangular Room）来绘制障碍区的形状和位置。这将在原有房间中的区域创建一个新的房间。接下来删除新房间，一个障碍物形状的孔洞就被留在了原有房间，这个过程如图 8-24 所示。

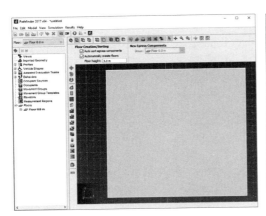

(a) 添加矩形房间　　　　　　　　　　　　(b) 通过多段线添加异形结构

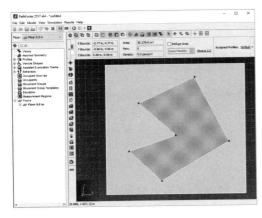
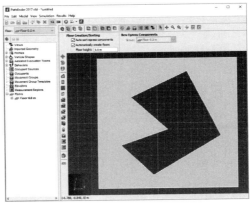

(c) 完成多边形地板绘制　　　　　　　　　(d) 删除多边形地板形成孔洞

图 8-24　创建障碍物

② 薄壁 薄壁、内墙或边界可以使用薄壁工具 ⚡ 添加到房间中，要使用此工具，需单击模型中的两个点，如图 8-25 所示。Pathfinder 将尝试使用内部边界连接这两个点，但在某些情况下，也可能无法连接。若发生此情况，需尝试将两点限制在一个房间或限制在跨越房间界限的数量上。

③ 厚壁 墙工具 ⬚ 用来在现有几何体上创建矩形障碍物。使用该工具，要在属性面板中输入所需的墙宽度，单击或单击并拖动墙要通过的两个端点，按住 shift 键将切换定义线的左右直线，如图 8-26 所示。

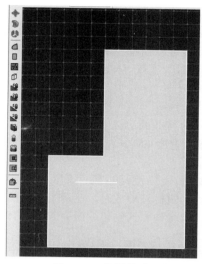

图 8-25　使用薄壁工具

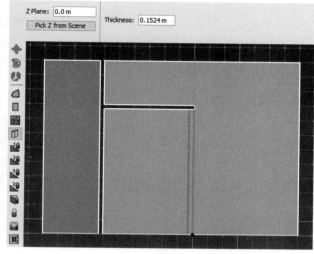

图 8-26　使用厚壁工具

厚壁工具通过减去位于其指定 Z 平面上任意房间的面积来操作，而薄壁工具可跨越多个房间连接两个点。

（4）门

① 薄门 薄门可用来连接两个相互接触的房间。在此示例中需要一扇门，它允许人员从一个房间移动到另一个房间。要以该方式创建门，首先选择门工具（🚪），然后使用以下三种方法中的一种。

➢ 手动输入（Manual Entry）：在属性面板中输入门的坐标。若坐标指定了一个有效门的位置，就可以使用创建门按钮（Create Door）。点击这个按钮，一扇不超过最大宽度（Max Width）的门就可以被创建。对于薄门，最大深度（Max Depth）将被忽略。

➢ 单击（Single Click）：在 3D 或 2D 视图中移动光标至所需的门的位置。如果光标是在一个有效的边缘上，那么将显示一个预览门。门会显示在边界左边或右边，这取决于最大宽度（Max Width）是正还是负。单击以放置门，预览的门就会被添加到模型中。

➢ 单击拖动（Click-drag）：将光标移动到门的一个端点位置，然后沿同一边缘点击拖动。在拖动时，从第一点到第二点会显示预览门。当释放鼠标时，在两个指定点之间沿着边缘会创建一个门，以这种方式创建的门会忽略所有工具面板中的属性。

在 3D 和 2D 视图中创建的门是一个细的橙色的线，如图 8-27 所示。

② 厚门 在现实的模型中经常会用到厚门，特别是在导入的 CAD 几何模型中。在真实的场景中，房间之间只要有墙，不管多薄，都是不会连接的。为了创建一个厚门来连接这些房间，首先选择门工具（🚪），然后使用以下三种方法之一。

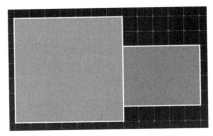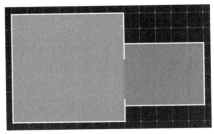

图 8-27　在 3D 和 2D 视图中创建的门

➢ 手动输入（Manual Entry）：确保最大深度（Max Depth）大于或等于两个房间边缘的距离。在属性面板中输入一个房间边缘上的点。如果指定坐标处可以创建一扇有效的门，就可以使用创建门按钮（Create Door）。点击这个按钮，一扇不超过最大宽度（Max Width）的门就可以被创建。

➢ 单击（Single Click）：确保最大深度（Max Depth）大于或等于两个房间边缘的距离。在 3D 或 2D 视图中移动光标至所需门的位置。如果光标是在一个有效的边缘上，那么将显示两个房间之间的预览门。门会在房间边缘的左或右，这取决于最大宽度（Max Width）是正还是负。单击来放置门。

➢ 单击拖动（Click-drag）：将光标移动到一个房间的边缘，然后沿第二个房间的相对应的边缘单击拖动。在拖动时，将会显示预览门来连接两个点。当鼠标被释放时，在两个房间的边缘之间会创建一个门，矩形门的对角线连接两个指定的点。以这种方式创建的门会忽略所有工具面板中的属性。

在 3D 和 2D 视图中创建的门会作为一个橙色长方形出现，如图 8-28 所示。

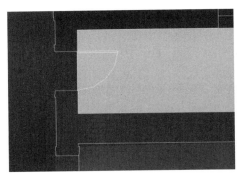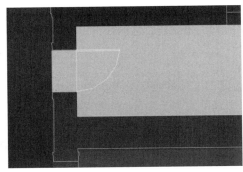

图 8-28　连接两个房间的厚门

当进行模拟时，厚门会有特殊的显示形式：厚门所在的区域就会被分割成两半，每半个会附着在它所相邻的房间，用放置在区域中间的一个薄门代表厚门。值得注意的是，当在属性面板中显示该房间的面积时，那么连接到每个房间的这一半区域将被忽略，但在模拟时是包括的。

③ 门的属性　如果要编辑门的属性特征，需选中该门，其属性将在特征面板中显示，如图 8-29 所示。

图 8-29　门的特征面板

➢ 宽度（Width）：门的宽度。修改此处的数值将改变门的宽度，但是门的宽度不能超过房间的边长。

➢ 流率（Flowrate）：选择这个选项可以重设默认的门的流量设置。设置此值可控制门的最大人员流量，单位为 per/s，这可以用于指定门的控制机制。0.9per/s 意味着每 1.1 秒（1/0.9）就有一名人员通过一扇门。

➢ 状态（State）：预设门的开关时间和改变单向门的方向。单向门是指乘客只能从一个方向通过的门。

➢ 等待时间（Wait time）：每个人在穿过门之前必须在门口等待的时间，可用来模拟旋转门或带有门禁钥匙的门，其特定的等待时间将从预定义的连续或离散分布中随机抽取。

➢ 接受的人员属性（Accepted Profiles）：用户可据此设置进入此门的人员属性文件列表。默认情况下接受所有人员属性。

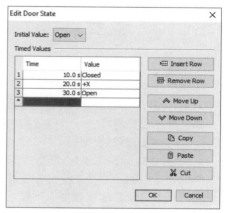

默认情况下，整个仿真过程中所有门始终处于打开状态。要更改此设置，需单击 State 右侧的链接，将出现编辑门状态对话框。此对话框允许指定门的初始状态以及其他定时状态。如图 8-30 所示，门最初打开为打开状态，在 t=10s 时关闭，在 t=20s 时以 +X 方向打开，然后在 t=30s 时再次向两个方向打开。即使门只能沿两个可能的方向穿过，下拉框也允许 +X、–X、+Y 和–Y 四个方向。当选择其中一个方向时，Pathfinder 选择的实际方向是最接近门的法线方向。

图 8-30　预设门的开关时间

如果人员属性选中了忽略单向门限制，则人员可以忽略单向门的设置。这使得它们可以任意方向通过。

（5）楼梯　在 Pathfinder 中，楼梯是直跑式的。有两个楼梯工具可以创建楼梯：一个工具是通过位于两个不同的 Z 高度坐标平面的房间的平行边界来创建；另一个工具是通过从一个房间的边界延伸直到达到设定的标准，例如台阶数、楼梯高等，或者直到另一个房间来创建。

为了能成功地进行模拟，每个楼梯的尽头必须连接到房间的边缘，这就意味着在楼梯的顶部和底部下面必须有空的地方。这个要求在图 8-31 中有体现。空白地方的大小必须大于或等于人员行走楼梯的最大半径。

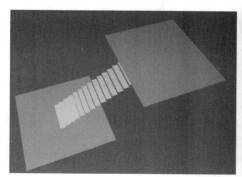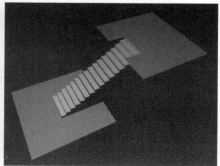

图 8-31　楼梯的几何形状要求

① 两边之间的楼梯　创建楼梯的一种方式是在两个预先存在房间之间绘制。这种类型的楼梯的边缘会精确匹配房间的边缘，这就意味着楼梯踏板的斜度可能不符合实际的楼梯坡度。在 Pathfinder 中，楼梯的几何斜率在模拟过程中是不重要的，但是被指定的楼梯踏板的斜度是非常重要的。楼梯的几何坡度仅用于显示，不用于计算速度。

为了在两个房间边缘之间创建楼梯，首先确保两个要连接的房间是可见的。如果两个房间在不同楼层，那么至少有一个房间是要手动设置为可见的，这可以通过导航视图中的右键菜单来实现。接下来选择两点楼梯工具 ，图 8-32 显示了楼梯创建属性的属性面板。

X1:	-0.5 m	X2:	0.0 m	Width:	121.92 cm	Tread Rise:	17.78 cm	
Y1:	2.0 m	Y2:	0.0 m	Door 1 Width:	WIDTH	Tread Run:	27.94 cm	Create
Z1:	0.0 m	Z2:	0.0 m	Door 2 Width:	WIDTH			

图 8-32　楼梯创建属性面板

楼梯可以通过下面的三种方式之一来创建。

➤ 手动输入（Manual Entry）：设置所需的楼梯宽度，并且为楼梯的两个边缘输入一个坐标点。如果坐标点处能建立一个有效的楼梯，一个预览的楼梯会通过 2D 或 3D 视图显示出来，这时候 Create 按钮就可以使用。单击 Create 按钮添加楼梯。

➤ 单击（Single Click）：设置所需的楼梯宽度。将光标移动到楼梯的一个边缘，就会出现一条类似于薄门的预览线。单击会设置这条线，移动光标到楼梯的另一个边缘，一个预览楼梯会出现，点击另一个边缘就可以创建这个楼梯。

➤ 双击并拖动（Two-click with drag）：点击楼梯的一个边缘拖动直到合适的终点和宽度。松开鼠标，然后点击楼梯的另一个边缘放置楼梯。创建完成的楼梯如图 8-33 所示。

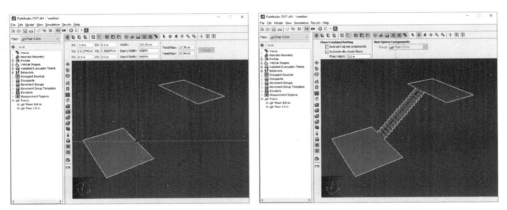

图 8-33　用双击并拖动的方式绘制楼梯

对于两边之间的楼梯，楼梯显示的步数由踏面高度和总垂直高度决定。要更改显示，可以测量楼梯的垂直高度，或者设置踏面上升为总上升/期望步数。

② 单边延伸楼梯　创建楼梯的另一种方法是使楼梯一个边缘开始延伸并且精确地匹配设定的坡度。当达到设定的标准或到达另一个房间时停止。图 8-34 显示了单点楼梯工具的属性面板，并提供了四种方式形成最终的楼梯：

➤ 步数（Step Count）：楼梯会有这个数值的台阶；

➤ 总高（Total Rise）：楼梯在 Z 方向会有这个数值的高度；

➤ 总趋势（Total Run）：楼梯在 XY 平面上会有这个数值的长度；
➤ 总长（Total Length）：楼梯的斜边会有这个数值的长度。

图 8-34　单点楼梯属性面板

若用该方式创建楼梯，选择单点创建楼梯工具 ，属性面板将会出现。当楼梯踏板上升（Tread Rise）为正时，楼梯从起始边缘会向上延伸，反之楼梯会向下延伸。类似地，如果楼梯踏板趋势（Tread Run）为正，楼梯延伸将远离房间，如果为负，楼梯延伸将朝向房间。改变这些值的另一种方式是按住键盘上的 CTRL 键，使楼梯踏板上升为负值，同时按住 SHIFT 键使楼梯踏板趋势为负值。现在楼梯可以通过下面的三种方式之一来创建。

➤ 手动输入（Manual Entry）：设置所需楼梯的宽度、踏板高度、踏板趋势和楼梯停止延伸的标准，在楼梯的一个边缘指定一个起点。如果在该位置可以创建一个有效的楼梯，将会显示预览楼梯，这时候 Create 按钮就会可以使用。单击 Create 按钮创建楼梯。

➤ 单击（Single Click）：设置所需楼梯的宽度、踏板高度、踏板趋势和楼梯停止延伸的标准，将光标移到在房间边界的楼梯起点，之后就会显示预览楼梯，单击放置楼梯。

➤ 单击并拖动（Click-drag）：设置所需的踏步高度、踏步宽度和楼梯停止延伸的标准。沿着房间的边界单击拖动楼梯直到合适的终点和宽度，松开鼠标来创建楼梯。

如图 8-35 所示，以这种方式创建楼梯后，下一层或房间的 Z 位置必须与楼梯顶部完全匹配，才能正确连接到楼梯。这可以通过在 3D 或 2D 视图中单击楼梯顶部来完成，同时为楼层或下一个房间选择 Z 位置。创建单点楼梯后，只能通过单击控点并拖动到现有几何图形来修改楼梯。

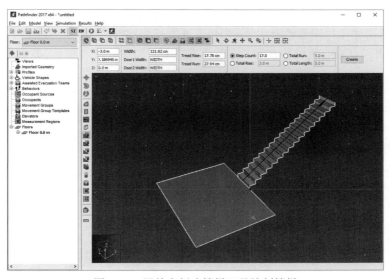

图 8-35　用单点创建楼梯工具绘制楼梯

③ 楼梯属性　楼梯的属性特征可以控制楼梯的形状以及在楼梯上进行疏散活动的人群的行动。当选中一个楼梯时，它的属性特征面板如图 8-36 所示。

图 8-36　楼梯属性特征面板

➢ 上升和踏板（Riser and Tread）：在模拟中这些参数控制通过楼梯的人员的行走速度，楼梯上的默认速度使用 SFPE 速度修改器。使用了单点楼梯工具创建了初始形态的楼梯，上升和踏板之后可以改变但不会影响楼梯的形状。

图 8-37　门的属性对话框

➢ 长度（Length）：楼梯从底部到顶部边沿的总长度。这和楼梯的总高度和楼梯的总长度组成的斜边是一样的长度。

➢ 宽度（Width）：楼梯的宽度。

➢ 顶部门和底部门（Top Door and Bottom Door）：点击这个链接将出现如图 8-37 所示的对话框。在这里，每个隐式门的属性都可以独立于其他门进行编辑，包括宽度、流速和状态。

➢ 单向（One-way）：定义楼梯是否应该只允许人员向一个方向移动，若允许，则设定是哪个方向。

➢ 速度修正（Speed Modifier）：一种时间变量的因素，会影响到在楼梯上活动的人员的速度。这与房间的速度修正属性相同。

➢ 容积（Capacity）：楼梯的最大容量，可以使用人员数量或密度来指定。这与房间的容量属性相同。

➢ 附加信息（Additional Info）：点击这个链接，将出现楼梯的附加信息，例如面积，上面的人员数量等。

➢ 接受的属性（Accepted Profiles）：可以进入此楼梯的人员属性文件列表。默认情况下，接受所有人员属性。

（6）坡道　斜道在如何创建和显示方面与楼梯几乎相同。像楼梯那样，它们的两端都有两扇隐式门，并且总是采用矩形的形状。它们也有非常相似的创建工具——两点创建坡道工具 和单点创建坡道工具 。坡道和台阶之间的最主要的区别是默认情况下，坡道不影响在上面行走的人员的速度。

（7）自动扶梯　Pathfinder 中为自动扶梯提供了一些少量的支持，自动扶梯实际上就是楼梯的变体。要想创建一个自动扶梯，需要预先创建一个楼梯，然后选择楼梯（或多个）使其属性在属性面板中可见，设置其属性特征，如图 8-36 所示。再设置楼梯的单向通过性，并对楼梯的速度进行修正（Speed Modifier），如图 8-38 所示，选择速度常数。最后编辑自动扶梯的速度和时间变量，这通常用于在整个模拟过程中，分别使用值 1.0 和 0.0 来打开或关闭自动扶梯，也可以输入任意值。

图 8-38　自动扶梯的速度修正

在模拟结果展示中，自动扶梯与普通楼梯并无区别。

在默认情况下，人员不在自动扶梯上行走，也不会站在任何特定一侧。想要改变这一点，可以通过在人员特性里选择在自动扶梯上行走（Walk on Escalator）来进行设置。这样可以将人员的运动速度与自动扶梯的速度进行叠加。

如果人员正在行走，自动扶梯的速度常数将添加到当前速度中。当自动扶梯关闭时，人员会将其当作楼梯使用，不管他们的属性是否使其在自动扶梯上行走或站在任何特定一侧。

（8）自动人行道　Pathfinder 也为自动人行道提供了少量的支持。这和创建自动扶梯相似，但不同的是，速度常数并不是在现有的楼梯上设置，而是在平坦的斜坡上设置。

（9）电梯　Pathfinder 程序支持在出口操作模式中使用电梯，这种模式基于在火灾中使用电梯的准则。电梯在疏散中的基本操作可以归纳如下：

a. 每个电梯有一个释放层。这在模拟开始阶段，电梯开始运行，也是它释放人员之处。

b. 每个电梯至少有一个搭载楼层。电梯在这些楼层搭载需要运送到释放层的人员。

c. 在电梯门 0.5m 范围内的电梯被人员称为搭载楼层。

d. 电梯使用优先系统服务被调用的楼层。默认情况下，楼层被服务的优先级是从顶部至底部。但是，其他楼层可以被给予更高的优先级，从而模拟火灾楼层。

e. 当行驶到搭载楼层时，如果有一个楼层的优先级高于目前楼层呼叫电梯，电梯可以中途更改为向更高优先级楼层运行。

f. 一旦电梯已经接载了人员，在人员出电梯之前它将只前往释放楼层，而不前往其他楼层去接更多的人。

① 创建电梯　电梯可在创建完模型的其余部分后再进行创建。执行以下步骤以创建电梯，如图 8-39 所示。

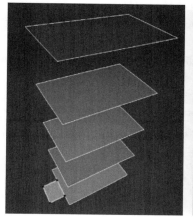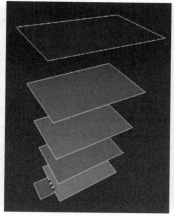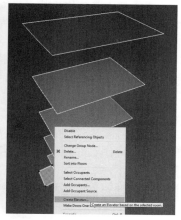

图 8-39　创建电梯

a. 绘制一个基础房间，最好是在释放楼层，用于定义电梯的形状。

b. 在基础房间的边界上绘制电梯门，人员将在每个楼层通过这些门来进出电梯。

c. 用鼠标右键单击该房间，并从右击菜单中选择创建电梯（Create Elevator...）。这将显示新建电梯对话框，如图 8-40 所示。

d. 在新建电梯（Create Elevator）对话框中，输入电梯的所有参数：

➢ 名称（Name）：电梯的名称。

➢ 额定负载人数（Nominal Load）：在满负荷时（估计）的人数。

➢ 电梯的几何形状（Elevator Geometry）：定义电梯形状的基本房间，默认为最初选择的房间。

➢ 运行方向（Travel Direction）：定义电梯运行方向的矢量。此向量将被自动规范。电梯可以朝着这个向量相反的方向运行。

➢ 电梯的边界（Elevator Bounds）：定义电梯可以连接到的最底层和最顶层。

➤ 电梯时间（Elevator Timing）：定义了一个基本定时模型，用来计算从释放层到每个搭载楼层的运行时间。

➤ 加速度（Acceleration）：电梯的加速度。

➤ 最大速度（Max Velocity）：电梯能加速到的最大速度。

➤ 打开+关闭的时间（Open+Close Time）：门开启和关闭时间的总和。每个值将取作这个值的一半。

➤ 通话距离（Call Distance）：可以呼叫电梯的人员距电梯门的距离。

➤ 双层（Double-Deck）：电梯是否应使用两个相连的楼层来运送人员。

e. 按 OK 以创建电梯。

如果有必要话，Pathfinder 将自动减去现有几何空间中的部分，使空间用于电梯井孔。它也会删除电

图 8-40　新建电梯对话框

梯井孔中现有的房间、门、楼梯和坡道。在做出这之中任一改变之前 Pathfinder 都会进行询问。

为了使人员使用电梯，必须允许他们在受限组件下的属性中使用电梯，或者通过他们的行为明确告知他们这样做，如行为中所述。使用电梯等待时间属性参数，可以鼓励人员选择电梯而不是楼梯。

可以使用新的计时模型重新计算计时值，方法是选择电梯，在属性面板中选择 Level Data 旁的 Edit，然后在级别数据对话框中选择重置（Reset）。

② 电梯显示　一旦电梯被创建，它会以一个透明的电梯井连接一系列的房间和门的形式存在于模型中，如图 8-41 所示。在每一层都会有一个房间和配套的门与电梯相连。在 2D 或者 3D 视图中，每一个房间的形状都与建立电梯的基础房间的形状相同。在导航视图中，每一个房间都是在电梯底部显示而非在楼层的顶端，如图 8-42。此外，每个房间的门也是在其底部显示。默认情况下，每一个房间都是根据它所连接的楼层来命名。如果电梯像在连接/不连接楼层中所讨论的那样完全没有和楼层连接，这个房间就叫作不连接水平面（Disconnected Level）。

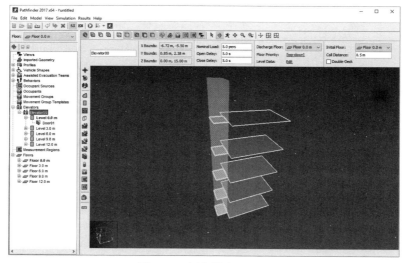

图 8-41　新电梯突出显示

③ 电梯属性　一旦电梯建立，就可以在导航视图中通过选择电梯属性或者在 2D 或 3D 视图中按住 ALT 键并单击其中的一个房间来编辑电梯的属性。如图 8-43 所示，它的属性可以通过属性面板来编辑。

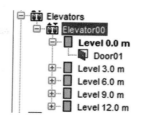

图 8-42　导航面板中的电梯

➢ 额定负载（Nominal Load）：在满负荷时（估计）的人数。

➢ 开门延时（Open Delay）：在搭载楼层中，电梯门保持打开状态的最短时间。

图 8-43　电梯属性面板

➢ 关门延时（Close Delay）：人员通过后电梯门保持打开状态的最短时间。这也可被认为是电梯里有人打开门等待另一个乘客进入的时间。每次人员通过门时，此延迟时间都会重置。如果延迟时间过去了，没有其他人通过门，或者没有其他人出现在门的范围内或电梯达到容量，则门将关闭。假设没有其他人员在电梯门的范围内，电梯门保持打开的总时间可以概括为

$$t_{\text{open}} = \max\left(delay_{\text{open}}, t_{\text{last}} + delay_{\text{close}}\right)。$$

➢ 释放楼层（Discharge Floor）：在疏散期间乘客被释放的楼层。

➢ 楼层优先级（Floor Priority）：搭载楼层的优先次序。默认情况下优先级是从上到下。但它可以被改变，点击文本后会出现如图 8-44 所示的 Floor Priority 对话框。这是允许模拟火灾的楼层。

➢ 楼层数据（Level Data）：单击按钮就可以编辑任意楼层的定时。会打开一个如图 8-45 所示 Elevator Levels 对话框。

图 8-44　楼层优先级对话框

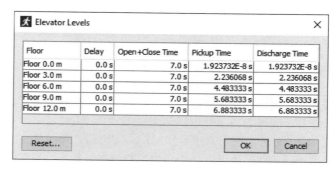

图 8-45　Evevator Levels 对话框

◇ 延时（Delay）：从模拟开始的时间延迟，用于电梯何时可以开始从楼层接载人员。这一数值并不会影响释放楼层。

◇ 开关门时间（Open+Close Time）：在这一楼层开关门总共的时间。假设门以相同的速度打开和关闭，因此到达楼层后，门将在指定的打开+关闭时间延迟的一半后打开。同样，在门关闭后，电梯将在指定的打开+关闭时间延迟的一半后离开楼层。

◇ 搭载时间（Pickup Time）：电梯从释放楼层到搭载楼层的运行时间。

◇ 释放时间（Discharge Time）：电梯从搭载楼层到释放楼层的运行时间。搭载和释放时间是从在新建电梯对话框中输入的时间参数计算得来的。

◇ 重置（Reset）：通过选择对话框底部的重置选项，将打开电梯计时对话框，允许自动重新计算水平数据参数。显示的计时选项与创建电梯时显示的选项相同。

➤ 初始楼层（Initial Floor）：模拟开始时电梯甲板所在的楼层。

➤ 通话距离（Call Distance）：可以呼叫电梯的距电梯门的距离。

➤ 双层（Double-Deck）：电梯是否应使用两个相连的楼层来运送人员。

④ 额定负载　额定负载是对于电梯满载时所装载的人数的评估。这个默认值是在 Steering 模式下，建立在对有多少默认尺寸（直径：45.58cm）的乘客正常装满电梯的评估之上的。增加或者减少这个额定负载值会导致在电梯里的人的尺寸被放大或缩小。这个比例系数（默认为1.0）由额定负载提供的相关密度决定。这使得调整负载成为可能，同时仍然考虑单个乘员体型的差异。在 Steering 模式下，电梯的几何图像就可以导致装载减少（例如这个电梯是 2.8 个人的宽度），那么就需要确认电梯装载和电梯厂家提供参数的对比结果。

⑤ 连接/断开楼层　当电梯被创建时，默认情况下沿着电梯井的每一个楼层都是与电梯门相连接的。但是，为了阻止人员在某些特殊楼层通过门进入/离开电梯，个别电梯门可以被禁用。为此，在导航视图或 3D/2D 视图中右键单击想要禁用楼层的电梯门，并在右键菜单中选择禁用（Disable）。要重新启用它，就在导航视图中右键单击门并选择启用（Enable）。或者，右键单击一个电梯的水平面，选择禁用从而中断这个水平面上所有电梯门的连接，进而有效地防止电梯搭载人员。

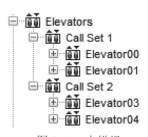

图 8-46　电梯组

⑥ 召唤一组电梯　默认情况下，每个电梯都是独立运行的，但是电梯也可以被分为一组来进行召唤。在这种情况下，当一组中有一个电梯被召唤时，组内其他电梯也被召唤至搭载楼层。想要创建一组电梯，需要在最上方创建一个新的电梯组，并将其他的电梯加进组中，所有组内的电梯即为同一组，如图 8-46 所示。

⑦ 双层电梯　双层电梯使用两个相连的楼层来运送人员，这提高了其在楼层之间移动的效率。人员使用双层电梯类似于普通电梯。

呼叫电梯后，双层电梯到达指定楼层，其两层楼层的门在相邻的两个楼层（偶数和奇数）打开。当楼层装载时，双层电梯移动到释放楼层。双层电梯需要两个释放楼层。在 Pathfinder 中，释放楼层表示较低的释放楼层。上层释放层位于下层释放层的正上方。到达释放层后，两层的电梯门打开，允许人员离开电梯的两层。

在 Pathfinder 中使用双层电梯时，必须遵循几个条件。首先，高于和低于释放层的电梯层总数必须相等，同时也可以禁用任何非释放层。其次，每对偶数和奇数层之间的垂直距离必须等于下层和上层释放层之间的垂直距离，因为电梯之间的距离是固定的。但是，不同级别对之间的距离可以是任意的。最后，不能禁用最低释放层和最高释放层。

（10）退出　在 Pathfinder 中，出口只是存在于模型边界上的细门，其一侧只能存在一个房间。它的创建方式与薄门部分的讨论几乎相同，唯一的区别是门必须位于房间的边缘，并且边缘不得在两个房间之间共享。其显示方式与薄门相同，只是颜色变为绿色，如图 8-47 所示。

图 8-47　出口门

8.2.2　导入文件

Pathfinder 可以导入大量的图像和 CAD 格式。导入的文件可用作辅助工具，以更快地生成导航网格，并为模拟提供更多情景和视觉吸引力。

（1）导入图像　在 Model 菜单中点击 Add a Background Image 可以导入背景图像，点击时，会出现一个对话框，提示一个图像文件。目前支持的图像格式有 BMP、GIF、JPG、PNG 和 TGA。

选择一个文件之后，出现一个新的对话框，如图 8-48 所示，此对话框允许指定图像属性，以便可以应用适当地缩放、旋转和偏移。在图像上指定一个点在 3D 模型中的位置，默认情况下将放置在模型中的原点。要指定缩放的图像，选择 A 和 B 两个点，并指定它们之间的距离。要指定旋转的图像，可以输入一个角度，指定从 A 到 B 的向量与向量（1，0，0）之间的角度，A→B 向量应与 X 轴呈 90°。单击 OK，图像将按指定放置在模型中，如图 8-49。

在导航视图中，导入的图像被添加到 Imported Geometry→Background Images 组中。从那里可以编辑和删除图像。另外，任何楼层可以添加任意数量的图像。

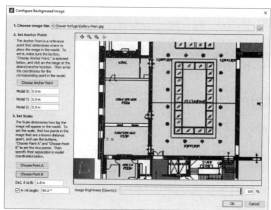

图 8-48　设置原点与缩放点

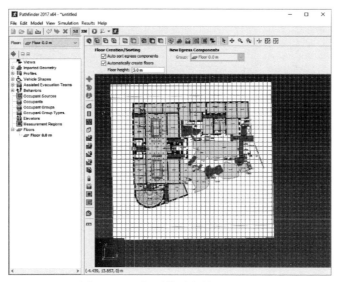

图 8-49　添加到模型中的背景图像

（2）导入 CAD 文件　Pathfinder 可以从多种 CAD 格式导入几何图形，包括 building SMART 的 IFC 格式，用于建筑信息模型（BIM）、AutoCAD 的 DXF、DWG、FBX、DAE 和 OBJ 文件。

根据导入的文件类型，Pathfinder 提供了各种工具来生成导航网格元素，例如房间、门和楼梯。为了导入文件到模型中，需执行以下操作。

a. 在文件（File）菜单下选择导入（Import）并选择想要导入的文件。

b. 当选择一个文件后，一个向导式的对话框将出现，如图 8-50 所示。

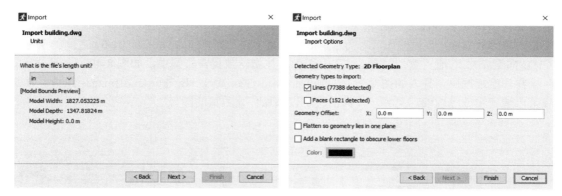

图 8-50　导入对话框

c. 第一个提示询问是将 CAD 数据导入到当前模型中还是导入到新模型中。导入到当前模型中允许将多个 CAD 文件导入到同一个 Pathfinder 模型中。

➢ FBX 导出器：如果正在导入 FBX 文件，第二个提示将询问用于导出该文件的软件。如果使用 SimLab FBX 插件创建 FBX 文件，请从下拉框中选择 SimLab，否则选择"未知"。此选择控制后续提示中的默认设置。在某些情况下，Pathfinder 能够检测文件是否使用 SimLab 插件导出，并将自动选择此选项。

d. 单位（Units）：要求用户选择创建 CAD 文件的基本单位。如果该图被保存在最近的文件格式中，则提示将默认为存储单位类型。

e. 导入设置（Import Settings）：下一个提示允许用户控制某些数据的导入方式，并更正文件的 CAD 导出器写入的可能不正确的某些数据。

➢ 正常容差（Normal Tolerance）（仅限 DWG/DXF）：控制弯曲物体的质量。降低这个值会产生更高质量的对象，但代价是呈现速度变慢。默认值 15° 提供了良好的平衡。

➢ NURB 网格线（NURB Gridlines）（仅限 DWG/DXF）：控制 NURB 曲面的质量。 增加此值可获得更高质量的曲线，但代价是渲染速度变慢。默认值 5 提供良好的平衡。

➢ 自动校正反转多边形（Auto-correct inverted polygons）：某些 CAD 文件包含有关影响多边形照明方式的法线信息。在某些情况下，法线可能与多边形的方向不匹配，这可能会导致多边形显得太暗。选择此选项将允许 Pathfinder 尝试检测这些情况并更正其方向。此选项在大多数模型中都适用，并且通常可以安全保留。

➢ 折角（Crease Angle）：某些 CAD 文件不提供对象的照明数据来确定它们看起来是平滑的或多面的。此时，折角被用于确定此信息。若两相邻面之间的角度大于此值，则其为两个独立分开的面，否则为一个光滑的曲面。 此选项还可能影响启用"Show Object Outlines"选项时是否显示面的边缘。

➢ 合并相同材料（Merge identical materials）：一些 CAD 导出器（即 SimLab 的 Revit FBX 插件）会在文件中为每个对象创建一个唯一材质，这可能会导致数百或数千种材质具有重复的属性。选择此选项可将具有重复属性的材料合并为一种材料，从而显著减少模型中的材料数量，而不会降低质量。此选项的唯一缺点是，为向更多对象分配相同的材质，使用"Select All by Material"操作时会丢失一些颗粒度。

➢ 忽略透明度颜色（Ignore transparency color）（仅限 FBX）：在 FBX 文件中，材质透明度由透明度颜色和系数确定。某些 CAD 导出器（SimLab 的 FBX 插件）无法正确导出颜色。选择此选项将允许 Pathfinder 忽略 FBX 文件中的透明度颜色，而仅使用透明度因子，从而正确导入透明度。仅当已知文件来自 SimLab 插件或未选择文件存在透明度问题时，才应选择此选项（即应透明的对象没有透明，反之亦然）。

➢ 对象分组（Object Grouping）（仅限 IFC）：指定对象导入 Pathfinder 后将如何分组。该值可以是以下值之一。

✧ 空间（Spatial）（默认）：对象根据模型的空间布局进行分组。例如最上面的一组是建筑工地，下一组是建筑物，下一组是楼层等。

✧ 按类型（By Type）：对象按类型分组。例如将有一个用于墙壁、家具、平板等的组。

f. 选项（Options）：选项提示允许用户选择多种信息进行输入，在这之前，Pathfinder 将会提示导入的 CAD 文件是包含 2D 文件还是 3D 模型，并将基于检测到的类型选择默认的数值进行匹配。

➢ 线（Line）：选中以导入文件中的线条（默认值为仅选中平面图）。

➢ 面（Faces）：选中以导入文件中的面（默认值为仅选中 3D 模型）。

➢ 几何偏移（Geometry Offset）：将 X、Y 和 Z 平面上导入的几何图形偏移指定的值。

➢ 将几何图形放置于一个平面上（Flatten so geometry lies in one plane）：选中该项，所有几何图形将在 Z 轴上按 1×10^{-9} 的比例缩放。这对于在多个平面中绘制楼层平面图很有用，此选项会将它们全部展平到一个平面中（默认值为仅选中 2D 平面图）。

➢ 添加一个空白矩形以模糊低楼层（Add a blank rectangle to obscure lower floors）：选中该项，则将向模型添加指定颜色的实心矩形。这对于遮挡位于较低楼层的几何图形非常有用。默认情况下，导入矩形的类型为"ignore"，因此它不会帮助生成实心矩形（默认值为仅选中 2D 楼层平面图）。

g. 点击完成（Finish）导入文件。所有导入的元素将在导航视图里的导入几何体（Imported Geometry）选项中显示。如果 CAD 文件是 DWG 或 DXF，则分组结构将包括模型级、层级和分布在层内的所有实体。对于 IFC 文件，分组由前面指定对象分组设置决定。对于其他 CAD 文件，分组结构将与文件中的节点结构匹配。若导入 CAD 文件中的实体既包含线又包含面，那么 Pathfinder 会将其分割为 2 个实体，一个线实体、一个面实体。

在 Pathfinder 2012.1 之前的版本中，DXF 导入允许创建可传递到 3D 结果查看器的背景图像。虽然此选项不再可用，但导入的线和面数据现在都直接发送到 3D 结果查看器，无需背景图像。

① 导入的对象 导入 CAD 文件时，可能会有许多生成的对象。根据导入文件的类型，可以为每个生成的对象导入不同级别的信息。每个对象都有一个名称，并且始终包含一些几何信息，例如构成对象的 2D 曲线或 3D 面。对于某些文件（如 IFC 文件），可能存在更高级别的信息，例如对象是否为门以及门的宽度。

所有导入对象的共同点是能够设置一些可视属性，例如几何图形的每个组件的颜色和不透明度。导入的几何图形将按原样发送到 3D 结果，从而生成清晰的数据。

选择导入的对象后，将显示其属性面板，如图 8-51 所示。

图 8-51　导入的 IFC 对象属性面板

导入的对象具有以下属性。

➢ 可见（Visible）：对象当前是在 3D 还是 2D 视图中显示。

➢ 材料（Material）：打开 Show Materials 选项时应用于所选表面的材质。单击材料按钮将打开材料对话框。在此对话框中，可以编辑材质，也可以通过从左侧列表中选择一个新材质并单击确定将新材质应用于表面。要删除对材料的引用，请从材料列表中选择 No Material 选项。值得注意的是，由于材质可以在面之间共享，因此编辑应用于一个面的材质也会更改引用该材质的所有面的视觉外观。

➢ 颜色（Color）：当所选对象没有材质或显示材质选项未开启时，显示所选对象的颜色。

➢ 不透明度（Opacity）：当所选对象没有材质或显示材质选项已关闭时，所选对象的不透明度。

➢ 几何边界（X，Y，Z Bounds）：对象几何图形的边界。

➢ 对象类型（Object Type）：导入文件中指定的对象的原始类型。对于 IFC 文件，这是对象的 IFC 实体类型，例如 IfcRoof。

➢ 导入类型（Import Type）：指定在自动生成模型时如何处理对象。Pathfinder 在导入过程中选择此属性的值。

➢ 从 BIM 选择生成模型（Generate Model from BIM Selection）：此操作将尝试从选定的导入对象生成 Pathfinder 模型。

② 导入 IFC 文件 IFC 文件以完全 3D 格式提供建筑信息模型（BIM）数据。此格式包含有关建筑物中对象类型的高级数据，包括楼板、楼梯、门等，它为将导入的对象转换为 Pathfinder 元素提供了最流畅的工作流程。它还支持作为许多建筑 CAD 包（包括 Revit）的导出格式。但是与其他导入格式不同的是当前还不支持纹理操作。

从其他 CAD 包（如 Revit）导出 IFC 文件时，最好使用 IFC 2×3 坐标视图，但其他 IFC 视图也应有效。

从 IFC 文件导入的每个对象都对应一个 IFC 实体实例。目前，仅导入具有 3D 几何图形的实例。此外，开口（孔）是从对象中预减去的，且不会作为对象导入。例如，IFC 文件中的墙可能与窗口的打开对象相关联。导入时，Pathfinder 将从墙几何体中减去开口的几何图形，并仅导入生成的墙。该窗口还将作为单独的对象导入。

每个对象的对象类型（Object Type）设置为对象的 IFC 实体类型，例如 IfcWall。导入类型（Import Type）是根据对象的 Object Type 以及 IFC 文件中指定的其他属性自动选择的。例如具有实体类型的 IFC 对象 IfcCover 具有关联的 PredefinedType 属性，该属性指定它是哪种覆盖物，如墙面覆盖物或地板覆盖物。对于地板覆盖物，Pathfinder 会在导入过程中自动将对象的 Import Type 设置为 "地板"。其他类型的覆盖物成为障碍。

表 8-1 指定了如何为输入的 IFC 对象选择 Import Type。

表 8-1　IFC 对象的导入类型

IFC 实体类型	IFC 预定义类型	对象名称	导入类型
IfcBuildingElementProxy		"Path of Travel" "RPC 男性" "RPC 女性"	忽略
IfcCovering	地板		地板
IfcDoor			门
IfcElement			障碍
IfcRamp			地板
IfcSlab			地板
IfcStair			楼梯
IfcTransportElement	自动扶梯		楼梯
IfcTransportElement	移动人行道		地板
其他			忽略

注意，对象的名称必须包含指定的文本之一。除非在表中特别列出，否则 IFC 实体类型包括派生实体，例如 IfcElement 包括 IfcBeam、IfcColumn 等。这些实体派生自 IfcElement，因此并未列在表中展示。然而，IfcElement 不包括 IfcDoor，因为 IfcDoor 在表中。此外，IfcDoor 包括 IfcDoor 和 IfcDoorStandardCase，但由于 IfcDoorStandardCase 是派生的，因此也未做展示。

③ 导入 DXF 文件　DXF 是 Autodesk 提供的一种基本 CAD 格式。这种格式支持基本的几何类型，包括 3D 面、线和文本，但不支持材质信息，如纹理、光照参数等。所有 DXF 对象的导入类型都是障碍物。为了使 Import Type 更有用，必须手动设置它。

④ 导入 DWG 文件　DWG 格式类似于 DXF，但它也有对材质（包括纹理）的基本支持。它只支持将纹理映射到对象上，但是很少有 CAD 应用程序可以导出 DWG 文件。一些如 Revit 的文件，会排除材质和纹理信息。

所有 DWG 对象的导入类型都是障碍物。为了使 Import Type 更有用，必须手动设置它。

⑤ 导入 FBX 文件　FBX 仅支持 3D 面，但它对材质信息和材质映射有很好的支持。此外，许多 3D 建模应用程序都内置了对导出 FBX 文件的支持。

所有 FBX 对象的导入类型都是障碍物。为了使 Import Type 更有用，必须手动设置它。

⑥ 导入 Pyrosim 和 FDS 文件　PyroSim 和 FDS 文件提供了具有 3D 面的对象。如果导入的文件包含孔，则这些孔将自动从实体障碍物中减去并丢弃。如果文件包含网格，则网格将像 FDS 一样相交，且网格的其余面将被导入。如果文件包含 OPEN 通风口，则通风口将从相应的网格面中减去并丢弃。

⑦ 导入 Revit 文件　虽然 Pathfinder 无法直接导入 Revit 文件（RVT），但有几种方法可以将数据从 Revit 导出为 Pathfinder 可以读取的文件格式。每种方法都各有优缺点，具体内容如下所述。

➢ 使用第三方插件将 Revit 转为 FBX：此方法需要使用第三方插件，它通常会产生良好的结果，并且材料、纹理和纹理坐标得到了很好的支持。在许多情况下，这是在 Pathfinder 中再现原始 Revit 文件图形的最可靠方法。SimLab Soft 是一家为多个 CAD 软件包（包括 Revit 和 Sketchup 等）提供商业 FBX 导出插件的公司，并提供强大的纹理支持。要使用第三方插件导出，需执行以下操作。

a. 下载并安装相应的插件。

b. 按照插件的说明从 Revit 导出 FBX 文件。如果插件支持嵌入式媒体，请在导出之前选择此选项。此选项允许将纹理嵌入到 FBX 文件中，从而更容易将 FBX 传输到另一台计算机。

c. 如果要将 FBX 文件导入到导出文件的同一台计算机上的 Pathfinder 中，或者选择了嵌入的媒体选项，请继续执行下一步，否则，可能需要执行一些额外的步骤来确保在导入 Pathfinder 时可以找到纹理。

确定 FBX 导出器将纹理保存到的目录。某些导出器可能会将纹理放在 FBX 文件的子目录中，并为其指定与 FBX 文件相同的名称。其他的可能会将纹理保存到特定于程序的常见位置。例如 SimLab Revit 导出器将特定文件的纹理保存到 C:\ProgramData\Autodesk\Revit\Addins\SimLab\FBXExporter\data\Imported_Textures\#，其中#是特定于导出文件的数字，例如 40。

若该文件夹不是 FBX 文件的子目录，需剪切此文件夹并粘贴到与 FBX 文件相同的位置。粘贴的文件夹可以保持原样或重命名为与 FBX 文件相同，而不带.fbx 扩展名。

将 FBX 文件和纹理文件夹传输到要将 FBX 文件导入 Pathfinder 的计算机。

d. 将 FBX 文件导入 Pathfinder。

➢ Revit 转为 IFC（直接）：第一种方法以行业基础类（IFC）格式导出建筑信息模型（BIM）。要在 Revit 2019 中执行导出，请执行以下操作：

a. 在 Revit 中打开所需的 RVT 文件。

b. 在"文件"菜单下，单击"导出→IFC"。

c. 选择所需的 IFC 文件名。

d. 如果需要，单击修改设置以选择不同的导出设置。

e. 单击导出以保存文件。

f. 将 IFC 文件导入 Pathfinder。

➢ Revit 转为 DWG（直接）：此方法可直接从 Revit 导出 DWG 文件，再将其导入到 Pathfinder 中。虽然执行简单且只需要 Revit，但由于 Revit 的 DWG 支持有限，此方法会丢失包括纹理在内的有关材质的所有信息。要在 Revit Architecture 2014 中执行导出，请执行以下操作：

a. 在 Revit 中打开所需的 RVT 文件。

b. 单击左上角的 Revit 图标 。

c. 选择"导出→CAD 格式→DWG"。

d. 在"DWG 导出"对话框中，在"导出"中选择"在会话视图/图纸集中"。

e. 在"在列表中显示"，选择"模型中的视图"。

f. 单击"无检查"按钮，然后在视图表中选中"三维视图"复选框（可以选择其他视图，但 DWG 将仅包含所选视图中可见的图元）。

g. 单击下一步，然后选择 DWG 文件的文件名。

h. 单击"确定"创建 DWG。

i. 将 DWG 导入到 Pathfinder 中。

➢ Revit 转为 FBX（直接）：此方法直接从 Revit 导出 FBX 文件，再将其导入到 Pathfinder 中。与导出 DWG 一样，此方法执行简单，只需要 Revit，但此方法还会丢失有关材质和纹理的所有信息，因为 Revit 会加密材质数据，从而使 Pathfinder 无法读取。要使用 Revit Architecture 2014 导出，请执行以下操作：

a. 在 Revit 中打开所需的 RVT 文件。

b. 单击左上角的 Revit 图标。

c. 选择"导出→FBX"。

d. 选择 FBX 文件的文件名。

e. 单击"确定"创建 FBX。

f. 将 FBX 导入 Pathfinder。

➢ Revit 到 FBX 到 AutoCAD 到 DWG：此方法需要 Revit 和 AutoCAD，并且不执行完美的转换，但它保留了一些有关材质和纹理的坐标信息。此处描述的步骤使用 Revit Architecture 2014 和 AutoCAD 2014：

a. 在 Revit 中打开所需的 RVT 文件，单击左上角的 Revit 图标。

b. 选择"导出→FBX"。

c. 指定所需的文件名，然后单击保存。

d. 打开 AutoCAD，在功能区的"插入"选项卡上，选择"导入"。

e. 选择由 Revit 创建的 FBX 文件。

f. 将出现"FBX 导入选项"对话框，请参阅下面的推荐设置。

g. 单击"确定"完成导入。可能会收到有关相机剪辑平面的警告。

h. 将文件另存为 DWG。

i. 将 DWG 导入到 Pathfinder 中。

以下是 FBX 导入的推荐设置。

导入部分（Import Section）：确保选中"对象和材质"，且光源和摄像机在 Pathfinder 中未使用。

将对象指定给图层（Assign Objects to Layers）：可以选择任何选项，但"按材料"是 Pathfinder 的有效选项。

单位换算（Unit Conversion）：虽然当前图形单位正确，但 FBX 文件单位往往不正确。无论 FBX 文件中显示什么单位，它的实际单位始终为 FOOT。需要指定适当的值才能进行正确的单位转换。例如如果当前的绘制单位是毫米，则可以输入值，左边是 1，右边是 304.8，因为每 304.8 毫米有 1 英尺。

块：取消选中将文件插入为块。

（3）使用导入的数据　可以导入的每种类型的文件都有助于创建导航几何图形。不同的类型可以以各种方式合作，创建所需的房间、楼梯和门。

① 自动生成模型　创建完整的 Pathfinder 导航网格（包括房间、门和楼梯）的最简单方法是使用"从 BIM 生成模型"操作。此操作最适合导入的 IFC 文件，但也可以处理其他 CAD 文件类型，只要这些文件包含 3D 面数据，例如来自 DXF、DWG 和 FBX 文件的数据。这些非 IFC 文件类型需要一些额外的步骤。要使用此操作，请执行以下步骤。

a. 将参与模型的所有 CAD 文件导入到同一个 Pathfinder 模型中。

b. 如果导入的文件中存在非 IFC 类型的对象，请设置从这些文件中导入的对象的"导入类型"。这些文件默认所有对象的导入类型为障碍物（Obstruction），所以只需要对非障碍物执行此操作。

一些快速做到这一点的方法包括：如果导入的对象在导航视图中按类型分组，则选择包含所有对象的组（如所有门），并在属性面板中选择"导入类型"为"门"；如果导入的对象名称中包含对象类型，例如 Door43，则使用搜索工具（Edit→Find）选择名称中包含"门"文本的所有对象，然后将整个选区的导入类型设置为门。

c. 删除不应参与 Pathfinder 模型的对象，或将其"导入类型"设置为"ignored"。例如如果文件包含替代对象（如建筑围护结构），则可能需要这样做。

d. 在"模型"菜单中，单击"从 BIM 生成模型"，将显示"生成设置"对话框。

e. 设置用于生成模型的所需属性后单击生成。这将为导入的模型生成房间、楼梯和门。

f. 如果仍需要添加出口，请手动添加。

g. 模型中可能不需要额外的独立房间。删除这些组件的一种简单方法是首先右键单击结果中应存在的房间，然后从右键单击菜单中选择"选择连接的组件"。 在对话框中选择"整个图形"选项，然后单击"确定"， 隐藏所选对象。重复此操作，直到隐藏了所有必需的组件。可以选择和删除剩余的额外房间。

如果只需要在 Pathfinder 中对导入对象的子集进行建模，请在使用上述步骤生成模型之前将不需要对象的导入类型设置为"ignored"，或者改为执行以下操作：

a. 选择应转换为导航元素的导入对象，所选内容不必包括设置为障碍物（Obstruction）的对象，因为在模型生成过程中会自动减去障碍物。

b. 右键单击所选对象，然后从菜单中单击"从 BIM 选择生成模型"。

c. 在"生成设置"对话框中，输入所需的设置，然后单击"生成"。

值得注意的是，当使用"从 BIM 选择生成模型"时，如果现有房间和新房间存在于相同的空间中，那么前者将被后者房间覆盖，但现有的门和楼梯将不会被覆盖，因为这可能会导致存在重复的门和楼梯。

➤ 生成进程：表 8-2 描述了 Pathfinder 如何根据导入对象的导入类型以及可能与对象一起导入的任何其他属性将导入对象转换为其导航元素。

表 8-2　将类型导入 Pathfinder 导航元素

导入类型	Pathfinder 类型	详细说明
忽略		生成模型时，将完全忽略这些对象。
门	门	为生成 Pathfinder 门，首先要获得导入门的几何形状，定义为 Pathfinder 门的形状。若导入的门有关联的墙开口，则使用墙开口的几何图形，否则使用门的几何形状。几何图形的最小边界矩形用于定义 Pathfinder 门形状。若使用门的几何图形，且具有关联的开口宽度属性，则生成的门不会比此开口宽。再将最小边界矩形拉伸到一个框中，使框底略低于源几何图形底部，顶部略高于其顶部，再从生成的房间中减去此框，并使用 Pathfinder 门填充间隙
自动扶梯	楼梯和房间	转换的执行方式与"导入类型楼梯"的执行方式相同。 如果必须将生成的楼梯视为实际自动扶梯，则必须在生成模型后设置其属性
地板	房间	Pathfinder 将识别导入对象的潜在行走表面。然后它将识别所有潜在的障碍物，并将它们从行走表面上减去。除了具有"导入类型""门"和"忽略"的对象外，所有导入的对象都被视为流动的障碍物
自动人行道	房间	转换的执行方式与"导入类型地板"相同。如果需要实际的自动人行道而不是房间，请删除生成的房间并创建自动人行道
障碍		这些对象不会直接成为 Pathfinder 对象。相反，它们要么成为房间中的洞，要么成为薄的边界墙
坡道	房间	转换的执行方式与"导入类型地板"相同。若需要实际坡道而不是房间，请删除生成的房间并创建坡道
楼梯	楼梯和房间	要生成 Pathfinder 楼梯，首先生成导入对象的台阶，就像它们是房间一样。与房间一样，从中减去头顶障碍物，例如栏杆。在此之后，楼梯的台阶被使用 Pathfinder 楼梯连接在一起。如果多个台阶可以串成一排，并具有相似的上升和运行特性，它们可以成为一个楼梯。否则它们将被分成多个楼梯，以便每个楼梯都有类似的上升和运行特性与底层导入几何图形。此过程可能会将部分楼梯几何形状（例如平台）保留为房间

➢ 生成设置：使用"从 BIM 生成模型"操作时，可以在"生成设置"对话框中指定各种设置，如图 8-52 所示。

"生成设置"对话框中提供了以下设置。

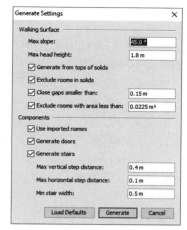

图 8-52 "生成设置"对话框

a. 最大坡度（Max Slope）：确定要视为可步行表面的楼层的最大坡度。斜率为 0°表示平面，而斜率为 90°表示垂直。

b. 最大头部高度（Max head height）：被视为头顶障碍物的物体的最大高度。头顶障碍物用于切断由此产生的房间的一部分，以防止人员在该空间中行走。高于此值的导入对象将不计为障碍物。

c. 从实体顶部生成（Generate from tops of solids）：如果选中，则仅当封闭的实体对象位于实体的顶部时（即其上方的对象中没有其他表面），才会从封闭的固体对象生成可行走表面。这有助于减少考虑用于生成房间的表面数量，从而减少计算时间。 但如果选中或取消选中，则结果应相同。如果结果中缺少房间，请尝试取消选中此选项。

d. 排除固体中的房间（Exclude rooms in solids）：如果选中，则在实体对象（如墙壁）内生成的房间将从结果中排除。这有助于减少生成的房间数量。如果结果中缺少房间，请尝试取消选中此选项。

e. 闭合小于 x 的间隙（Close gaps smaller than x）：选中该项会将细边界边插入到靠近房间边界的位置。这与"排除面积小于 x 的房间"结合使用以降低模型的复杂性非常有用。

f. 排除面积小于 x 的房间（Exclude rooms with area less than x）：选中该项后，面积较小的房间将从结果中排除。这与"闭合小于 x 的间隙"结合使用非常有用，可以降低模型的复杂性并移除人员不会行走的部分，例如桌子和墙壁之间的部分。

g. 使用导入的名称（Use imported names）：如果选中，生成的导航元素（房间、门、楼梯）将以派生它们的导入对象命名，否则将使用通用名称。

h. 生成门（Generate doors）：若选中，则将 Pathfinder 从导入的门添加到导航网格体中。如果任何导入对象的"导入类型"设置为"门"，则可以将其视为门。

i. 生成楼梯（Generate stairs）：如果选中，则将 Pathfinder 楼梯从导入的楼梯添加到导航网格体中。如果任何导入对象的"导入类型"设置为"楼梯"，则可以将其视为楼梯。此外，如果导入的楼梯不符合单个 Pathfinder 楼梯（如螺旋楼梯），则一个楼梯可能会变成多个 Pathfinder 楼梯，包括单步楼梯。

j. 最大垂直步距（Max vertical step distance）：楼梯台阶之间 Z 方向上允许的最大距离。如果导入的楼梯包含任何比此更远的连续台阶，Pathfinder 将不会连接它们。

k. 最大水平步距（Max horizontal step distance）：楼梯台阶之间 XY 方向上允许的最大距离。如果导入的楼梯包含任何比此更远的连续台阶，Pathfinder 将不会连接它们。

l. 最小楼梯宽度（Min stair width）：生成的楼梯的最小宽度。如果一个看起来像楼梯的区域比这个距离窄，它就不会形成楼梯。

➢ 限制：虽然"从 BIM 生成模型"操作可以快速为 Pathfinder 仿真提供一个良好的起点，但它确实存在一些限制，包括：

a. 自动扶梯仅支持作为 Pathfinder 楼梯。它们的速度和方向在提取过程中不确定。

b. 自动人行道仅支持作为 Pathfinder 房间。它们的速度和方向在提取过程中不确定。

c. 目前不支持电梯。

d. 生成的门可能比实际门开口略宽。这是因为门的形状是由导入门的关联墙壁开口或门几何形状确定的。在前一种情况下，由于门卡住，实际的门开口可能略小于墙壁开口。在后一种情况下，门几何形状通常包括门饰，其可能比实际门开口宽几英寸。此外，某些 CAD 软件包可能会将侧面带有窗户的幕墙门导出为一个门对象。在这种情况下，生成的门可能比实际的门开口宽得多，因为墙壁开口或门几何形状将包括侧窗。

e. 口袋门的宽度可能是应有的两倍，因为它们的开口可能包括墙壁内的空间。

f. 如果导出 IFC 文件的 CAD 软件包使用深墙开口，而不是刚好足够深以在墙上切出开口的开口，则门可能比周围墙更厚/更深。 这不会对模拟产生重大影响，除非开口非常深。

g. 门阈值的存在可能会阻止门正确生成。

h. Pathfinder 楼梯仅从标记为 Import Type，Stair 的对象生成。某些对象（例如体育场中的台阶）可能看起来像楼梯，但实际上被标记为地板。在这种情况下，不会自动生成楼梯，而是看起来像不相连的小房间。

i. Pathfinder 可能会将某些对象视为不应参与提取过程的障碍物，例如表示建筑物围护结构的替身对象。这是由于 IFC 格式或导出 CAD 包中的限制造成的，其中这些对象用实体类型 IfcBuildingElementProxy 标记。此类型只是 IFC 标准本身不支持对象的替代数据类型。它们可能是也可能不是模型中的物理对象，目前没有办法区分，因此 Pathfinder 将它们全部视为障碍物。

➤ CAD 导入疑难解答：根据导入的 CAD 数据，生成 Pathfinder 模型时可能会出现一些问题。表 8-3 有助于确定问题的根源并解决问题。

表 8-3　CAD 导入问题、原因和解决方案

问题	原因	解决方案
生成的房间应当连接时，中间却有一堵墙，或者房间之间有间隙	壁/缝隙实际上可能是相邻墙壁之间存在的非常薄的缝隙。Pathfinder 目前不会自动闭合它们	要么沿着边缘画一扇门来闭合间隙，要么调整房间的几何形状并将它们合并在一起
生成的门应当连接两个房间，但却变为一个出口	如果导入的门没有关联的墙壁开口，门的几何形状比周围的墙壁薄，并且门下没有板或其他地板物体，则可能会发生这种情况	选择门并使用操作工具将它连接到门开口的另一侧
门生成位置不对	如果一扇门被分成几块或物体被标记为实际上不是门的门，则可能会发生这种情况。例如，将门装饰建模为与实际门不同的对象，且该装饰也标记为门，则可能会发生这种情况，该情况下，装饰被建模为单独的门	删除门并改为手动绘制
生成的门过小	这通常是由与上述相同的问题引起的	选择门并将属性面板中的宽度更改为所需的大小，或者删除门并重新绘制
生成的门过宽	这可能由于门提取算法的限制而发生的	选择门并将属性面板中的宽度更改为所需的大小
一扇门消失	导入对象的"导入类型"未设置为 Door，或门下方没有行走表面，没有关联的墙开口，且比周围墙更薄。若存在门阈值，也可能发生该情况	手动绘制门
一个房间消失	这可能是因为定义楼板的导入对象未将其"导入类型"设置为 Floor，或者打开了"排除实体中的房间"选项，并且模型中有一个实体对象标记为不应出现在模型中的障碍物，例如表示建筑围护结构的对象	撤销导入，确保"导入类型"设置为 Floor，并删除不应存在于模型中的对象。然后再次尝试生成模型。若仍然不起作用，请手动绘制房间

问题	原因	解决方案
一个楼梯消失	导入的楼梯对象未标记为楼梯,或者台阶距离超出了在生成设置中设置的限制	撤销导入,将"导入类型"设置为"楼梯",然后再次执行"从 BIM 生成模型"操作,或手动绘制楼梯
导入的楼梯被分割成几个 Pathfinder 楼梯	如果导入的楼梯不符合 Pathfinder 楼梯(例如螺旋楼梯),则可能会发生这种情况。如果有多个方向,人员可以从楼梯台阶上走下来,也可能会发生这种情况。另一个原因可能是从一个台阶到另一个台阶的阶梯上升/运行发生了巨大变化,例如顶部或底部台阶与楼板不完全对齐	如果楼梯应生成为单个 Pathfinder 楼梯,请删除生成的楼梯并手动绘制楼梯
生成的楼梯的台阶与导入的楼梯的台阶不完全匹配	若导入的楼梯的台阶没有一致的高度或深度,或导入的楼梯与其连接的楼板不完全对齐,则可能会发生这种情况。该情况下,Pathfinder 会在楼梯的整个上升/运行中平均生成的台阶,这可能导致台阶与导入的楼梯略微不对齐	如果需要,选择 Pathfinder 楼梯并在属性面板中更改其阶梯上升/运行
一个电梯消失	目前不支持生成电梯	手动创建电梯
自动扶梯在侧面有额外的台阶	自动扶梯生成为楼梯。Pathfinder 使用通用算法生成楼梯,其中任何平面都可以被视为一个台阶。如果某些几何体看起来像是一个台阶,Pathfinder 将创建一个通往它的楼梯	删除多余的楼梯

② 单独提取房间 虽然自动模型生成应该适用于大多数 3D CAD 文件,但它可能并不总是能产生所需的结果,用户可能希望对生成的房间进行更多控制,或者可能只是为某些非 IFC CAD 文件设置导入类型存在困难。

Pathfinder 提供了一个提取室工具 ,可以解决这些问题。此工具允许使用填充算法单独提取房间。虽然提取所有必要的房间可能需要更多工作,但它不要求对象指定导入类型。

a. 从 3D 或 2D 视图左侧的绘图工具面板中选择工具。 工具属性如图 8-53 所示。

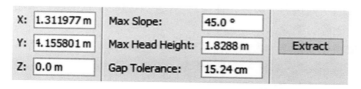

图 8-53 房间提取工具属性

最大坡度(Max Slope):指一个人可以行走的最高坡度。只有坡度小于此值的导入面才会包含在结果中。

最大头部高度(Max Head Height):指将包含在模拟中的所有人员的最大高度。 此参数用于从生成的房间中减去头顶障碍物。

间隙公差(Gap Tolerance):在处理导入数据中的缺陷时提供一些控制。如果墙壁比间隙公差更近,Pathfinder 将在该区域添加额外的薄壁帮助分割房间,这样结果就不会渗入不需要的区域。

b. 选择适当的参数后,在属性面板中输入所需房间楼层的位置,或在 3D 或 2D 视图中单击此点。

c. 如果此点在"最大头部高度"内没有任何高空障碍物，并且该点位于坡度小于最大坡度的多边形上，则 Pathfinder 将从该点向导入几何体的多边形行进，直到找到房间的边界。它还将从生成的房间中减去最大头部高度内的头顶障碍物。

一个 3D CAD 模型和一个从它提取的房间如图 8-54 所示。

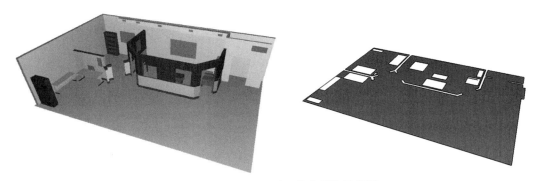

图 8-54　CAD 模型及从中提取的房间

使用提取房间工具时，Pathfinder 将包括所有带有面的导入几何体，即使隐藏也是如此。如果必须从房间提取中排除某个对象，则必须在执行提取之前将该对象的"导入类型"设置为"ignored"，否则此工具将完全忽略对象的导入类型。

③ 使用 2D CAD　可以通过两种方式处理 2D CAD 数据。

一种是用作绘制房间的指南，类似于背景图像，具有可被捕捉到的额外优点。另一种是从其中提取房间，类似于上面描述的 3D 导入几何图形。

从 2D CAD 数据中提取房间的工作方式与从 3D CAD 数据中提取房间类似，使用提取房间工具。此外，用户必须使用该工具单击模型中的点来提取一个房间。

与 3D 提取的主要区别是点击点不能位于任何用于房间提取的 3D 导入面上，相反，它必须位于空白空间（或使用 2D 平面图导入的背景矩形上）。单击的点也应被导入的 2D 线包围。这些线将形成生成的房间边界。因此，任何对房间边界没有贡献的线，例如符号、标记等，应在单击提取点之前删除、隐藏。

要从楼板提取中手动排除导入的几何图形，请选择该几何图形，然后从属性面板中将"导入类型"设置为"ignored"。在确定要从哪个导入的几何体中提取房间时，2D 房间提取工具将自动排除隐藏对象和手动忽略的对象。

单击所需点后，从俯视图查看模型的周围 2D 线将沿 Z 轴投影到活动楼层的工作 Z 平面上，这些投影线将用于定义单击点周围的空间。如果周围的线没有形成如图 8-55 左所示的闭合边界，则生成的房间将溢出到线之外，并在所有线的边界框周围形成一个房间，如图 8-55 右所示。在这种情况下，可以使用薄壁工具将房间的外部与内部分开。分离后，可以删除外部部分。

当提取工具完成查找房间后，该房间将位于活动楼层的工作 Z 平面中。

④ 使用图像　使用背景图像需要用户在背景图像上画出所有的房间、门、楼梯。因为画出的导航几何图形会覆盖背景图像，所以如果能够使导航几何透明就更好了。这可以通过从 View 菜单中选择 Walkable Area Transparency...来实现。图 8-56 显示了一个背景图像，其中房间和门绘制在顶部，绘制的房间的不透明度降低。

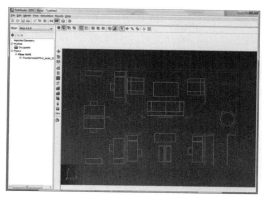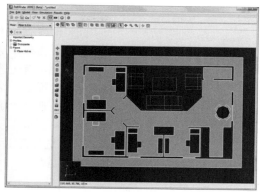

图 8-55　导入的 2D CAD 视图及边界框内提取的楼层

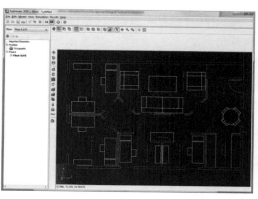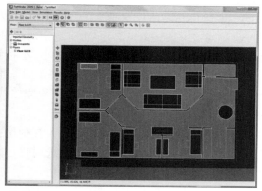

图 8-56　使用导入的背景绘制房间

⑤ 填补缺失的部分　使用"提取房间"工具提取房间后，模型仍缺少门和楼梯，它们必须手动添加。

门工具的一个功能可以很好地对手动添加过程提供帮助，那就是门工具的内部门特征。此功能会自动查找房间内看起来像门口的区域，并可用于在此区域中创建厚门。

要使用此功能，首先选择门工具，在工具的属性面板中，其中最大宽度指要搜索的门口的最大宽度。最大深度指门口的最大厚度。为了寻找潜在的门，这些数字可能需要比正常创建的门要大。

输入适当的参数后，将光标移到所需的门口上，将显示门预览，否则，需调整属性面板中的搜索参数，然后重试。若门显示正确，则左键单击鼠标按钮。房间的门口区域将从房间中减去，并在其位置创建厚门，过程如图 8-57 所示。

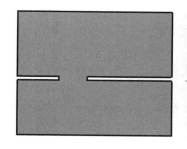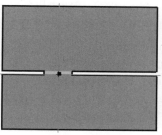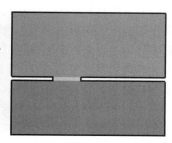

图 8-57　使用工具创建门

图 8-58 "设置 Z" 对话框

⑥ 展平和 Z 位置 有时，从 3D CAD 模型导入时，提取的房间可能没有处于适当的高度或可能有一些不希望的坡度。这些问题可以在提取房间之前或之后使用"设置 Z"对话框进行更正。

为此，首先选择需要更正的对象。右键单击所选内容，然后选择"设置 Z"。将打开 Set Z 对话框，如图 8-58 所示。设置所需的选项，选择"确定"以修改选中的几何图形。

该对话框显示以下属性和选项。

➤ 选择范围（Selection Bounds）：显示所选对象的最小和最大 Z 位置。

➤ 展平对象（Flatten Objects）：若选定，则选中内容中的每个对象都将被展平，以便其所有几何图形位于同一平面中。平面的位置由 Move to 选项确定。

➤ 移至（Move to）：这指定了几何图形在 Z 方向上的移动方式。这可以是以下两值之一。

a. 绝对 Z（Absolute Z）：所有选定对象都将移动到同一 Z 平面。 如果未选择"Flatten Objects"，则会移动每个对象，使其最小 Z 接触指定的平面。

b. Z 轴偏移（Z Offset）：选区中的每个对象都会按指定的 Z 距离移动。 如果选择了"Flatten Objects"，则首先将对象展平到接触对象原始几何图形的最小 Z 的平面，然后移动 Z 距离。$z = z_{\text{offset}} + z_{\text{multiplier}} n$。

⑦ 材料 材质定义可应用于导入几何图形中包含面的高级显示属性。仅当在 2D 视图或 3D 视图中选择了"显示材质" 选项时它们才会显示。材料可以在面之间共享。编辑材质时，引用该材料的所有面都会发生变化。

从不同导入文件中提取材料的方式不同，具体取决于文件类型。

➤ DWG，FBX，DAE，OBJ：这些文件具有材料的概念。文件中的对象引用的每个材料都将导入到 Pathfinder 中。 目前，Pathfinder 支持材质的漫反射颜色、漫反射纹理、不透明度颜色、环境颜色、镜面反射颜色和自发光颜色设置。但是，只能在材质对话框中更改漫反射颜色和纹理。

➤ FDS 和 PSM：Pathfinder 材料是根据这些文件类型中表面的颜色和纹理设置构建的。

注意，在 Pathfinder 中"材料"一词的使用与在 PyroSim 和 FDS 中不同。在这些应用中，材料定义了物质的物理性质，但在 Pathfinder 中，材料定义物体表面的视觉外观。

要查看已从 DWG 或 PSM 文件导入的材料，请在"模型"菜单上选择"管理材料数据库"。"材料"对话框如图 8-59 所示。

Pathfinder 提供了一些默认数据库材料，这些材料中大多数的名称前缀都是 psm_就和 PyroSim 中一样。其他的材料可以由使用者手动设置，也可以通过 CAD 或 PyroSim 文件导入。

通过点击材料列表下的导入（Import...）按钮可以手动添加材料。要想添加一个新材料，必须根据磁盘上记录的材料的纹理图像，这个图像会被复制到数据库中。新添加的材料也会被加到数据库中，之后我们就可以在 Pathfinder 中应用它了。

被导入的材料只会保存在即时的 Pathfinder 文件中，如果创建一个新的模型，就不能在新模型中使用了，目前也无法将其导入新模型的材料库中。

通过点击材料列表中的移除（Remove...）可以删除材料，如果这种被删除材料是数据库中的，那么在数据库字典中所有与之关联的文件也会被永久移除。

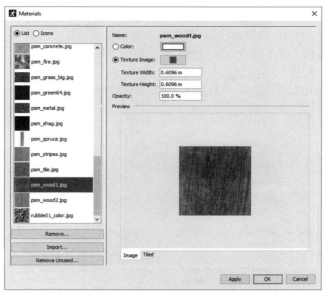

图 8-59　"材料"对话框

以下这些材料特性可以被编辑：

➢ 颜色（Color）：选中这个选项会为材料赋予纯色。

➢ 纹理图像（Texture Image）：选中这个选项能使材料显示出它的纹理图像。

➢ 宽度和高度（Width and Height）：定义模型中材料质地图像的大小。

➢ 不透明度（Opacity）：定义材料的不透明度。

⑧ 材料改组和快速编辑　有些时候导入的数据的组织形式可能造成使用不便。比如想改变所有窗户的某些特征时，这些窗户可能不在同一个群组中，因此无法一次性选中所有的窗户。为了解决这个问题，我们把相似的对象设置为同一颜色。我们可以用鼠标右键点击 Select all by Color 来选择所有具有这种颜色的对象。同样的原理，我们也可以选择 Select all by Material。这样就可以在模型中将对象按照颜色及材料等性能进行分类改组，使得快速编辑模型变得简单可行。

（4）导入 FDS 输出数据　Pathfinder 可以使用 FDS 输出的 PLOT3D 数据为每个人员在整个仿真过程中移动时创建时间历史数据。在 FDS PLOT3D 输出数据可用于 CO 体积分数、CO_2 体积分数，以及 O_2 体积分数，Pathfinder 还将为每个指定的人员输出有效剂量分数（FED）。

FDS 数据集成仅是一种测量，不会改变 Pathfinder 模拟中的运动或决策，但启用此功能会导致模拟增加额外的运行时间，因为读取 FDS 输出文件和将 PLOT3D 数据映射到人员会产生额外的处理负载。

要启用 FDS 集成，需在模拟菜单上单击"模拟参数"，在"FDS 数据"选项卡上选择"启用 FDS 集成"。单击编辑，然后从感兴趣的 FDS 仿真中选择 SMV 文件。

对话框将显示有关附加的 SMV 文件信息，并指定找到的数量，如图 8-60 所示。

➢ 减慢人员对烟雾的反应：通过选中"在烟雾中减速"复选框，将限制烟雾弥漫区域内人员的最大速度。这种减速效果将 FDS PLOT3D 输出与 *Fridolf et al. 2019* 中观察到的速度-可见性关系结合使用。

➢ 测量人员有效剂量分数（FED）：缺氧有助于有效剂量分数计算，缺氧的有效剂量分数阈值定义了氧气浓度。当氧浓度高于阈值时，低氧缺氧对累积有效剂量分数无贡献。默认值 19.5%

可防止处于安全条件下的人员产生误导性的有效剂量分数累积。

要为一个或多个人启用 FED 和 PLOT3D 数量输出，需选择一个或多个人员，在选择编辑器中点击"更多"图标，在"其他人员属性"对话框的"输出"选项卡上，启用"打印 CSV 数据"，在"打印 CSV 数据"下拉列表中，选择"是"。

模拟完成后，输出文件夹中每个指定人员的 CSV 数据都可用。

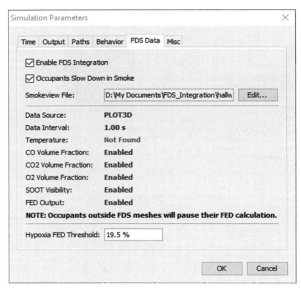

图 8-60　显示有关附加的 SMV 文件信息的对话框

（5）导入自定义头像　在 Pathfinder 或其结果中将占用者视为人时，人员和运输工具由 3D 头像表示。头像是在"编辑配置文件"对话框或"编辑运输工具形状"对话框中选择的。虽然 Pathfinder 附带了许多头像，但它们可能无法涵盖所有建模场景。自定义头像可被导入到 Pathfinder 中以满足用户要求。

① 自定义头像要求　导入自定义居住者头像支持 FBX、DAE 文件格式，自定义载具头像支持 FBX、OBJ、DAE 格式，且头像文件应遵循以下规则。

➤ 每个文件对应一个头像。

➤ 使用 FBX 文件时，纹理应嵌入到文件中，否则纹理必须手动复制到头像目录。其他文件格式需要复制纹理。

人员头像具有以下附加限制。

➤ 至少应该有一个"动画"，其中头像处于 T 形姿势或 A 形姿势或某种变体，如图 8-61。文件中可以有其他动画，但这会对加载性能产生负面影响。

➤ 人员头像必须被"操纵"，这意味着在 FBX 或 DAE 文件中指定了一个联合层次结构，它必须像人类一样。

➤FBX 或 DAE 文件中的联合名称必须遵循行业范围的软件使用约定标准。

② 如何找到自定义头像　自定义头像有多种来源。可以从专门从事 3D 模型的第三方供应商处在线购买或下载，

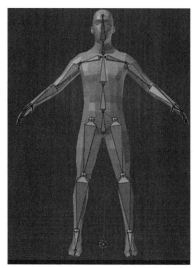

图 8-61　Blender 中 A 形姿势中的"操纵"人类模型示例

也可以使用第三方工具创建。Pathfinder 已成功通过以下来源提供的头像进行测试。

➢ Adobe Fuse：用于创建自定义头像，其中包含服装选项库和其他可自定义功能。

➢ MakeHuman Community：用于创建 3D 角色的开源工具。

➢ Adobe Mixamo：高质量角色模型和动画的免费在线资源。这项服务主要提供虚拟角色，但它也有一些更实际的选项。

③ 导入自定义人员头像　要导入自定义人员头像，需在"模型"菜单上单击"编辑配置文件"，并选择"3D 模型"旁边的头像列表以显示"3D 模型"对话框，在对话框中单击"导入"，选择包含要导入的人员头像的所需文件。这会将头像文件以及其他一些支持文件复制到%APP DATA%/Pathfinder/models/md5/avatarname 中，其中 avatarname 是头像文件的名称。默认情况下，导入的头像仅对当前用户可用。

④ 导入自定义运输工具头像　要导入自定义运输工具头像，需在"模型"菜单上单击"编辑运输工具形状"，并选择"3D 模型"旁边的头像列表以显示"3D 模型"对话框，在对话框中单击"导入"，选择包含要导入的人员头像的所需文件。这会将头像文件以及其他一些支持文件复制到%APP DATA%/Pathfinder/models/props/avatarname 中，其中 avatarname 是头像文件的名称。默认情况下，导入的头像仅对当前用户可用。

⑤ 解答头像问题　自定义头像的有关问题如表 8-4 所示。

表 8-4　自定义头像问题

问题	原因	解决方案
头像缺少纹理	头像文件是一个没有嵌入纹理或 OBJ 或 DAE 文件的 FBX 文件	将图像文件从原始位置复制到%APPDATA%/Pathfinder/models 下的目标头像位置
部分或全部人员头像身体部位在动画过程中不会移动	FBX/DAE 文件可能没有被操纵，或者可能没有遵循共同的联合命名约定	暂无解决方案
头像面向错误方向	原始文件中的头像没有面向正面	在 BEA 文件中应用 rotate
头像过大/过小	头像未使用真实单位建模，或者头像文件中的单位错误/未指定	调整 BEA 文件的 scale
头像与实际人员位置偏移	头像没有位于其源文件的原点，脚在地面上	在 BEA 文件应用 translate
在行走时出现滑移	头像的比例与假设的比例不同	调整 BEA 文件中行走动画的自然速度
其他	Pathfinder 不支持该头像类型	暂无解决方案

⑥ 头像性能注意事项　随 Pathfinder 一起提供的头像已经过优化，可在 Pathfinder 结果中使用，允许数千名人员同时显示在屏幕上，性能良好。自定义头像未针对 Pathfinder 结果进行优化，因为它们不包含详细级别信息，并且通常具有比显示数千名人员所需的更多细节。与使用 Pathfinder 提供的头像相比，使用自定义头像可能会导致结果显示性能降低。

目前，缓解此问题的唯一方法是限制使用自定义头像的人员数量，或使用设计有低多边形数量或低分辨率纹理的自定义头像。

⑦ 让头像可供其他 Pathfinder 用户使用　将头像导入 Pathfinder 时，它们将被复制到%APPDATA%/Pathfinder/models/，这会限制其对计算机上当前用户的使用。如果包含这些自定义头像的 Pathfinder 模型的结果由其他用户或另一台机器加载，则使用自定义头像的人员将看起来像 Pathfinder 附带的人体模型。若要使这些自定义头像可供其他用户使用，请从导入头像的计算机和账户下执行以下操作。

➤ 在文件资源管理器中，导航到%APPDATA%/Pathfinder/models。

➤ 如果复制人员头像，请导航到 md5。如果复制运输工具头像，请导航到 props。

➤ 复制所需的头像文件夹。

➤ 在将要提供头像的计算机上，在其文件资源管理器中导航到%PROGRAMDATA%/Pathfinder/models。若此位置尚不存在，请创建它。

➤ 若复制人员头像，请创建/导航到 md5。若复制运输工具头像，请创建/导航到 props。

➤ 从剪贴板粘贴。

注意，如果要使所有自定义头像可供其他用户使用，只需将%APPDATA%/Pathfinder/models%PROGRAMDATA%/Pathfinder 位置复制到目标计算机上即可。

8.2.3 编辑和复制对象

在 Pathfinder 中，大部分的对象可以有两种方法被编辑。一种方法是更改（transform）对象，包括旋转、平移（移动）和镜像。另一种方法是通过拖动控点（handles）灵活地处理（manipulate）对象。对象可以复制，但目前执行此操作的唯一方法是通过以下部分中讨论的变换工具。

（1）转换和复制对象 所有的几何对象都可以被改变或者被复制。在 3D 和 2D 视图里所有改变和复制选项都可以通过工具来使用。下面将介绍对象的移动、旋转、镜像。

① 移动 移动一个或者多个对象，在三维或者二维视图中选择这个对象并且点击移动工具（✥），移动工具的属性面板如图 8-62 所示。

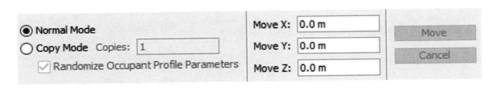

图 8-62 移动工具的属性面板

对象可以被手动移动也可以通过图形进行移动。

➤ 手动（Manually）：选择 Normal Mode，在 X、Y、Z 表格里输入对象移动的距离。然后单击 Move。

➤ 图形移动（Graphically）：这种方法在二维视图中是最容易进行的。对用图形表示转化，在模型上单击两下。从第一点到第二点的这个向量定义了移动的位移。当用图形表示转化时，物体将只平行于相机的视图平面被移动。

对象也可以用移动工具进行复制，要做到这一点，选择移动工具，并从属性面板中选择 Copy Mode，接下来和上面移动对象一样的步骤。另外，当定义偏移的时候，在键盘上按住 CTRL 键。这将创建一个对象的副本，并被移动到偏移的距离。同样，通过在 Copies 字段中指定的大于 1 的值来创建满足用户需求的对象数。这个排列由通过移动偏移先前的副本距离来创建。复制房间时，如果产生的副本与最近的副本相互重叠并优先于前面的副本，这意味着前面的副本将有从它们中减去重叠的面积。通过移动工具创建一个对象组如图 8-63 所示。

② 旋转 旋转一个或多个对象，在 2D 或 3D 视图中，选择对象并单击旋转工具，（🝓）旋转工具的属性面板如图 8-64 所示。

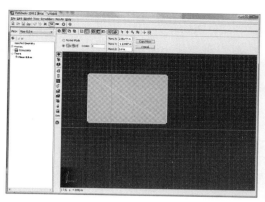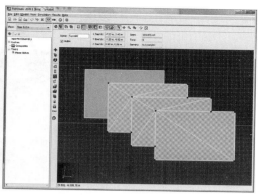

图 8-63　通过移动工具创建一个对象组

图 8-64　旋转工具属性面板

对象可以通过手动旋转也可通过图形来进行旋转。

➤ 手动（Manually）：选择正常模式（Normal Mode），输入旋转基点和旋转的角度，关于此轴旋转用右手定则，然后单击 Rotate。

➤ 用图形旋转（Graphically）：在一个 2D 视图中这是最容易进行的。旋转轴被自动设置为平面的一个法向量。旋转需要点击三次鼠标，第一次是指定旋转基点，第二次定义了一个从旋转基点延伸的参照向量，第三次定义了第二个从旋转基点延伸的向量。角度是这两个向量之间的夹角。用图形表示旋转如图 8-65 所示。

对象也能用旋转工具进行复制，做到这一点需要选择旋转工具，并从属性面板中选择 Copy Mode，接下来就和上面旋转对象有相同的步骤。另外，在键盘上按住 CTRL 键，同时定义旋转属性。这将创建对象的一个副本，并使用旋转参数对这个副本从原来的位置进行了旋转。同样，通过在 Copies 字段中指定的大于 1 的值来创建满足用户需求的对象数。这个排列由通过旋转角度旋转每一个先前的副本来创建。在复制房间时，如果产生的副本与最近的副本相互重叠并优先于前面的副本，这意味着前面的副本将有从它们中减去重叠面积。这个对象组如图 8-66 所示。

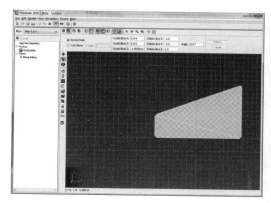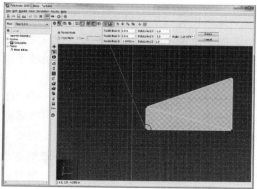

图 8-65

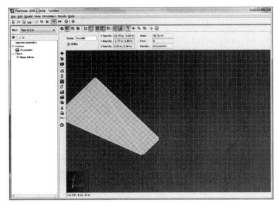

图 8-65　用图形表示旋转

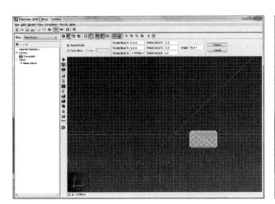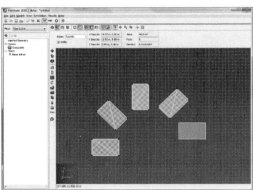

图 8-66　用旋转工具创建一个对象组

③ 镜像　要围绕平面镜像一个或多个对象，请选择这些对象，然后单击 2D 或 3D 视图中的镜像工具（🖥），镜像工具的属性面板如图 8-67 所示。

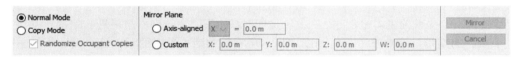

图 8-67　镜像工具属性面板

对象可以通过手动镜像也可通过图形进行镜像。

➤ 手动（Manually）：选择常规模式（Normal Mode），并且输入关于那个平面镜像的坐标。这可以是一个与轴对齐的平面或者是通过平面方程（ax +by +cy +d = 0）指定的普通平面，然后单击 Mirror。

➤ 用图像镜像（Graphically）：在一个 2D 中这是最容易进行的。镜像平面总是垂直于相机的视图平面。定义这个平面需要单击两次鼠标，在这个平面上定义两点。用图形表示的镜像步骤如图 8-68 所示。

对象也可以被镜像工具复制。要做到这一点，选择镜像工具，并从属性面板中选择 Copy Mode，按照上述相同的步骤镜像对象。另外，在键盘上按住 CTRL 键，同时定义镜像平面。这将从原来的镜像的镜像平面创建一个副本的对象。

（2）通过控点操纵对象　某些对象（包括人员、房间、楼梯和门）可以通过操纵控点进行编辑。控点充当对象上的点，可以使用选择工具拖动这些点，也可以通过键盘以编辑其附着的对象。控点仅出现在选定对象上，并显示为蓝点，如图 8-69 所示。

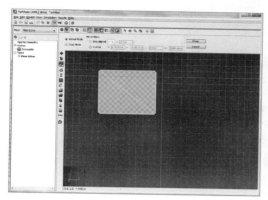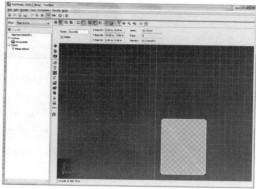

图 8-68　用图形表示的镜像步骤

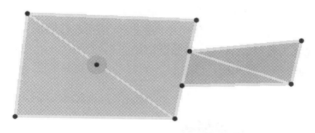

图 8-69　控点

① 选取和取消控点　若要选择对象的控点，必须先选择对象本身。选中后应出现蓝色控点，点击选择/编辑工具 后就可以通过单击单个控点来选择它，这将使控点属性面板如图 8-70 所示。要取消选择手柄，请按键盘 ESC，单击模型中的任意位置，或选择其他对象。

② 编辑控点　可以使用键盘对其进行编辑以输入精确值，也可以以图形方式进行编辑。

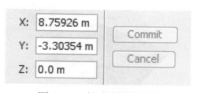

图 8-70　控点属性面板

➤ 使用键盘编辑：要使用键盘进行编辑，必须先选择控点，并在属性面板的 X、Y 和 Z 字段中输入所需位置，然后选择"提交"按钮。控点将尝试使用其内部约束修改基础对象。

➤ 以图形方式编辑：在以图形方式进行编辑之前，不必选择控点，但要确保选中"选择/编辑"工具 ，然后在所需控点上点击鼠标左键，并将控点拖动到所需位置。释放鼠标左键，对象将被编辑。拖动鼠标时，将显示正在编辑的对象的实时预览。

③ 房间上的控点　选择房间后，可以在房间边界的每个顶点找到一个控点。控点移动底层顶点以重塑房间。它还可以移动到顶点所在平面内的任何位置。如果顶点在非平行平面中的两个面之间共享，则控点只能沿着它所附着的边缘移动。

④ 薄门上的控点　选择薄门时，将显示三个控点，门两端的控点允许门沿其连接的边缘移动，中间控点通过将自己移动到另一个房间的边缘来使门变厚，如图 8-71。

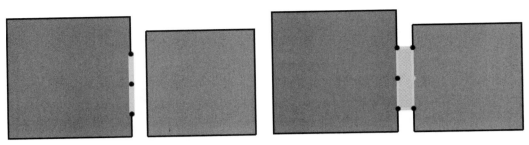

图 8-71　带有不同控点数量的薄门与厚门

⑤ 厚门上的控点　选择厚门时，将显示六个控点，如图 8-71 右侧所示。门角上的四个控点允许门沿其每个连接的边缘移动。每个中间的控点都允许通过拖动到另一个中间的控点将门变成一扇薄门。如果门以某种方式分离（例如通过对房间的修改），中间的控点也可用于将门重新连接到房间。

⑥ 楼梯和坡道控点　选择楼梯或坡道时，将显示六个控点，如图 8-72 所示。四个角的控点分别允许楼梯/坡道沿其连接的边缘移动。中间的控点允许楼梯/坡道重新连接到另一个房间。如果由于连接到楼梯/坡道的一个房间的几何形状发生了变化导致不再连接到房间，则中间的控点就要发挥作用。在该情况下，可以使用中间的控点重新连接到房间。

⑦ 人员控点　选择人员时，只有一个控点，如图 8-73 所示。此控点的唯一用途是将人员移动到另一个位置。与转换工具相比，以这种方式移动人员更具有优势，因为位置会自动捕捉到现有房间或楼梯。

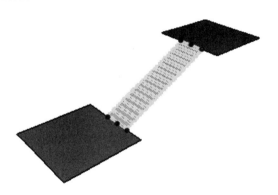

图 8-72　楼梯/坡道控点

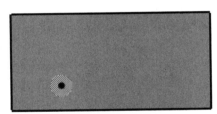

图 8-73　人员控点

⑧ 航点控点　选择航点时，将显示两个控点。中心控点允许将航点移动到另一个位置，类似于人员控点。圆的周长可以用作一个控点来改变航点的到达半径。

（3）启用和禁用对象　可以启用或禁用 Pathfinder 中的多个对象。禁用对象会从模型中删除该对象，且其不会出现在模拟中。可以在 Pathfinder 中启用和禁用住户、人员释放源、房间（禁用房间将自动禁用其人员和人员释放源，所有连接的门、楼梯和坡道也将被禁用）、门（禁用门将自动禁用其人员释放源）、楼梯、坡道、测量区域。

要启用或禁用对象，请在 3D 视图或导航树中右键单击该对象，然后选择启用或禁用。禁用的对象在 3D 视图中不可见。在导航树中，禁用的对象将变灰并被划掉。

8.3 人群建模

Pathfinder 中，人员由人员档案和行为两个部分组成。人员档案（profiles）定义了人员的固有特征，如速度、半径、虚拟化身和颜色。行为定义了在整个模拟过程中人员的行为特征，例如移动到一个避难区、等待，然后出去。

8.3.1 人员档案

Pathfinder 利用人员档案 Occupant Profile 系统来管理人员的跨组织分布参数。这个系统可以帮助用户控制人员的速度、尺寸和可视化分布。要编辑人员档案，用户可以使用 Edit Profiles 对话框，如图 8-74 所示。

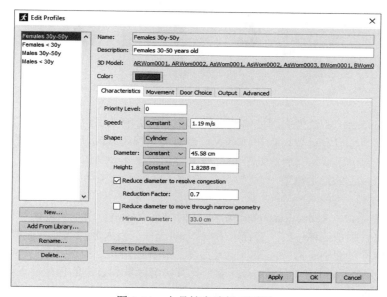

图 8-74　人员档案编辑对话框

打开 Edit Profiles 对话框，在 Model 菜单上点击 Edit Profiles...。

Description 提供了一个输入描述性文本的地方，该值不在 Edit Profiles 对话框外使用。

三维模型（3D Model）输入提供了一种使用特定的三维人体模型作为人员描述配置的方法。选择三维模型的方法是在 3D Model 行中点击 Edit...，3D Models 对话框将会打开（如图 8-75 所示），当所要的 3D 模型在已有的模型中已经存在，Pathfinder 将从 3D Model 对话框中选择一个模型，只需点击模型的图标就可以启用或禁用特定的模型。

（1）特征选项卡

➤ 优先级（Priority Level）：人员的优先级，数值越大表示优先程度越高。通过赋予人员优先程度，可以在疏散中使优先度低的人员给优先度高的人员让路。这个功能可以切实地模拟当紧急事件发生时最先发现事件的人可以在人群中最先进行疏散的实际情况。优先值是相对的，例如当三个人员的优先顺序是 4、6 及 12，他们的行为将与在他们的优先顺序是 0、1 及 2 的情况下一致。

➤ 形状（Shape）：人员可以是圆柱体或多边形形状。对于圆柱体，用户可以指定其直径、高度、身体压缩系数和最小直径。

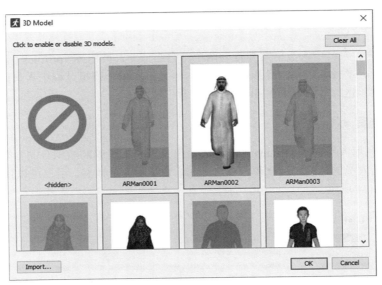

图 8-75 3D Model 对话框

➤ 直径（Diameter）：模型中圆柱体的直径代表了人员的大小，为的是模拟过程中的碰撞测试和路线规划。通过肩宽设置可以在没有人员溢出的情况下控制模型中人员的数目。45.58cm 的默认值是根据 9 个国家男女肩宽的平均值得出的，因此更改默认直径时应谨慎。

➤ 高度（Height）：指定模型中人员高度。这对于限制不同楼层的人员之间可能发生的碰撞非常有用。

➤ 身体压缩系数（Reduction Factor）：默认情况下启用，有助于帮助人员在拥挤的区域相互"挤压"。 此系数是无单位的，应在 0 和 1 之间选择。当人因与其他人碰撞而无法移动时，用该系数乘以肩宽以缩小碰撞圈，并能一定程度上缓解拥堵。

➤ 最小直径（Minimum Diameter）：专为具有狭窄区域和过道的模型而设计。若几何体的某些位置使人员难以移动，则可以启用此选项以更改人员肩宽来适应较窄的几何体。仅当几何形状阻止他们进一步遵循其路径时，人员才会将其直径减小到此值。默认值 33.00cm 基于测量个体最大肩宽值的 95%。注意，如果选中减小直径以在狭窄几何中移动，则人员将使用最小直径来规划其通过模型的路径。因此使用此功能时，最好手动闭合此类小间隙或使用"闭合间隙"功能来确保人员不会使用这些区域。

➤ 多边形（Polygon）：如果选择此选项，则使用下拉菜单选择运输工具形状。运输工具用于使用替代运输方式（例如辅助疏散中使用的轮椅或床）对人员进行建模。"编辑"按钮可用于访问"运输工具形状"对话框。身体压缩系数可以采用与圆柱体形状相同的方式使用，因为具有运输工具形状的人员有时会在运动计算中临时使用圆柱形状以避免卡住的情况。

（2）移动选项卡 移动选项卡提供人员如何使用周围环境相关的参数。

➤ 初始方向（Initial Orientation）：指定与 x 轴正方向逆时针方向的角度（以度为单位），人员将在模拟开始时使用该角度作为其方向。也可以使人员在特定点上定向。这可以在"编辑配置文件"对话框之外完成，方法是右键单击选定的人员，然后从菜单中选择"在点上定向人员"。

➤ 通过协助移动（Requires Assistance to Move）：指定人员是否需要其他人的帮助才能移动。对于无法自行移动（例如在床或其他携带设备者）的人员，建议使用此选项。

➢ 忽略单向门限制（Ignore One-way Door Restrictions）：人员是否会忽略为单向门指定的方向。

➢ 自动扶梯偏好（Escalator Preference）：指定人员在自动扶梯和自动人行道上的站立或行走方式，以下选项可用。

✧ 随机站位（Stand anywhere）：人员登上自动扶梯并站在任意位置。人员将静止不动，并以楼梯速度恒定在其上移动。

✧ 靠左站立（Stand left）：人员登上自动扶梯并站在左侧。人员将静止不动，并以楼梯速度恒定在其上移动。

✧ 靠右站立（Stand right）：人员登上自动扶梯并站在右侧。人员将静止不动，并以楼梯速度恒定在其上移动。

✧ 行走（Walk）：自动扶梯的速度常数将添加到人员在楼梯上行走所需速度的中，以确定人员的最终速度，他们将尝试绕着站立的人员走动。

➢ 受限组件（Restricted Components）：指定人员在路径规划期间可以使用的组件，以下选项可用。

✧ 全部（All）：人员可以使用该类型的所有组件。

✧ 没有（None）：人员不能使用该类型的任何组件。

✧ 仅向上（Up Only）：人员只能使用将其向上移动的自动扶梯（仅限自动扶梯）。

✧ 仅向下（Down Only）：人员只能使用将其向下移动的自动扶梯（仅限自动扶梯）。

✧ 基于行为（Based on Behavior）：仅当人员的行为包含"转至电梯"操作时才会使用电梯，否则人员可以随时使用所有不受限制的电梯（仅限电梯）。

➢ 从列表（From List）：人员只能使用某些组件。使用此选项时，可以通过以下方式之一指定列表。

✧ 拒绝（Reject）：人员不会使用任何指定的组件。

✧ 接受（Accept）：人员只能使用该类型的指定组件之一。

（3）选定门选项卡　选定门选项卡提供了与人员如何选择每个房间的门有关的参数。

➢ 当前房间旅行时间（Current Room Travel Time）：影响人员在当前房间中门的成本因素，忽略所有其他人员。较高的值会增加此类别中的门的成本，使当前房间旅行时间相对更重要。

➢ 当前房间排队时间（Current Room Queue Time）：影响人员在当前房间的门口排队等候的成本因素。较高的值会增加此类别中的门的成本，使当前房间排队时间相对更重要。

➢ 全部行走时间（Global Travel Time）：影响从门到出口或人员的下一个目标的成本因素，忽略所有其他人员。较高的值会增加此类别中门的成本，使全部行走时间相对更重要。

➢ 电梯等待时间（Elevator Wait Time）：人员更喜欢使用电梯的时间。这是通过假设电梯前没有排队且电梯已准备好接送人员来完成的。电梯等待时间用完后，人员将更有可能选择楼梯。每次人员开始新的行为操作时，电梯等待时间都会重置。

➢ 当前门偏好（Current Door Preference）：用于使人员坚持当前选择的门，防止过度切换门的数值。数值达到 100% 将导致人员在选择初始门后再也不切换门，数值为 0% 将允许人员自由更改其所选择的门。

➢ 当前房间距离成本（Current Room Distance Penalty）：该值用于指数级增加与旅行相关的成本，该成本基于人员在当前房间的行走距离。这导致人员在当前房间中越走越远，他们更喜欢较短的路线而不是更快的路线。每次人员在当前房间中移动此距离时，行走时间成本将翻倍。把此值设置为零将禁用此功能。

（4）输出选项卡　"输出"选项卡提供"打印 CSV 数据"选项。选中后，将使用此配置文件为每个人员生成其他 CSV 输出数据。该文件包含每个时间步长的数据，如乘员速度、位置等。

注意，启用此功能可能会导致模拟使用更多的资源，包括 CPU 和硬盘空间，最好只为特定人员启用此功能。

（5）高级选项卡　　"高级"选项卡提供以下参数。

➢ 加速时间（Acceleration Time）：是一个转向模式参数，用于指定人员从静止状态达到最大速度或从最大速度达到静止所需的时间。人员使用单独的反向加速度和单独的横向加速度。

➢ 持续时间（Persist Time）：人员在尝试解决移动冲突时将保持提升优先级的时间量。

➢ 碰撞响应时间（Collision Response Time）：人员在转向时开始记录与其他人员相撞成本的前方距离。将其乘以人员的当前速度以计算阈值。例如默认值为 1.5s，默认最大速度为 1.19m/s，人员将从当前位置向前看 1.785m，以检测潜在的碰撞并计算成本。

➢ 缓慢因子（Slow Factor）：指定低速人员速度的一个部分，在该速度下，人员的速度被视为低速。缓慢的人员会考虑向后的方向并与他人分开，而快速移动的人员则有更紧密、更集中的方向。

➢ 墙壁边界层（Wall Boundary Layer）：指定人员尝试与墙壁和其他静态障碍物保持的距离。

➢ 个人距离（Personal Distance）：个人距离是指人员在队列里时与其他人保持的理想距离。这可以输入为距离、人员面积或人员密度。如果输入为人员面积，个人距离可以根据球体空间来计算：

$$c = \frac{2}{\sqrt[4]{12}}\sqrt{a} - d$$

式中，c 为个人距离，a 为人员面积，d 为人员肩宽。当输入人员密度时，个人距离的计算方法除了 $a=1/\rho$，其余均与上式一样。

注意，当根据人员面积或密度输入个人距离时，并不能保证人员将保持此面积或密度。在排队时，人与人之间距离很近。对于保持人员之间的长距离（>1m，中心到中心）也不准确。如果需要更大的间隔距离，请改用社交距离。

➢ 社交距离（Social Distancing）：启用或禁用 Pathfinder 对人员配置文件的社交距离模型。启用后，可以将所需的社交距离设置为常量值或值的分布，从而使人员具有所需的不同的社交距离。社交距离的定义与个人距离不同，因为它是人员之间中心到中心的距离，而个人距离是他们形状之间的间隙距离。此外，社交距离比个人距离更严格，对于保持人员之间的远距离（>1m）更有用。

注意，默认情况下，运动组内的人员不与其组内的其他成员保持社交距离。要启用与其他群组成员的社交距离，请选中"移动组"属性面板或"编辑移动组模板"对话框中的"强制组成员之间的社交距离"框。

这些参数中的每一个（开/关参数除外）都可以使用常量值、两个值之间的均匀分布或正态（高斯）或对数正态分布进行设置。

Pathfinder 模型中的每个人员都链接到一个轮廓。可以随时在配置文件对话框中编辑配置文件参数，使用该配置文件的人员将自动更新。可以在添加人员时设置其配置文件，也可以在创建人员后选择它并在属性面板中编辑"配置文件"框来设置其配置文件。

① 高级速度属性　　在大多数情况下，用户只需在"编辑配置文件"对话框的"特性"选项卡中输入人员的最大速度。在整个模拟过程中，人员的实际速度将根据该速度和《火灾中人类行为工程指南》（SFPE2019）中的一组假设而变化，该假设考虑了穿越的地形类型（楼梯、坡道等）和周围人员的密度。

然而，Pathfinder 允许对人员的速度进行细粒度控制，并且可以自定义 SFPE 假设或用其他假设替换。为此，需在"模型"菜单中单击"编辑配置文件"，选择"特征"选项卡，在 Speed 旁边单击下拉框并选择"高级"（Advanced），得到"高级速度属性"对话框，如图 8-76 所示。

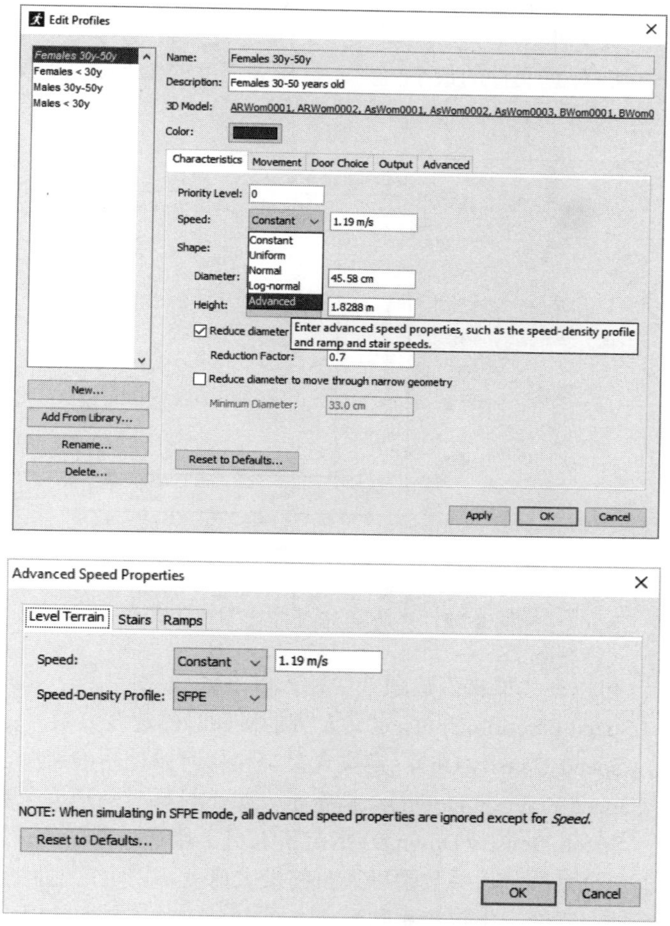

图 8-76　编辑高级速度属性

　　如"高级速度属性"对话框中所述，在 SFPE 模式下进行仿真时，仅使用最大速度属性，所有其他属性都将被忽略。单击"高级速度属性"对话框中的"重置为默认值"（Reset to Defaults...）将使 Pathfinder 中所有高级速度属性重置为其默认值。

　　对话框中的每个选项卡都允许自定义 Pathfinder 中每种地形类型的人员速度，包括水平地形、楼梯和坡道。

　　② 水平地形选项卡　速度-密度曲线可用于将人员的速度设置为周围人员密度的函数，也称为基本图，可以为配置文件选择以下三个选项之一。

➤ SFPE：根据《火灾中人类行为工程指南》（SFPE，2003）中规定的基本图来调节乘员速度。

➤ 常数（Constant）：最大速度乘以一个常数系数以确定人员的速度。大多数情况下，人员将尝试以这个速度移动或停止。

➤ 从表格（From Table）：速度输入为人员的最大速度的一个分数作为周围人员密度的函数。这些值在"速度-密度曲线"（Speed-Density Profile）对话框中输入，如图 8-77 所示。概要文件被定义为分段线性函数，其中样本点被输入到一个表中。对于输入范围内的密度，将插入速度分数。对于范围之外的密度，速度分数等于为最近的指定密度输入的分数。基本图表的预览显示在表的右侧。通过单击表格下方的"加载 SFPE 配置文件"（Load SFPE profile...），可以加载默认的 SFPE 配置文件。

注意，加载的 SFPE 配置文件的最小值为人员最大速度的 15%。这确保了人员不会被困在高密度中。

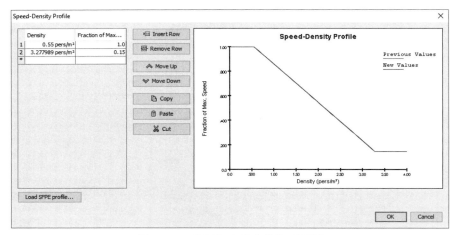

图 8-77   "速度-密度曲线"对话框

③ 楼梯选项卡   可以在"楼梯"选项卡中输入以下属性。

上楼速度分数（Speed Fraction Up）：定义人员上楼梯时的速度分数。

上楼速度-密度（Speed-Density Up）：定义人员上楼梯时要使用的速度密度曲线。

下楼速度分数（Speed Fraction Down）：指定了人员下楼梯时的速度分数。

下楼速度-密度（Speed-Density Down）：指定了人员下楼梯时使用的速度密度曲线。

上述参数定义了一个系数，该系数乘以人员的最大速度，以确定他们上下楼梯的速度。

可以通过以下三种方式之一指定该系数。

➤ SFPE：《火灾中人类行为工程指南》中假设用于确定楼梯上的速度分数。 此选项使用楼梯的上升和运行来确定速度。

➤ 常数（Constant）：对最大速度应用常数系数。

➤ 从表格（From Table）：速度系数可以作为楼梯坡度的函数输入。楼梯坡度定义为阶梯高度/阶梯宽度。该函数作为分段线性函数输入。

此外，速度-密度升高和速度-密度下降参数具有"水平地形"选项。此选项强制人员在上下楼梯时使用在"水平地形"选项卡上指定的相同速度密度配置文件。

④ 坡道选项卡   坡道选项卡具有与楼梯选项卡几乎相同的可用属性。 唯一的区别是"上楼速度分数"和"下楼速度分数"是根据坡道的几何坡度而不是台阶坡度输入的。几何坡度是由生成的导航网格中每个三角形确定的，且取决于三角形的法线方向。

（6）随机参数   许多参数，包括速度，都可以通过常量值或概率分布来指定。Pathfinder 为用户提供的分布的选择如表 8-5 所示。

表 8-5　分布的选择

分布	描述
常数	指定常量值
均匀	生成在指定的最小值和最大值参数之间均匀分布的随机值
正态	从指定的均值和标准差生成正态分布的随机值，如下式所示：$f(x)=\mu+\sigma x$，其中 μ 和 σ 分别为均值和标准差，x 是来自标准正态分布的随机数。生成的值受最小和最大参数的限制
对数	从指定的位置和尺度参数生成对数正态分布的随机值，如下式所示：$f(x)=\mathrm{e}^{\mu+\sigma x}$，其中 μ 和 σ 分别为位置参数和尺度参数，x 是来自标准正态分布的随机数。生成的值受最小和最大参数的限制

（7）种子　每个人员都有一个唯一的随机种子，它决定了从人员档案文件分布中生成的特定值。可以通过选择单个人员来查看这些特定于人员的值。这些特定的值永远不会改变，除非人员档案文件中的分布发生了变化，或者为人员手动生成了一个新的种子。这确保了使用相同输入模型的两次模拟运行将给出相同的答案。通过右键单击人员并选择随机化，可以为人员生成新的种子。

有关更改种子或人员档案文件的效果示例，请考虑以下方案。

➤ 已使用速度在 1m/s 到 2m/s 的范围内均匀分布创建了人员档案文件。

➤ 使用此人员档案文件创建人员。

➤ 利用人员特有的随机种子，Pathfinder 根据人员的个人资料为其分配 1.6m/s 的速度。

➤ 模拟运行多次，每次人员的最大速度为 1.6m/s。

➤ 更改人员档案文件，使其速度范围为 0.5m/s。

➤ Pathfinder 为人员分配一个新的最大速度 0.6m/s，该速度用于所有后续模拟。

➤ 用户随机化人员，Pathfinder 为人员分配新的最大速度 0.91m/s。

（8）自定义人员　选择人员后，将显示其属性面板，如图 8-78 所示。一旦将人员添加到模型中，就可以为其自定义人员档案文件数据。这可以通过选择一组人员并选中要自定义的参数旁边的框来完成。如果人员在模拟期间切换其人员档案文件，自定义属性将被覆盖。

注意，在 2012.1 之前的 Pathfinder 版本中，无法自定义单个参数。如果要自定义一个参数，则必须自定义所有参数。

使用如图 8-78 所示自定义人员档案文件数据时只能将常量值用于人员参数。此外自定义参数后，人员档案文件中对该参数的任何更改都不会影响自定义值。

图 8-78　使用自定义人员配置文件

通过右键单击所有或部分人员，然后从右键单击菜单中选择自定义人员（如果选择中存在任何人员），可以轻松找到具有单独自定义参数的人员。

（9）人员档案文件库　可以使用人员档案文件库保存和重用人员档案文件，如图 8-79，人员档案文件库在"配置文件库"对话框中进行管理。要打开"配置文件库"对话框，请在"编辑配置文件"对话框中单击"从库添加"，或者通过单击"模型"菜单上的"编辑配置文件"打开。

对话框左侧的列表显示当前 Pathfinder 模型中包含的所有配置文件。对话框右侧的列表显示存储在配置文件库中的所有配置文件。可以使用对话框中间的按钮在列表之间移动配置文件。

创建新库将清除库个人档案文件列表以便创建新库。Pathfinder 支持从个人档案文件库文件（PLIB）和标准 Pathfinder 模型文件（PTH）加载个人档案文件。

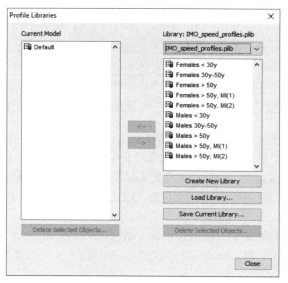

图 8-79 "个人档案文件库"对话框

要基于当前模型中创建 Pathfinder 库文件（PLIB），请单击"创建新库"（Create New Library），再使用箭头按钮将个人档案文件从当前模型复制到库中，最后单击保存当前库。

对话框右侧的下拉菜单可用于加载预定义的库。要填充预定义的空库，Pathfinder 会扫描两个位置——所有用户共享的 Pathfinder 安装中的一个文件夹和当前用户 APPDATA 路径中的一个文件夹，见表 8-6。所有预定义的个人档案文件库都以只读方式打开，以防止意外修改。要修改库，需要重新保存以覆盖现有的 PLIB 文件。

表 8-6 **Pathfinder 安装位置**

PLIB 文件位置	建议使用
C：\Program Files\PyroSim 20XX\lib\profiles（或备用安装文件夹）	Pathfinder 附带的内置库。修改此位置需要管理员访问权限。从此位置对 PLIB 文件所做的更改将影响共享计算机的所有用户
%APPDATA%\Pathfinder\profiles	存储 PLIB 文件的建议位置。非管理员用户对此文件夹具有写入权限。在此位置对 PLIB 文件的更改将仅影响当前用户

8.3.2 运输工具形状

可以在整个仿真过程中为人员分配运输工具。使用运输工具时，人员在执行碰撞检测时会使用运输工具的形状，而不是默认的圆柱体。任何凸多边形都可以用作运输工具。

运输工具的形状不应用作普通人员的形状。运输工具运动与人员运动有着根本的不同。与普通乘客不同，运输工具不允许侧向移动，因此其遵循不同的路径。运输工具还避免与其他人员和墙壁发生碰撞，这与普通人员不同。最后，运输工具运动使用更复杂的计算，这会增加仿真的运行时间。

可以在"编辑运输工具形状"对话框中创建和自定义运输工具（图 8-80）。要打开它的对话框，需在"模型"菜单上，单击"编辑运输工具形状"。

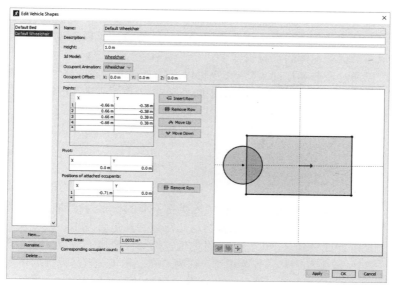

图 8-80 "编辑载具形状"对话框

"说明"框提供了输入描述性文本的位置。此值不会在"编辑运输工具形状"对话框之外使用。

➢ 高度（Height）：指定载具的高度。

➢ 3D 模型（3D Model）：指定将车内人员视为人时显示的车辆头像。除在人员档案文件中指定的 3D 模型之外，还会显示此 3D 模型。如果选择作为 3D 模型，则拉伸多边形将用作载具的 3D 模型。拉伸面的颜色将与人员的颜色相匹配。自定义头像也可自行导入。

➢ 乘员动画（Occupant Animation）：应为使用运输工具的人员使用的动画。

✧ 默认（Default）：使用人员的正常动画，就像他们没有使用载具一样。

✧ 轮椅（Wheelchair）：使人员看起来像在使用轮椅。

✧ 床（Bed）：使人员看起来平躺在床上。

➢ 乘员偏移（Occupant Offset）：指定人员的 3D 模型应移动多远以与运输工具的 3D 模型对齐，（0，0，0）值会将人员的 3D 模型置于运输工具的原点。

➢ 点（Points）：指定投影到地面上的运输工具形状。必须将形状指定为凸多边形。此列表中的所有更改都显示在右侧的预览中。

➢ 支点（Pivot）：指定旋转轴的位置，是运输工具旋转时将要围绕的点。旋转轴可以位于载具的内部或外部。

➢ 附属人员的位置（Positions of attached occupants）：指定助手可以连接的位置以移动运输工具。这仅在辅助疏散时才需要，如果使用运输工具的人员从未请求帮助，则忽略。此列表中的所有更改都显示在右侧的预览中。

➢ 形状区域（Shape Area）：显示运输工具形状的区域。此区域用于计算人员密度。

➢ 相应的乘员人数（Corresponding Occupant Count）：显示运输工具内可容纳多少普通人员。此数值用于确定人员是否适合即将进入的房间。例如，如果电梯的标称负载为 10 人，那么 12 人的"床"将无法进入。在 SFPE 模式下，相应的人员计数不用于计算其密度。

运输工具预览显示其投影形状的图形预览，并提供添加、删除和更改形状、旋转轴位置和附加代理位置的点的附加功能。

虚线表示水平轴和垂直轴。它们的交点（默认情况下点 x=0，y=0）是运输工具的旋转轴。红色箭头指向运输工具的移动方向，旋转轴可以在其内部和外部移动。

通过在图形编辑器中单击鼠标右键，可以将点添加到载具或附加人员的位置。将光标移动到某个点附近时，该点的颜色将变为橙色，表示可以选择该点。所选点将其颜色更改为黄色。此选择也会显示在对话框左侧的点编辑器中。

任意点都可以通过选择和拖动来移动，也可以通过右键单击并选择"删除点"选项来删除。鼠标滚轮可用于放大和缩小，鼠标拖动可用于四处移动。"重置视图"按钮可重置视图，以便观察所有点。撤销/重做按钮可用于撤销/重做 2D 图形编辑器中的任意操作。

如果违反了车辆形状上的最小点数、凹凸度、辅助人员与车辆形状的距离等限制，对话框底部将出现警告。

8.3.3 行为

在 Pathfinder 中行为代表整个模拟过程中人员将采取的一系列行动。对于每一个行为，有一个隐含的动作使人员向出口移动。这隐含的动作在最后总是会发生。还可以加入额外的中间动作，可以使人员等待或去到一个非出口的目的地，例如一个房间或点。默认情况下，有一个行为模型，称为 Goto Any Exit。这种行为使人员按最快的路线从它的首发位置移动到任何出口。

图 8-81　添加新行为对话框

我们所定义描述的任何数量的人员都可以与一个单一的行为相连。任何行为的改变都将反映在人员上。

（1）创建新行为　创建一个新行为需右键单击导航视图中的 Behaviors 节点，然后单击 Add a Behavior...，这将打开图 8-81 所示的对话框。在添加新行为对话框中输入行为的名称，并选择一个现有的行为作为新行为的基础。使用此选项将从现有的行为复制所有的行为。

随着新的行为被选择，将出现如图 8-82 所示的行为属性面板。

图 8-82　行为属性面板

➢ 初始延迟（Initial Delay）：指定一个初始的延迟，使得人员在他/她的起始位置等待，然后再移动到下一个动作。如果该链接被点击，它会显示一个对话框，可以输入不同分布曲线的延迟时间。

（2）添加动作　在任一行为中可以额外添加动作，比如去一个房间、一个航点、一个电梯，或者原地等待。要添加一个动作，先选择一个行为或现有的行为。属性面板将显示一个能添加一个动作的描述的下拉按钮，如图 8-83 所示。要添加当前显示的动作，只需按一下按钮。要添加不同的动作，单击按钮右侧的向下箭头，从行为动作列表中选择所需的操作。

一旦点击了所需的操作，依据行为，将在 3D/2D 视图上显示创建面板。后面的章节将讨论在创建面板中输入所需的参数，然后单击 Create，创建动作并添加到行为上。如果创建动作时已经选定了行为，那么新的动作将被追加到列表的末尾。相反，如果创建一个动作时选择了创建新动作，那么新的动作将直接插入到选择的动作之后。

动作总是按照导航视图中显示的顺序发生。例如图 8-84 所示，一个使用 Behavior1 的人员会先去任何电梯，然后去 Room00，等待 20s 后，再去 Room09，并最终出去。动作可以在任何时间（除了最后逃出时）通过导航视图列表中的拖放动作进行重新排序。

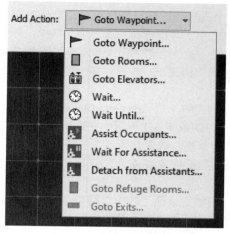

图 8-83　添加动作属性面板

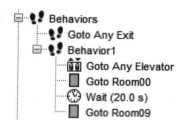

图 8-84　行为的动作顺序示例

（3）行为动作类型　不同行为动作描述如表 8-7 所示。

表 8-7　行为动作描述

行动	描述
去航点	指定人员应朝导航网格上的特定点移动
去房间	指定人员必须从集合中选择一个房间，然后转到该房间
去电梯	指定人员使用疏散电梯
等待	指定人员在其当前位置等待的时间
等到	指示人员延迟移动，直到指定的模拟时间过去
协助人员	指示人员加入协助疏散小组，并开始帮助向该小组发出请求的人员
等待帮助	指示人员应等待其他人的帮助
与救援人员分离	将人员与其救援人员分离，允许救援人员继续帮助其他人
去避难区	指示人员前往标记为避难区的房间之一
去出口	指示人员通过最快的路线到达一组出口
更改行为	指示人员的行为分布更改为从中随机选取的新行为
更改个人资料	指示人员的个人档案文件分布更改为从中随机选取的其他个人档案文件

① 去航点的动作　一个 Goto Waypoint 动作使得人员走向导航网上特定的某一点。一旦他到达此点一定半径范围内，他将进行行为列表中的下一个动作。

要添加某一动作，单击添加行为动作列表中的 Add Goto Waypoint...按钮，输入位置或单击模型上的点，输入到达半径或在单击位置后拖动鼠标以指定半径。

这些参数可以在创建面板上手动输入，或在 3D 或 2D 视图上点击导航网格上的一个点，或点击拖动到指定位置+到达半径。当点击或点击拖动时，释放鼠标按钮，动作就创建了。

② 去房间的动作　Goto Rooms 动作指定人员必须选择一个房间并去向那里，一旦他穿过门进入了该房间，那么他就被认为是在房间里，并且可以进行行为里的下一个动作。如果指定的动作有多个房间，人员会去一个使他最快能到达的房间。

要添加一个 Goto Rooms 动作，单击行为动作列表中的 Add Goto Rooms...按钮。既可以点击 Rooms 用对话框连接到一个指定的房间，也可以从 3D 或 2D 视图上左键点击所需的房间，在 3D/2D 视图中右键点击一下就可以结束房间的选择并创建动作，也可以点击 Create 选项。

③ 去电梯的动作 去电梯的动作指定一个人员通过使用电梯进行疏散逃生。当使用这一动作时，人员会到达操作者指定的电梯，呼叫电梯，等待电梯到达，进入电梯，并等待电梯到达他（她）将去的楼层。一旦电梯到达释放楼层，他便会进入下一步动作。本指令只能用于不在应该到达的楼层的人员并且实际条件拥有电梯的情况下。如果有多个可选择的电梯，人员将会选择能最快达到指定楼层的一台电梯。

添加一个去往电梯逃生的动作，须在动作列表中单击 Add Goto Elevators...按钮，在对话框内点击 Elevators 链接来指定所需的电梯或者在 2D 或者 3D 视图中左击所需的电梯。在 2D 或者 3D 视图中右击可以完成电梯的选择和动作的创建，或者直接点击创建。

④ 等待的动作 等待动作指令人员在他的当前位置等待一段时间。一旦时间过去他将开始他的下一步动作。

他的等待方式将取决于他最近的目的地。例如如果他之前的目标是一个路标，他将试图保持接近路标的中心。如果先前的目的地是一个房间，它将努力朝着房间的一面墙壁移动并远离所有的门。这样允许其他人员进入房间。如果他先前的目的地是一台电梯，他首先会朝着墙壁移动就像在房间里等待一样，虽然电梯在运行，但他依然站在那里没有动作。在所有情况下，执行等待命令的人员会避开其他人员逃生路线，除非他们的目的地与等待行为者最近的目的地重合。

注意，如果人员正在被救援，那么他（她）无法自行移动，并且将被留在房间里，救援人员首先将所有人从门上移开（即使门处于非活动状态），然后与人员断开联系。

添加一个等待动作，须在动作列表中单击 Add Wait 按钮，指定他在当前位置所等待的时间。

⑤ 等到的动作 等到动作指示人员延迟其移动，直到指定的模拟时间过去。此动作对于一次同步较多人员的移动非常有用。人员在等待时间动作期间按照等待动作所述的相同规则填充空间。可以使用三种不同的方法指定"等到"动作，人员可以等到特定时间、时间列表中的下一个时间或定期函数中的下一个时间。

要添加"等到"操作，请执行以下操作，从行为操作列表中单击 Wait Until 按钮，单击时间以编辑该值，该值将显示 Wait Until Time（等到时间）对话框，如图 8-85 所示。然后从下拉列表中选择一个子操作并指定所需的参数，在等到时间对话框中单击 OK 并创建。

在"等到时间"对话框中，有三个子操作可用。

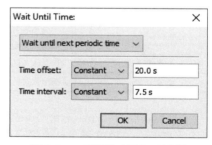

图 8-85 "等到时间"对话框

➢ 等到特定时间（Wait until a specific time）：此操作告诉人员在其当前位置等待，直到模拟时间超过指定时间，他们将立即继续下一个动作。

➢ 等到下一个预定时间（Wait until next scheduled time）：此操作允许用户指定等待时间列表。当人员开始等待动作时，他们将模拟时间与指定时间列表进行比较并等待，直到大于模拟时间。如果模拟时间大于任意指定时间，则人员立即继续执行下一个动作。

➢ 等到下个周期性时间（Wait until next periodic time）：此操作将设置定期时间列表。

◇ 时间偏移（Time offset）：指定时间列表中的第一项。

◇ 时间间隔（Time interval）：指定列表中时间之间的延迟。

然后从这些参数生成时间列表。例如如果时间偏移量设置为 60 秒，并且时间间隔设置为

10 秒，则时间列表将为［60，70，80，90，100，…］。与"等到下一个预定时间"动作类似，当人员开始此操作时，他们将在列表中选择下一个时间并等待该时间过去。

时间偏移量和时间间隔都可以指定为分布。在这种情况下，每个人员都会得到一个独特的时间列表供选择。例如如果将时间偏移量设置为［50，60］的均匀分布，并且时间间隔设置为恒定的 10 秒，则一个人员可能会获取［52.3，62.3，72.3，82.3，…］列表，而另一个人员可能会获取［59.2，69.2，79.2，89.2，…］列表。

⑥ 协助人员的动作　此动作指示人员加入协助疏散小组，并开始协助向该小组请求帮助的人员。当有人加入团队时，他们将成为协助（救援）人员。一旦完成了所有人员请求的帮助，协助人员将开始他们的下一个动作。

要添加"协助人员"操作，需单击行为操作列表中的 Assist Occupants，并指定乘人员加入协助疏散小组，单击创建。

⑦ 等待救援的动作　此动作要求使用它的人员运输工具，且至少有一个附加的人员位置。当开始此动作时，他们被视为等待人员，协助人员将接近他们。一旦开始等待救援，他们就无法移动，直到有协助人员连接到他们以填补所有附加的位置。当所有人员都被成功施救，就会开始他们的下一个行动。协助人员将保持附加的位置，直到完成所有后续操作或人员开始与协助人员分离。

要添加"等待协助"动作，需单击行为操作列表中的 Wait for Assistance，并指定将要实施救援的团队，单击以创建。

⑧ 与救援人员分离的动作　当人员开始此动作时，他们被视为被帮助的对象，并且目前正在被协助移动。分离后，人员可以在没有帮助的情况下继续他们的下一个行为，前提是他们不需要帮助。此动作还允许协助人员移动到下一个需要帮助的人员位置。

要添加"从协助分离"的动作，需从行为操作列表中单击 Detach from Assistant，单击以创建。

⑨ 去避难区的动作　与"去出口"动作一样，此动作必须是行为中的最后一个动作。人员到达避难区后，将留在模拟中并等待模拟完成，等待时的行为在上面的等待动作中进行了描述。此外，人员将被标记为"refuge_reached"。

此操作的创建方式与"去房间"动作类似，只是只能选择标记为避难区的房间。

注意，如果使用此动作的人员正在其他人的协助下，协助人员将首先将其移动到等待位置，然后分离。只有在此时，人员才被标记为"refuge_reached"，并认为操作已完成。

⑩ 去出口的动作　此动作会指示人员通过最快的路线到达一组出口。与"去避难区"动作一样，此动作必须位于行为中的最后一个。人员通过出口后将被模拟删除，并在人员摘要和人员历史记录输出文件中报告为已退出模型。

添加"去出口"操作，需从行为操作列表中单击 Goto Exits，并指定人员可以离开的出口，单击以创建。

⑪ 更改行为的动作　此动作会导致人员切换其行为。此动作后人员将开始执行不同的行为动作。新行为是从给定的行为分布中随机选择的。除了新行为外，还可以选择相同的行为或不更改。如果人员更改为其当前行为，则将重新启动该行为。如果人员选择不进行任何更改，则"更改行为"动作将不起作用。可以在行为引用中创建循环，这样人员就可以永远循环执行这些动作（直到模拟结束）。 请注意，根据具体设置，人员可能不会执行"更改行为"动作之后的行为。

⑫ 更改个人档案文件的动作　此动作会使人员更改其个人档案文件，这将覆盖人员个人档案文件中可设置的所有参数。这可用于在整个模拟过程中更改人员的速度、形状、头像等。所选个人档案文件是从可能的个人档案文件列表中选择的，包括将阻止人员个人档案文件更改的项目。

注意,此操作将覆盖所选个人档案文件中定义的所有人员参数,包括为特定人员自定义的参数。

对于以分布形式指定的参数（例如最大速度），给定人员将始终从该参数的分布的相同部分中选择一个值。例如，如果给定人员从最大速度为正态分布的个人档案文件开始，并且人员的速度是从第 25 个百分位中选择的，则任何后续的个人档案文件更改也将导致从新速度分布的第 25 个百分位中选择人员的速度。这可确保如果人员的个人档案文件发生更改，该参数对于其将保持一致。此外，如果参数不随个人档案文件更改而更改，则人员将保持先前的值。对于值集（如人员头像），仅当新个人档案文件使用与前一个个人档案文件完全相同的值集时，才能保证人员保持相同的值。

个人档案文件更改也可用于更改人员的形状。它可以从正常的圆柱形状变为运输工具形状，也可以从一种运输工具形状（例如床）更改为另一种形状（例如轮椅）。由于运输工具可以与辅助疏散一起使用，因此在辅助期间切换形状时要小心。如果人员要在辅助期间更换运输工具，为了正确使用功能，最好在使用"与救援人员分离"动作更改形状之前与其分离，然后在使用"等待协助"动作更改形状后重新连接。

（4）添加人员　可以通过多种方式将人员添加到模型中。模型可以预先设定任意数量的人员，也可以由人员释放源连续生成。预先设定模型时，可以将人员单独放置在 3D 或 2D 视图中、分布在特定房间的矩形区域中或分布在房间的整个区域中。

① 人员安置　个别人员可以通过 Add Occupant 工具添加到模型，人员只能被安置在预先存在的房间和楼梯内，不能与其他人员或房间边界重叠。用鼠标左击想要的位置，或者输入 X-Y-Z 坐标并点击位于属性面板中的 Create 按钮也可以放置一名人员，如图 8-86 所示。

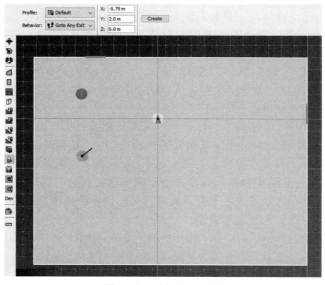

图 8-86　添加个别人员

② 人群安置　人群可以通过 Add Occupant Group 工具（🔒）添加到模型中。人群将根据属性面板里的参数分布在整个区域内，如图 8-87 所示。

图 8-87　添加人群的控制面板

当设置好人群特性后，点击拖动鼠标来填充想要放置人群的面积，矩形的两个点必须位于同一个房间内如图 8-88 左，释放鼠标按钮时，人员将被放置在指定区域内如图 8-88 右。

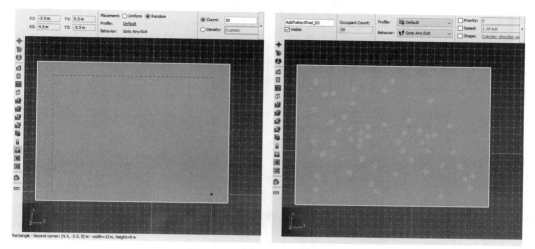

图 8-88　选择区域并添加人员

当任意人员被选中时，属性面板会允许编辑人员的姓名、外形、行为和颜色，还会显示所有个人档案文件参数，准确显示该特定人员将使用的值。这些参数中的任何一个都可以通过选中它旁边的框并输入所需的值来覆盖。

➤ 随机或均匀安置（Random or Uniform Placement）：这个选项将人群随机安置在指定区域内，这样安置没有重叠的情况发生。如果所需的人群数量太大，为了实现这一目标，系统会问是否通过重叠继续执行指令。均匀安置（Uniform Placement），是将人群以十六进制模式进行有序安置，这样可以做到发生重叠之前允许更大的密度。同样，如果密度太大，系统会问是否通过重叠继续执行。

➤ 计数/密度：这个选项用于指定是否安置一定数量的人群或安置足够的人员使指定地区足够达到一定的密度。软件本身提供了几个密度模板，并且在密度下拉菜单中选择 Custom 输入一个新数据。

➤ 属性特征（Profile）：该选项允许对人群属性进行分配，如指定 25% 的添加人群应该是女性并且小于 30 岁，30% 是孩子，等等。标签显示了目前分配设置，如果在模型中有多个属性设置，点击其中的数据对这些分配数据进行编辑。这将打开编辑人群属性特征面板如图 8-89 所示。

➤ 行为（Behavior）：像属性选项一样，该选项允许设置行为的分配。该对话框类似图 8-89。

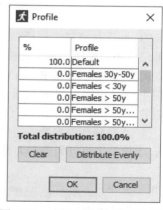

图 8-89　编辑人群属性特征面板

③ 在房间内安置人群　除了在安置区分配人员，人员可以分布在整个房间。要做到这一点，选择所需的房间，并从 Model 中或右键菜单中选择 Add Occupants，如图 8-90 所示，将会弹出 Add Occupants 对话框。有关该对话框的选项的说明，请参阅 Group Placement 部分。选择所需的选项设置人员后，单击 OK 按钮并退出对话框。

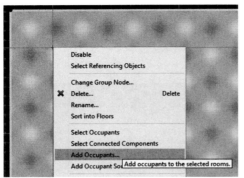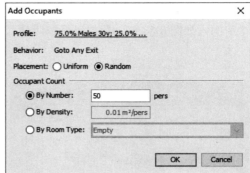

图 8-90　在房间内安置人群

④ 人员释放源　人员释放源定义在整个仿真过程中动态生成人员的区域。

要添加人员释放源，请使用添加人员释放源工具 ▣ 或右键单击模型中的门或房间，然后选择添加人员释放源，若附加到组件的人员释放源后未从模型中删除，则用户将收到通知，且其将附加到不同的组件上或删除。

有三个选项可用于指定模型中人员释放源的物理位置，如图 8-91 所示。

图 8-91　指定人员释放源选项

人员释放源可以由矩形区域定义，也可以附加到模型中的组件。

➢ 从矩形（From Rectangle）：使用此选项可绘制定义放置区域的框。该区域与导航网格相交，并在相交区域中的随机位置创建新人群。

➢ 从门（From Door）：使用此选项可将新人员释放源连接到现有门。可以从下拉菜单中选择门，也可以通过单击模型中的组件来选择门。新人群将在门沿线的随机位置创建。如果门是单向的，则人员将被带到稍微远离门，朝向单向方向。如果门是出口，则人员被放置在模型内。如果门连接到电梯，则人员被放置在电梯外。

➢ 从房间（From Room）：使用此选项可将新人员释放源附加到现有房间。可以从下拉菜单中选择房间，也可以通过单击模型中的组件来选择房间。新人群将在房间内的随机位置创建。

⑤ 人员释放源参数　定义人员释放源的位置后，可以指定与生成的人员相关的其他参数。图 8-92 显示了可以为现有人员释放源指定的参数。

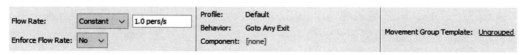

图 8-92　可以为现有人员释放源指定的参数

➢ 流量（Flow Rate）：以每秒人数为单位，创造新的人群。流速可以是常量，也可以指定为表中的函数。流速表编辑器如图 8-93 右所示。编辑器还可用于自动构造周期性阶梯函数。为此，请单击"步骤"功能按钮。"阶梯函数"对话框如图 8-93 左所示。

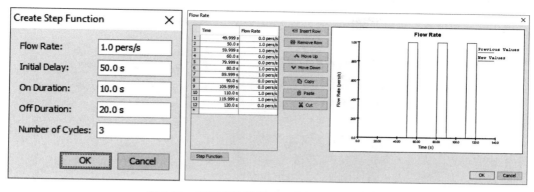

图 8-93　流速表编辑器及 "阶梯函数" 对话框

以下是可在 "创建阶梯函数" 对话框中设置的步进函数的参数。

◇ 流量（Flow Rate）：开始生成人员时的流量值。

◇ 初始延迟（Initial Delay）：模拟开始时到阶梯函数开始的时间。

◇ 持续时间（On Duration）：每个时间段中开始生成人群的时间。

◇ 关闭持续时间（Off Duration）：每个时间段内关闭人员生成的时间。

◇ 循环次数（Number of Cycles）：生成人群的开/关次数。在此之后，释放源将停止生成人员。

➤ 强制流速（Enforce Flow Rate）：指定释放源是否应继续生成人员。选择 "是" 时，无论区域有多拥挤，释放源都会继续生成人员，这可能会导致其发生重叠。选择 "否" 时，仅当新创建的人员不与其他人重叠时，释放源才继续生成，否则释放源将等到下一个时间步，以尝试再次生成人群。

➤ 属性（Profile）：指定各部分属性。

➤ 行为（Behavior）：指定行为分布。

➤ 部件（Component）：显示人员释放源连接到哪个门或房间（如果有）。

➤ 运动组模板（Movement Group Template）：指定属于移动组的人群的移动组分布。未分组选项适用于不属于任何组的人。

（5）重新分配属性和行为　一旦人员被创建，它们的外形和行为的分布可以被重新描述。从 the Navigation View 中选择一组或几组的人员，右键单击他们，从右键单击菜单中选择 Properties，或者双击人员组。会出现 Edit Group Distributions 对话框，如图 8-94 所示。如果在模型中有多个外形存在，可以点击 Profile 的链接编辑分布，如在 Group Placement 中讨论的一样。如果在模型中有多个行为存在，可以点击 Behavior 的链接编辑它的分布。

图 8-94　Edit Group Distributions 对话框

注意：改变外形和行为的分布将不会改变这一组人员的数量。被改变的只是这些外形和行为被分配给的人员，从而使得人员尽可能近地匹配指定的分布。

（6）随机化人员位置　创建人群后，可以将他们的位置更改为新的随机位置。

要随机化人员位置，请选择一个或多个房间，并从右键单击菜单中选择随机化人员位置，出现随机化人员位置对话框，如图 8-95，提供更改房间和位置设置的选项。

在当前房间内重新定位将使每个人员留在其当前房间内，而在其他选定房间内重新定位将使人员在选定房间内自由移动。随机和统一选项将分别随机或均匀地重新分配人员。

单击确定后，所选房间中的所有人员都将移动到其新生成的位置。人员方向也会发生改变，除非在本地为特定人员定义或在人员属性中设置为恒定角度。

（7）减少人口　有时需要减少模型中的人员数量。每个房间、楼梯、坡道或人员组中的人数都可以自动减少。

图 8-95　随机化人员位置对话框

要减少组件或人员组中的人员数量，请右键单击特定对象并选择减少人口，将出现一个对话框，其中包含设置新人员计数的选项，也可以设置删除方法。

Pathfinder 可以保留随机人员、选中的第一个人员或选中的最后一个人员。

8.4　疏散行为模拟

Pathfinder 支持辅助疏散场景，其中某些人员可能会协助其他人员。这在医院疏散和其他情况下特别有用，在这些情况下，可能有一些残疾人在部分疏散过程中需要帮助。

以下是 Pathfinder 中使用的一些术语。

➤ 救援人员（Assistant）：帮助其他人的人。

➤ 被施救者（Client）：由救援人员帮助的人。

➤ 团队（Team）：一个救援小组。

通过 Pathfinder 的行为系统支持辅助疏散，允许调查各种场景。

一些可能性包括：救援人员帮助发出求救的人完成整个疏散过程，允许其访问多个中间航点或房间，或在协助时在一个地点等待。救援人员只帮助发出求救的人进行部分疏散，例如坐在轮椅上的人员只在下楼梯时需要帮助。救援人员分阶段提供帮助。例如一个救援人员将被施救者移动到一个位置，然后另一个团队将其移动到另一个位置。

人员释放源系统也支持辅助疏散，该系统允许由人员释放源生成救援人员和被施救者。

8.4.1　救援流程概述

（1）救援人员　最初，人员根据其"辅助人员"动作成为团队的救援人员。

救援人员检查当前是否有任何发出求救的人或将要发出求救的人（来自人员释放源）需要他们的帮助，如果没有，则继续他们的下一个行为。如果救援人员确定有发出求救的人，他们将发出信号以协助他们进行疏散。当被施救者接受请求时，救援人员将附加到他们身上并变为被动，直到与其分离。当没有更多人员需要帮助时，救援人员将继续执行下一个行为。

（2）被施救者　当模拟开始时，人员根据用户的等待协助操作成为一组或一组团队的被施救者，然后其将无限期地等待某个救援人员提供帮助。当被施救者收到信号时，他们会选择最近的救援人员并分配给他们车辆上的所有空缺位置。

所有后续行为都使用附加的救援人员进行处理，直到发生以下情况之一（取决于终止操作）：

➤ 被施救者遇到"去出口"操作，在这种情况下，他们在通过出口前不久将与所有救援人员分离，然后继续自行通过出口，即使他们在没有帮助的情况下无法移动，完成后将它们从模拟中删除。

➤ 被施救者遇到"去避难区"操作，在这种情况下，他们将去往其中一个房间。进入房间后，其将前往房间的后面，与救援人员分离，并等待模拟完成。

➤ 被施救者遇到"与救援人员分离"操作，在这种情况下，其将与所有救援人员分离并自行继续执行下一个操作。

8.4.2 准备被施救者

准备被施救者时需要考虑一些注意事项。表 8-8 概述了一些重要的被施救人员特定参数，这些参数可以帮助实现各种疏散结果。

表8-8 定义被施救人员的重要参数

参数	位置	用法
等待救援	"行为"面板	将人员变为等待救援的人
与救援人员分离	"行为"面板	允许被施救者与救援人员分离，并单独进行部分疏散过程
运输工具形状	"人员"面板	轮椅和病床默认可用，还提供用户定义的运输工具
需要帮助才能移动	"编辑属性"对话框	人员在没有帮助的情况下无法移动

可以按以下方式准备可以成为等待救援的人员。

➤ 为人员创建新的行为：向行为添加"等待协助"操作，并指定应协助人员一个或多个团队。添加人员在得到帮助时应执行的操作，例如前往避难区或前往出口。如果添加了"去出口"动作，则救援人员将在被施救者进门之前自动与其分离，从而使救援人员可以继续帮助其他人。如果被施救者需要自行完成部分疏散过程，请将"与救援人员分离"操作添加到行为中，然后添加其需要单独执行的操作。

➤ 创建人员：分配人员行为。通过编辑人员属性面板上的形状参数，为其选择运输工具，如图 8-96 所示。所有等待救援的人员必须具有运输工具。选择默认形状或自定义形状。

图 8-96 编辑人员属性面板上的形状参数

8.4.3 准备救援人员

可以按以下方式准备可以成为救援人员的人。

首先为救援人员创建新的行为。将"协助人员"动作添加到行为中，并选择其应协助的团队（如果未选择团队，则将使用默认团队）。最后，创建人员或是人员释放源并为其分配行为。

8.4.4 准备团队

可以创建任意数量的辅助疏散小组。救援人员通过他们的行为加入团队，等到救援的人通过他们的行为向团队寻求帮助。默认情况下，救援人员加入默认团队。

救援人员一次只能是一个团队的成员，但在模拟过程中，他们可能是多个团队的成员。这是通过在救援人员行为中对每个团队使用"协助人员"操作来实现的。

要编辑辅助疏散团队，请在模型菜单上单击编辑辅助疏散团队，如图 8-97 所示。

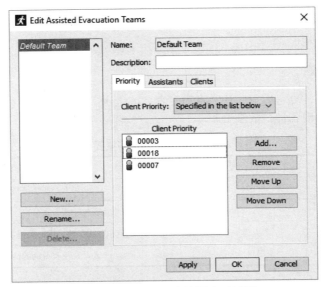

图 8-97　编辑辅助疏散团队对话框

在"优先级"选项卡上，"被施救者优先级"控制团队撤离等待救援的人的顺序。

可以按如下方式指定优先级。

➤ 到救援人员的距离：团队中的救援人员将选择离他们最近的人开展施救行动。

➤ 在列表中指定：允许通过将等待救援的人员添加到列表来直接指定其排序。列表中的被施救者优先于列表外的人。列表中等待救援的人根据列表顺序得到帮助。那些不在名单上的人将根据距离得到帮助。一旦救援人员选择了等待的人，他们就会被锁定在选择中。

例如，假设有三个等待救援的人按图 8-97 所示的顺序列出，则可能会发生以下行为。

被施救者 00018 请求默认团队的帮助，且尚未有其他人请求帮助，则帮助默认团队的救援人员选择协助 00018。

当救援人员走向 00018 时，等待救援人员 00003 请求团队的帮助，则救援人员继续向 00018 前进，忽略来自 00003 的请求，但一旦 00018 得到帮助，救援人员就会前往 00003。

注意，任何人员都可以添加到此列表中，即使他们从未有请求帮助的行为。在这种情况下，它们将被忽略。

"救援人员"选项卡是只读的，显示当前模拟中的某个时刻通过"协助人员"动作加入团队的所有救援人员。 您必须使用"协助人员"操作将其添加到此列表。

"被施救者"选项卡是只读的，显示当前模拟中的某个时刻通过"等待帮助"操作向团队请求帮助的所有被救援的人。您必须使用"等待协助"操作将其添加到此列表。

8.4.5　人员分组

运动组用于在模拟期间将人员保持在一起。此功能可用于显式链接模拟开始时存在的人员，也可以与人员释放源一起使用以链接在仿真期间插入的人员。

在整个模拟过程中，属于某个组的人员保持分组，且没有离开和加入组的相关操作。此外，要成为同一组的成员，人员必须具有相同的行为。

虽然人员移动组可用于创建具有更真实行为的模拟，但验证算例中通常没有有关分组的特定数据，并且移动时间与特定分组参数之间的关系未知。由于分组会增加约束，并且永远不会增加人员的个人移动速度，因此它通常应该比未分组的等效物产生更保守（即更慢）的模拟时间。但是，如果在疏散模拟中使用组，建议在有和没有分组人员的情况下运行模拟，以确定其分组对疏散时间的影响。

（1）分组移动　分组运动由两个概念控制：连接状态和组领导者。如果一个小组处于"断开连接"状态，则人员将走向领导者。如果一个群体处于"连接"状态，则人员将朝着由其行为决定的目标前进。该规则允许已经分裂的群体重新组建。

这些行为的详细信息由以下四个参数控制。

➤ 跟随领导者：通过此参数，可以手动指定将在整个仿真过程中用作组长的人。如果未设置，模拟器会自动选择一个组长，且其可能会随时间而更改。最接近当前目标的组成员（由行为指定）将成为领导者。

➤ 最大距离：此参数用于确定组是连接还是断开连接。如果任何组的部分与其他部分的距离超过最大距离，则该组被视为已断开连接。更具体地说，连接组中所有人员的最长边必须小于或等于"最大距离"，组才能被视为已连接。

➤ 减速时间：当组断开连接时，领导者使用此参数。领导者在停下来之前会逐渐降低速度。减速时间确定领导者在停止之前将减速多长时间。

➤ 加强小组成员之间的社交距离：此参数用于强制组成员之间的社交距离。默认情况下，小组内不强制保持社交距离，但小组成员将与不在小组中的人保持社交距离。

"最大距离"和"减速时间"的值越小，组越紧密，否则组越松散。组成员共享组件限制。如果某个组件仅限于某个组成员，则其他组成员也将避开该组件。

（2）运动组　移动组列在"移动组"节点的树形图中，表示模拟开始时存在的特定人员的分组。

要创建运动组，首先选择将成为组成员的所有人员。所有选定的人员必须具有相同的行为，然后右键单击以激活弹出菜单，单击"从选择中新建运动组"，则新的移动组将显示在"移动组"节点的树形图中。移动组参数（例如最大距离）可以通过选择树中的移动组来编辑。

要快速指定人员作为其运动组的领导者，首先要选择一个或多个人员。不属于运动组的人都将被忽略，然后右键单击以激活弹出菜单，单击设置组长。这将把每个人员设置为各自运动组的领导者。选择属于同一移动组的多个人员，那么第一个选定的人将被设置为领导者。

手动创建单个移动组可能仅在特殊情况下才需要。运动组模板提供了一种自动创建运动组的方法。

（3）运动组模板　运动组模板描述的不是将一起移动的一组特定人员，而是描述一种运动组。例如，"有 1～2 名成人和 1～3 名儿童的家庭"。Pathfinder 可以使用这些描述根据人员的选择或在模拟期间自动创建大量移动组。

除了前面描述的三个移动参数外，移动组模板还需要基于人员属性的创建参数。

➤ 人员人数：当不需要控制用于形成组的特定属性时，可以使用此选项。它指定对组大小的约束。

➤ 每个属性的成员数：此参数可用于指定组大小约束以及个人档案文件要求。

➢ 领导者属性：此选项可用于强制从配置文件中选取永久的领导。仅当使用"每个配置文件的成员数"选项并选择了"跟随领导者"选项时，此选项才可用。

要创建运动组模板，首先需在"模型"菜单上单击"编辑运动组模板"，单击"新建"后键入模板名称并确定。新模板将添加到"移动组模板"节点的树形图中。创建的模板现在可用于自动创建移动组。

当 Pathfinder 使用移动组模板将人员分类为移动组时，算法由以下参数控制。

➢ 运动组模板：这是应该出现在生成的移动组中的模板的分布。单击蓝色文本以编辑分布。例如，剧院座位区可能包括 60% 的成人团体和 40% 的家庭团体。

➢ 将人员限制在同一房间：默认情况下此参数处于开启状态，并强制执行组内所有人员必须共享同一房间的规则。

➢ 距离计算：创建新组算法尝试将彼此靠近的人员分类形成组。分类使用行驶距离（考虑墙壁和其他障碍物）或几何距离进行标识。几何距离分类速度很快，因为它使用简单的距离计算，但它可能会产生对距离相近但位于不同楼层的人进行分组的不良后果。高度乘数可用于阻止算法对位于楼层上方或下方的人进行分组。例如，使用 10 的乘数将使 Z 中的 3.0m 拾取为 30.0m，以便进行距离计算。

要使用模板创建移动组，首先选择应分组的所有人员，所有选定的人必须具有相同的行为。然后在右键菜单上，单击"模板中的新建运动组"。此对话框提供了各种选项，用于控制 Pathfinder 如何将所选人员分组。根据需要调整参数，最后单击确定。

新的移动组将添加到"移动组"节点的树形图中，如果需要，可以编辑各个组的参数。

使用"模板中的新移动组"操作时请务必注意，操作将重置人员属性。

（4）从人员释放源分组添加人员　在模拟运行时，释放源将人员插入到模型中。默认情况下释放源添加人员时不使用分组。移动组模板还可用于在将人员从释放源添加到模拟时动态创建移动组。释放源可以使用"运动组模板"参数分组创建人员。

运动组模板是分组创建人员时将使用的模板分布。默认值为"未分组"，这意味着生成的人员将不属于任何移动组。由于一个组通常由多人组成，因此释放源将以规定的速度一次性添加一个新组的所有成员，直到完全添加该组。完成后，移动组模板的分发将再次用于确定新生成的人员的分组（或未分组）状态。

要定义释放源以分组添加人员，首先选择人员释放源，并在属性面板的"移动组模板"中单击以输入插入人员时要选择的模板分布，释放源现在将根据模板分组设置插入的人员。

8.5　模拟与结果分析

8.5.1　模型分析

Pathfinder 包含一些有用的工具来分析模型的各种属性。

（1）测量区域　测量区域使软件输出导航网格上特定区域内的速度和密度的时间历史数据。可以使用添加测量区域工具█创建测量区域，具体示例如图 8-98 所示。

添加一个或多个测量区域将导致模拟器输出一个名为 filename_measurement-regions.csv 的 CSV 文件，其中包含每个测量区域的数据。此文件中的数据可用于绘制测量区域中的基本图表。

测量区域 CSV 数据的输出频率由"仿真参数"对话框的"输出"选项卡上的"CSV 输出频率"参数控制。

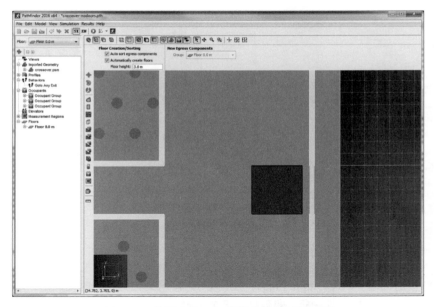

图 8-98　放置在出口门前面的测量区域示例

为确保结果准确，测量区域必须正好相交一个房间，不超出房间的边界，并且不得与房间内的任何内墙相交。

从本质上讲，测量区域应放置在供人使用的开放空间上。理想情况下，测量区域不应大于所研究的稳定流动发生的区域。若测量区域太大，实际值可能低于预期值，因为数量已在整个区域进行积分。

（2）测量距离　可以使用测量工具▥▥测量距离。

为此，请从 3D 或 2D 视图中选择测量工具。要测量沿点序列的距离，请左键单击每个点。指定每个点后，右键单击以在对话框中显示累积的点到点距离。

在 3D 视图中测量距离时，距离将作为捕捉点之间的实际距离。但在 2D 视图中测量距离时，是通过将点投影到平行于视图平面的平面上来获取距离。

8.5.2　模拟

（1）参数　"模拟参数"对话框提供了一种方法来控制仿真的某些特征参数，并提供了一些默认值。

① 时间参数　"时间"选项卡，如图 8-99 所示，提供以下选项。

➢ 时间限制（Time Limit）：可以在一组模拟时间后用于自动停止模拟。

➢ 时间步长（Time Step Size）：控制模拟时间步长的大小。增加时间步长加速模拟，减少时间步长可以确保仿真精度。

② 输出参数　输出选项卡提供了以下选项，如图 8-100 所示。

➢ 3D 输出频率（3D Output Freq）：用于控制 3D 输出文件更新的时间间隔。增加这个值会让写入数据减少，导致硬盘使用率降低并使模拟速度加快（没有文件写入延迟），但可能产生一个有误导性的 3D 可视化结果。在 3D 可视化结果中，人员会沿着一条直线从一个数据点移动到另一个，如果有两个点在时间上距离很远，那么一个人员可能似乎穿过了障碍物，而实际上它是正确的。

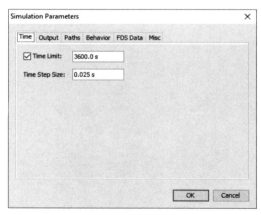
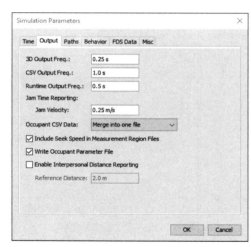

图 8-99   "仿真参数"对话框的"时间"选项卡   图 8-100   "仿真参数"对话框的"输出"选项卡

➢ CSV 输出频率（CSV Output Freq）：控制 CSV 输出文件更新的时间间隔。增加这个值会导致在最终生成的 CSV 文件中行（即数据更低的分辨率）变少。这个选项对仿真性能和磁盘使用情况的影响很小。

➢ 运行时间输出频率（Runtime Output Freq）：在运行模拟对话框中控制模拟状态更新的时间间隔。这个选项对仿真性能和磁盘使用情况的影响也很小。

➢ 拥挤速度（Jam Velocity）：设置人员在拥挤时的疏散运动速度值。

➢ 人员 CSV 数据（Occupant CSV Data）：控制如何为启用了"打印 CSV 数据"的人员生成 CSV 数据。

✧ 合并到一个文件中（Merge into one file）：所有启用了 CSV 数据的人员都将被写入同一文件。该文件名为 filename_occupants_detailed.csv，其中 filename 是保存的不带.pth 扩展名的 PTH 文件的名称。

✧ 为每个人员创建一个文件（Create one file per occupant）：每个启用了 CSV 数据的人员都将被写入不同的文件。该文件名为 filename_occupant_id_occname.csv，其中 filename 是保存的不带.pth 扩展名的 PTH 文件的名称，id 是模拟器分配的人员的整数 ID，且 occname 是在用户界面中指定的人员的名称。

➢ 在测量区域文件中包含查找速度（Include Seek Speed in Measurement Region Files）：控制是否在测量区域文件中包括一个名为"SeekVelocity"的附加文件，该文件指示人员相对于其目标方向的移动速度。例如：如果人员想要向+X 方向移动，并且他们正以 1.2m/s 的速度沿+X 的方向移动，则此列将显示 1.2m/s；然而，如果他们朝着+Y 方向前进，他们的速度将变为 0m/s，因为他们没有朝着他们的目标前进。注意：此值始终≥0，即使人员向后远离其目标。

➢ 写入人员参数文件（Write Occupant Parameter File）：指示是否写入人员参数文件。

➢ 启用人际距离报告（Enable Interpersonal Distance Reporting）：启用此功能将导致模拟器创建两个输出文件：filename_sd_transient.csv 和 filename_sd_accumulated.csv。这些文件根据人员之间的距离报告人际距离信息。距离计算成本很高，使仿真运行时间增加了约 10%。

➢ 参考距离（Reference Distance）：启用人际距离报告后，此值用于计算曝光数据，并在 filename_sd_accumulated.csv 中报告为 SD。

③ 路径参数   路径选项卡提供以下选项，如图 8-101 所示。

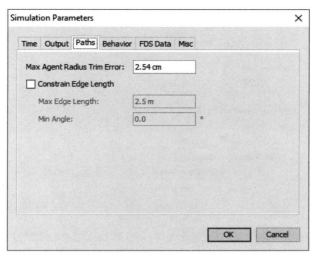

图 8-101　"仿真参数"对话框的"路径"选项卡

➢ 最大人员半径修剪错误（Max Agent Radius Trim Error）：当人员在模拟中有不同的尺寸时，这个参数会影响人员如何准确地通过狭小空间。这个值较大的话，是不太可能让人员穿过一个宽度接近它的身体直径的空间。然而赋予较大的值，模拟将启动得更快（如果人员都有不同的尺寸，有时会更快）并消耗更少的内存。每个人员保证能够适合通过一个宽度等于人员的直径加上这个值的两倍的空间。

➢ 约束边缘长度（Constrain Edge Length）：控制用于转换房间、楼梯等为模拟器使用的三角网格的三角测量算法。默认情况下，Pathfinder 试图生成最小的和最大的可能的三角形，这种方法能很好地与 Pathfinder 的搜索算法结合运行。然而，在某些情况下，表现好的三角形可以是有用的（例如，防止非常长和薄的三角形）。这个值可以用于撑起这些三角形。

◇ 最大边长（Max Edge Length）：此参数控制一个房间边界的任何单一的边缘的最大长度。

◇ 最小角度（Min Angle）：此参数防止系统使用任何角度非常小的（即薄的）三角形。当它试图生成一个模拟输入文件时，使用 Min Angle 值大于 30°时会导致 Pathfinder 程序冻结。

④ 行为参数　Pathfinder 软件中含有 2 个主要的行为模式：SFPE 和 Steering。要选择模拟模式，请从"行为模式"下拉框中选择 SFPE 或 Steering。

SFPE 模式使用了消防工程的 SFPE 手册中提出的假设组，并且能给出与这些手工计算的结果非常相似的答案（取决于选择的假设）。在 SFPE 仿真中，运动仿真的控制机制是门队列。SFPE 模式使用了一个简单的假设组，并且通常情况下，就 CPU 处理所用时间来看，SFPE 模式的完成速度比和它自身类似的 Steering 模式仿真更快。"仿真参数"对话框的 SFPE 模式选项卡如图 8-102 所示。

SFPE 模式支持以下选项。

➢ 房间最大密度（Max Room Density）：该指令控制的是房间密度，在达到指定密度时将不再允许人员进入此房间。使用一个人工低密度值可以得到更快的疏散时间。使用一个较大数值，如在 3.6～3.8 之间，可导致极慢的疏散时间。当使用的数值高于 3.8pers/m² 时，由于密度依赖性的计算速度将会导致仿真不顺畅的情况发生。

➢ 门流速→边界层（Door Flow Rate → Boundary Layer）：从门的两侧减去这个值，计算出有效门宽，控制流量方程。例如，边界层设置 15mm，1.0m 的门将减少到 0.7m 的开口，从而得到［1.32per/(s·m)×0.7m］=0.924per/s。注意，在计算房间密度时，使用相同的边界层。

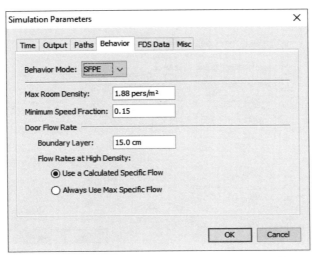

图 8-102 "仿真参数"对话框的 SFPE 模式选项卡

➢ 门流速→高密度的流速（Door Flow Rate → Flow Rates at High Density）：控制如何计算门的特定流量。比流量是单位时间单位有效宽度的人员的量度。对于每扇门，将特定流量乘以有效门宽度，以计算单位时间内以人员为单位的门流量。

　　◇ 使用计算出的特定流量（Use a Calculated Specific Flow）：比流量计算为与门相邻房间的房间密度的函数。在逆流的情况下，密度较高的房间控制门的组合比流量。

　　◇ 始终使用最大比流量（Always Use Max Specific Flow）：允许门以最佳密度流动。最小速度分数可用于设置人员速度的下限。将此值设置得太低，可能会导致在房间初始负载较高或最大房间密度设置得非常高的情况下疏散时间显著增加的问题。

Steering 模式更依赖防撞和人员的交互作用，且与 SFPE 模式相比，它通常更能得出类似于实验数据的结果（即转向模式通常报告更快的疏散时间），如图 8-103 所示。门队列在转向模式下没有明确使用，尽管它们确实是自然形成的。

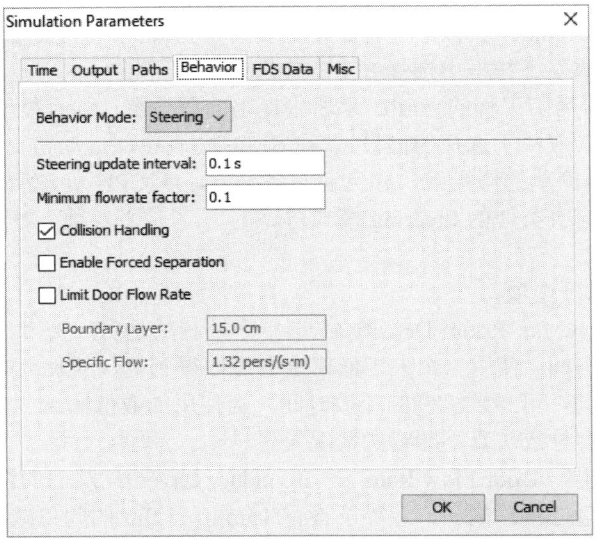

图 8-103 "仿真参数"对话框的 Steering 模式选项卡

Steering 模式支持以下功能。

➤ 指导更新间隔（Steering update interval）：指定（在模拟时间内）更新引导计算的频率，也可以被认为是每个人员的认知响应时间。仿真时间越少，则计算的频率数值越高，仿真运行得越快，但这也会造成每个人员决策能力的下降。

➤ 最小流量系数（Minimum flowrate factor）：当人员在门口排队决定使用哪些门时。该系数乘以门的标称流量，以确定最小观测流量。非零因子将使门始终显示为流动，即使在它不流动的情况下。这有助于防止人员在流速非常低时过度切换门，然而它也可能导致人员坚持使用同一扇门，即使它不能再流动，例如进入在门附近完全填满的避难区的门。如果在其他门可用的情况下，人员拒绝离开被阻塞的门进入房间，则尝试将此参数设置为 0。

➤ 碰撞处理（Collision Handling）：控制人员是否相互避开以及是否可以相互碰撞。

➤ 启用强制分离（Enable Forced Separation）：启用后，将使人员尝试始终严格保持其个人距离。禁用后，个人距离仅在排队时适用。

注意，Pathfinder 2020.2 中，该参数用于在人员之间执行社交距离。在 Pathfinder 2020.3 及更高版本中，使用人员属性中的社交距离参数执行社交距离。启用强制隔离可能会与社交距离冲突，因此在加载选中启用强制隔离的 Pathfinder 2020.2 PTH 文件时，系统会询问是否要从强制分离模型转换为社交距离模型。若选择是，将禁用启用强制分离，并且所有非默认个人距离为 0.8m 的配置文件都将被转换，以便根据个人距离计算社交距离，并将个人距离设置为默认值。由于社交距离定义为人员的中心到中心的距离，而个人距离是其形状之间的距离，因此社交距离估计为个人距离加上人员直径。如果将直径指定为分布，则分布平均值将用作直径。覆盖其个人资料中"个人距离"设置的人将进行类似的转换。

➤ 限制门的流率（Limit Door Flow Rate）：选中后将对门施加最大流量，除非他们明确关闭它。每个门的流速是根据边界层和比流量计算的，类似于 SFPE 模式。Steering 模式和 SFPE 模式之间的区别在于 Steering 模式不允许流速基于房间密度计算。

（2）启动和管理模式　运行一个仿真：在模型（Model）菜单中，点击运行仿真（Run Simulation...）。仿真将开始并弹出运行仿真（Run Simulation）对话框，如图 8-104 所示。

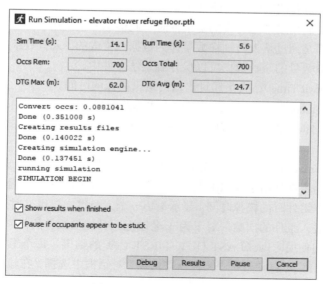

图 8-104　运行仿真对话框

在该对话框中，DTG 缩写表示到目标的距离。距离目标的最大值指的是与目标相隔最远的人员到目标的距离。到目标的距离平均值指的是每个人员到各自目标的平均距离。调试按钮（Debug）将运行时间视觉化，展现模拟进行的全过程。这种功能与结果按钮（Results）不同，后者只是将模拟的结果进行 3D 视图展示。模拟过程可以在任何时间暂停、继续或结束。

可以通过命令行来进行模拟仿真，而不需要加载用户界面。打开命令驱动，在 Pathfinder 安装文件中运行"testsim.bat"，选择需要模拟仿真的文件，唯一的参数是 Pathfinder 生成的.txt 输入文件，其在通过用户界面执行模拟时会自动创建此文件。

输入文件可以通过选择 File →Save Simulator input 在用户界面中手动创建。以这种方式运行模拟时，可能还需要手动创建用于可视化的几何文件。为此，请选择 File →Save Imported Geometry File。注意，通过命令运行模拟不会提供可以暂停和恢复模拟的管理对话框。

（3）停止和恢复模拟　运行一个模拟（程序）时，可以暂停或者重新开始该模拟，但这需要 Pathfinder 一直运行。有时，我们需要在 Pathfinder 运行的一段时间之内停止和继续一个仿真，比如电脑安装某个系统更新后需要重启的时候。

要停止一个模拟（程序），在模拟程序的对话框中点击 Cancel。Pathfinder 会询问用户是否创建一个截图。选择 Yes 后想要重新开始，找到模拟菜单（Simulation），选择继续模拟（ResumeSimulation...），然后选择该截图文档。模拟程序即从停止的时间继续开始。注意，模拟初始开始时的 Pathfinder 文档需要打开才能继续运行模拟。

8.5.3　结果

（1）总结报告　总结报告文件包含了有关每个房间、楼梯和门的几何模拟信息、模拟性能信息和使用信息，如图 8-105 所示。

此文件保存在 filename_summary.txt 模拟目录中并指定名称（其中 filename 是保存的 PTH 文件的名称）。若要查看它，请在"结果"菜单下选择"显示总结文件"。第一部分显示模拟运行的模式、人员总数以及疏散时间的统计信息。它还显示有关网格的一些信息，包括三角形和门的数量。从仿真器的角度考虑仿真的复杂性时，此信息非常有用。

每个统计数据都是通过从人员抽样数量作为数据点生成的。只有数量相关的人员才会包含在统计数据中。以下数量的统计数据可以保存到总结文件中。

➢ 退出时间（Exit Time）：人员通过出口门退出模拟的时间。

➢ 完成时间（Finish Time）：人员以任何方式离开模拟的时间。

➢ 到达避难区时间（Refuge reached Time）：具有 "到避难区"动作的人员到达其避难室的时间。

➢ 行驶距离（Travel Distances）：人员在整个模拟过程中行进的总距离。

总结文件末尾的表格列出了模拟中的每个组件（门、房间和楼梯）。对于每个组件，该列显示第一个人员进入该组件时的模拟时间。显示最后一个人员退出该组件时的模拟时间。"总使用量"列显示人员进入组件的次数。对于为 1 名以上人员提供服务的门，"FLOW AVG"列显示总使用量除以房间使用时间（LAST OUT -FIRST IN）的结果。每个组件都可以用其组名称（例如楼层）进行注释。可以通过在"文件→首选项"对话框中选择"在输出中包括组名"来设置此批注。

```
***SUMMARY***SUMMARY***SUMMARY***SUMMARY***SUMMARY***

Simulation:        refuge3a
Version:           2016.2.1003
Mode:              Steering
Total Occupants:   63
Exit Times (s):
  Min:             38.7        "00037"
  Max:             665.7       "00027"
  Average:         310.2
  StdDev:          197.3

Finish Times (s):
  Min:             38.7        "00037"
  Max:             667.5       "00001"
  Average:         514.3
  StdDev:          219.0

Refuge reached Times (s):
  Min:             87.4        "00020"
  Max:             667.4       "00021"
  Average:         370.0
  StdDev:          212.9

Travel Distances (m):
  Min:             16.1        "00051"
  Max:             362.9       "00026"
  Average:         94.3
  StdDev:          110.2

[Components] All:   16
[Components] Doors: 8
Triangles:          36
Startup Time:       0.1s
CPU Time:           17.8s


             ROOM/DOOR     FIRST IN   LAST OUT   TOTAL USE   FLOW AVG.
                             (s)        (s)       (pers)     (pers/s)
-------------------        ---------  ---------  ---------   ---------
Floor -3.0 m->Room05         0.0       377.5       22
Floor -3.0 m->Door09        38.7       377.5       22         0.06
Floor -3.0 m->Stair01        3.0       371.4       22
Stair01 door 1               3.0       361.5       22         0.06
Stair01 door 2               6.0       371.4       22         0.06
Floor 0.0 m->Room00          0.0       571.5       36
```

图 8-105　总结报告

（2）门的使用记录　门的使用记录（name_doors.csv，在前期保存的 PTH 目录下）提供门的结果数据，每行代表不同的时间步长，包含以下信息。

➢ 时间（Time）(s)：对应数据列的输出时间。仿真参数（Simulation Parameters）对话框中的 CSV Output Freq 方框控制输出频率。

➢ 剩余（Remaining）（总计）：模拟中剩余的人员数量。

➢ 退出（Exited）（总计）：成功通过出口的逃生人员的数量（离开模拟状态的人员数量）。

➢ 门的宽度（doorname width）(m)：指定门的总宽度。

➢ 门的总边界（doorname total boundary）(m)：指定门的总边界图层。

➢ 门的名称（Doorname）[{+,-}{X, Y}]：从之前的输出中沿着特定方向通过名为 doorname 门的人员数量。对于未指定特定方向的列来说，doorname ［{+, -}{X，Y}］指的是在之前输出中沿着双方向通过门的总人员数。

➢ 门的名称（doorname）(Q)：在名为 doorname 的门前面排队等着通过这扇门的人员数量。这仅仅包含真正到达这扇门并且等着进入的人员。对于那些堆在一起等着到达该门的人员来说不算。这个数值仅在 SFPE 模式中才有意义。这个数值只能在 SFPE 模型中用时间关系图显示这些数据。

此文件用于在 Pathfinder 中显示门流量、特定流量和使用历史记录。

① 门的流率与流量 模拟中门的流率与流量结果可以单击结果（Results）菜单中的 Door Flow Rates...。弹出如图 8-106 所示对话框，此图显示门的使用记录文件中的数据。

窗口的左侧是门的列表，右侧是数据图表。对于每扇门，左侧的列表显示三行：两个方向各一行，总计一行。可以通过取消选中"视图"菜单下的"包括方向数据"来隐藏方向数据。列表中的每行都显示每个门的组名称（如果在运行模拟时在 Pathfinder 中启用了"文件→首选项"下的"在输出中包括组名称"选项）。可以通过取消选中历史绘图对话框的"视图"菜单下的"显示组名"来隐藏组名。

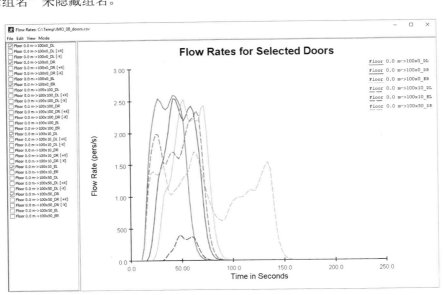

图 8-106　门流速的时间历史图

默认情况下将显示门流速。或在"模式"菜单上，选择"特定流速"以查看门的特定流速。

有三种过滤模式可用于显示流速，可通过"视图"菜单进行选择：

➤ 原始的（Raw）：这提供了原始流量，即简单的 $\dfrac{num\_occs}{\mathrm{d}t}$，其中 num_occs 是在输出时间步内通过门的人员数量，$\mathrm{d}t$ 是输出时间步。

➤ 低通滤波器（Low-pass Filter）：原始流速使用具有用户指定截止频率的双二阶低通滤波器进行滤波。这是默认滤波器，默认截止频率为 0.5Hz。较低的截止频率产生更平滑的图形。

➤ 移动平均滤波器（Moving-average Filter）：原始流速在用户指定的时间段内取平均值。

② 门的使用 打开 Door Flowrate Rates 对话框，在 Mode 菜单下选择计算人员数量（Occupant Counts）选项。通过上述操作可以观察在模拟疏散中，某个时间节点，使用某个特定的门进行疏散的人员数量。

通过选择计算累积人员数量选项（Cumulative Occupant Counts）可以显示到某一时刻为止，从某个特定的门进行疏散的人员的累积总数。

（3）房间的使用记录 房间历史记录（name_rooms.csv，这个名称是保存的 PTH 名称）提供以下信息。

➤ 时间（Time）(s)：对应数据列的输出时间。仿真参数（Simulation Parameters）对话框中的 CSV Output Freq 方框控制输出的频率。

➤ 剩余（Remaining）（总计）：仍在仿真中的人员数量。

➢ 退出（Exited）（总计）：成功通过出口的逃生人员数量。

➢ 房间名称（Roomname）：当前出现在房间名称为 Roomname（或者楼梯）中的人员的数目。

要将此数据显示为时间历史图，请单击结果菜单上的"查看房间使用情况"。与门历史记录类似，左侧的列表显示每个房间的组名称（如果在运行模拟时在 Pathfinder 中启用了"文件→首选项"下的"在输出中包含组名称"选项）。可以通过取消选中历史绘图对话框的"视图"菜单下的"显示组名"来隐藏组名。

（4）测量区域图　测量区域文件（filename_measurement-regions.csv 其中 filename 是保存的 PTH 文件的名称）在每行中提供以下信息列。

➢ 时间（Time）(s)：此数据行的输出时间。输出频率由"仿真参数"对话框中的"CSV 输出频率"框控制。

➢ 密度（Density）(per/m²)：指定输出时间观测区域的密度。

➢ 速度（Velocity）(m/s)：特定输出时间观察区域中的速度。

➢ 寻道速度（Seek Velocity）(m/s)：在行人期望路径方向上的速度。

➢ 计数（Count）(pers)：计数在时间间隔内通过的人数。

要将此数据显示为时间历史和速度与密度图，单击"结果"菜单上的"查看测量区域"。

① 速度模式　要查看速度与时间历史图，请单击"结果"菜单上的"查看测量区域"，这是默认模式。 若要从其他替代模式查看此模式，请在"模式"菜单上选择"速度"。这显示了每个输出时间步长中观察区域的速度。

② 密度模式　要查看密度与时间历史图，请单击"结果"菜单上的"查看测量区域"，然后在"模式"菜单上选择"密度"。 这显示了每个输出时间步长中观测区域的密度。

③ 速度与密度模式　要查看速度与密度图，请单击"结果"菜单上的"查看测量区域"，然后在"模式"菜单上选择"速度与密度"。 这显示了观察区域中密度的变化如何影响移动速度。

前面介绍的三种过滤模式也可以应用于测量区域图。

（5）人员参数　人员参数文件（filename_occupant_params.csv，其中 filename 是保存的PTH文件的名称）提供了分配给每个人员的几乎所有参数的初始状态的总结，例如最大速度、人员半径等。

这对于验证人员属性中指定的参数分布非常有用。默认情况下写入此文件，但可以在"仿真属性"对话框中关闭。注意，可能需要大量占用者（>1000）才能使生成的分布与输入分布匹配。使用特定分布的人员数量越多，分布匹配的可能性就越大。

此外，任何具有自定义参数的人员都将使分布无效。必须手动从分析中排除这些自定义人员，以确定结果分布。

（6）人际距离　人际距离输出文件〔filename_sd_transient.csv（瞬态）和 filename_sd_accumulated.csv（累积）〕提供与整个模拟中人员位置的紧密程度相关的信息。距离报告为中心到中心的测量值。

注意，Pathfinder 使用与代理导航非常相似的最短路径计算报告参考距离。导航网格中的边界边如墙、隔板等遮挡参考距离计算，部分遮挡绕过遮挡后上报参考距离，所有门均无遮挡。为了模拟桌子或服务台等家具，可以使用所有门都只有单向出口的房间。

➢ filename_sd_transient.csv：CSV 格式的输出文件结构如表 8-9 所示，包含有关人员分离的瞬态数据。对于模拟中每个 CSV 输出时间和人员，将列出最近的其他人员及距离。此外还列出了 1m、2m 和 3m 内的人员数量和 ID。

表 8-9　瞬态人际距离 CSV 文件结构

列名	类型	自选	描述
时间（s）	float		模拟时间
ID	int		人员的唯一 ID
名字	text	x	UI 中导航视图中的人员姓名
组 ID	int	x	人群组的唯一 ID（如果存在）
最接近的人员 ID	int	x	最近人员的 ID（如果在 3m 以内）
最接近的人员姓名	text	x	UI 中导航视图中的人员姓名（如果存在于 3m 以内）
最近的人员距离	float	x	到最近人员的距离（如果存在 3m 以内）
1m 以内的人员（计数）	int		1m 内的人员人数
1m 以内的人员 ID	text	x	1m 以内空格分隔的人员 ID 列表
2m 以内的人员（计数）	int		2m 内的人员人数
2m 以内的人员 ID	text	x	2m 以内空格分隔的人员 ID 列表
3m 以内的人员（计数）	int		3m 内的人员人数
3m 以内的人员 ID	text	x	3m 以内空格分隔的人员 ID 列表

➤ filename_sd_accumulated.csv：CSV 格式的输出文件结构如表 8-10 所示，包含每个人员的累积暴露数据。对于模拟中的每个人，将列出在参考距离内花费时间最长的人，包括其 ID 和总时间量。此外，还会对在人员的参考距离内停留超过 1min 和 5min 的所有人进行计数，包括其身份 ID。

表 8-10　累积人际距离 CSV 文件结构

列名	类型	自选	描述
ID	int		人员的唯一 ID
名字	text	x	UI 中导航视图中的人员姓名
组 ID	int	x	人群组的唯一 ID（如果存在）
SD（m）	float		用于计算参考距离曝光的距离
最长人员 ID	int	x	暴露的最大的人员的 ID（距离内 SD 最长）
最长人员姓名	text	x	暴露的最大的人员姓名（距离内 SD 最长）
最长的人员时间	float	x	暴露最大的人员距离 SD 的时间
人员>60s（计数）	int		距离 SD >60 s 的人数
人员>60s ID	text	x	SD 距离内以空格分隔的乘员 ID 列表，持续 >60 s
人员>300s（计数）	int		距离 SD >300 s 的乘员人数
人员>300s ID	text	x	SD 距离内以空格分隔的乘员 ID 列表，持续 >300 s

（7）人员总结　人员的总结文件（filename_occupants.csv，其中 filename 是保存的 PTH 文件的名称）提供有关模拟中每个人员的统计信息。CSV 的每一行代表一个人员，并提供以下内容。

➤ ID：在模拟中每个人员的特殊识别码。

➤ 名称（name）：在用户界面内给每个人员设置的名称。

➤ 逃生时间（exit time）：人员疏散仿真所用时间。

➤ 活动时间（active time）：人员积极寻找安全出口的时间。

➤ 总计拥堵时间（jam time total）：人员疏散拥堵排队所用时间。

➤ 最大拥堵持续时间（jam time max continuous）：人员运动速度低于拥挤速度时的总持续时间。

➢ 水平面拥堵时间（level jam time）：人员在水平表面上以小于拥挤速度移动的时间。

➢ 楼梯拥堵时间（stair jam time）：人员在楼梯上以低于堵塞速度移动的时间。

➢ 坡道拥堵时间（ramp jam time）：人员在坡道上以低于堵塞速度移动的时间。

➢ 开始时间（start time）：人员产生的时间。对于模型中预先设置的人员，该值为 0。对于由释放源生成的人员，这可以是任意时间。

➢ 完成时间（finish time）：人员出于任何原因离开模拟的时间。

➢ 距离（distance）：人员在模拟过程中行进的总距离。

➢ 前一个目标开始时间（last_goal_started time）：人员开始其上一个行为操作的时间。

➢ 到达避难区时间（refuge_reached time）：具有"去避难室"行为的人员到达避难室的时间。

➢ 总计安全时间（safe time total）：人员在避难室中待的总时间。

➢ 标签：最后安全时间（tag：safe time last）：人员最后一次进入避难室。

➢ 取消标签：安全事时间（untag：safe time last）：人员最后一次离开避难室。

（8）人员历史　对于配置文件启用了 CSV 数据输出的每个人员，它的其他时间历史记录数据将写入 CSV 文件。文件的每一行都包含其时间的以下数据。

➢ 时间（t）（s）：对应数据列的输出时间。输出频率由"CSV 输出频率"控制。

➢ ID：在模拟中每个人员的特殊识别码。

➢ 名称（name）：在用户界面内给每个人员设置的名称。

➢ 活动（active）：人员是否在积极地寻找安全出口。（若他们正在寻找出口，则为 1，如果不是，则为 0）。

➢ x（m），y（m），z（m）：人员的 3D 坐标。

➢ 速度（v）（m/s）：人员的速度。

➢ 距离（distance）：人员运动的总距离。

➢ 定位（location）：人员当前所处房间。

➢ 地形类型（terrain type）：人员当前房间的地形类型。

➢ 安全（safe）：人员是否在避难室。

➢ 开始前一个目标（last_goal_started）：人员是否已开始其上一个行为操作。

➢ 到达避难区（refuge_reached）：具有"去避难室"行为的人员是否已到达避难室。

对于启用了 CSV 输出的人员，可以选择将此数据写入一个 CSV 输出文件或每个人员一个文件。此首选项由"人员 CSV 数据"选项控制。

（9）组输出　组输出 CSV 文件结构如表 8-11 所示。

表 8-11　组输出 CSV 文件结构

列名	类型	能否自选	描述
组 ID	int	能	组的唯一 ID（如果存在）
成员 ID	text	能	以空格分隔的数字组成员 ID 列表
组名	text	否	对于在运行模拟之前创建的组，此列给出了树形图中的组名称
模板	text	否	对于在模拟运行时创建的组，此列给出了用于创建组的模板的名称（组类型）

（10）3D 结果　Pathfinder 附带用于可视化 3D 结果的查看器。该软件可用于可视化 Pathfinder 和来自美国国家科学技术研究所（NIST）的火灾动力学模拟器（FDS）的结果。

默认情况下，Pathfinder 结果查看器在其模拟完成后自动启动。要手动启动结果查看器，请单击主工具栏中的"查看 3D 结果" ，或在"结果"菜单中单击"查看 3D 结果"。

第9章
酒店人员疏散模拟案例

9.1 模型创建过程

本章以某酒店为例,将介绍如何导入 CAD 图纸进行 Pathfinder 人员疏散仿真。该高层酒店式公寓为地上 16 层,建筑高度 64.7m,属于一类高层公共建筑。酒店纵向整体呈弧形,该建筑负 1 层包括配电室、发电机房、消防水泵房等。首层为大堂、接待区、超市等服务区,2、3 层包括宴会厅等功能区,第 5 至 16 层均为酒店客房区。

在进行疏散仿真前,首先要对所使用的 CAD 文件进行处理,去除 CAD 文件中的多余标注、文字、线条等,保留模型的基本结构即可。本例所使用的酒店 CAD 文件原件如图 9-1 所示。

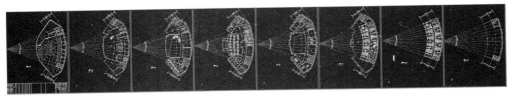

(a)酒店平面图

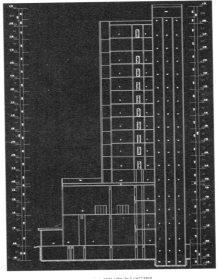

(b)酒店剖面图

图 9-1 酒店 CAD 图纸

该图纸中含有大量多余的线条和标注，需在 CAD 软件中进行删除，得到该酒店 1 层结构图如图 9-2 所示。

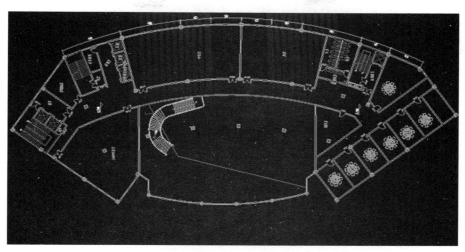

图 9-2　酒店 CAD 结构图

将 CAD 文件处理完毕后进入 Pathfinder 建模环节。打开 Pathfinder 软件，点击界面上方工具条中的 选项，软件将会弹出一个选择导入文件的对话框，如图 9-3 所示。

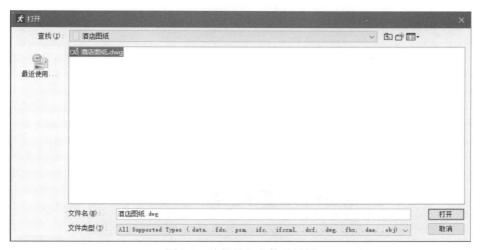

图 9-3　选择导入文件对话框

在该对话框中选择上述酒店结构 dwg 文件，并点击打开选项，将会弹出一个是否导入新模型/导入现有模型的对话框，点选导入新模型选项，如图 9-4 所示。

点击 Next 选项，软件将弹出导入文件长度单位选择对话框，如图 9-5 所示，根据模型的大小在长度单位下拉菜单中进行选择。本例中选择导入文件的长度单位为 mm，单位选择下拉菜单下方为模型的基本情况。

点击 Next 选项，软件将弹出导入文件线条及平面设置对话框，在该对话框中可以设置导入文件的线条/平面，以及移动角度、颜色等参数，如图 9-6 所示。注：本例采用软件默认参数，故不进行特殊设置。

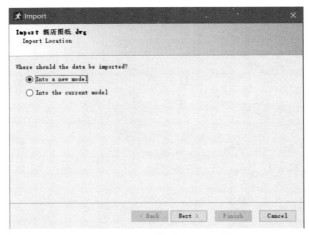

图 9-4　导入新模型询问对话框

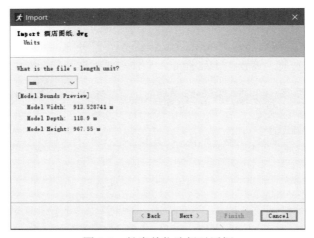

图 9-5　长度单位选择对话框

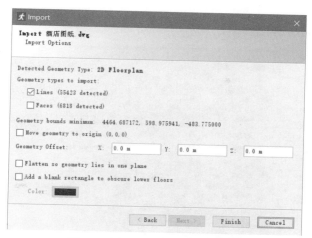

图 9-6　导入文件参数设置对话框

完成上述设置后点击 Finish 选项，软件绘图界面中将出现刚刚导入的 CAD 文件，如图 9-7 所示。

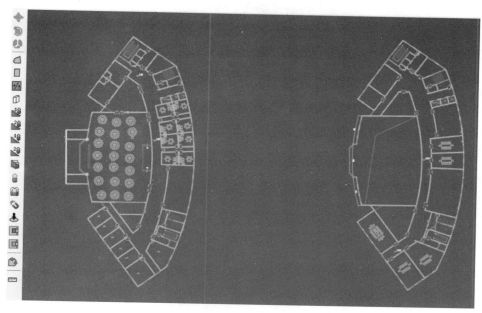

图 9-7　导入的 CAD 文件

在模型基础结构图的基础上建立酒店模型，点击界面左侧工具栏中的抓取（ ![icon] ）工具，并在图中想要绘制模型的相应结构轮廓中双击鼠标左键，即可完成一个房间平面的绘制，如图 9-8 所示。

继续采用上述抓取方法绘制模型中的其他房间，由于使用抓取工具进行模型绘制，故有些联通的房间和障碍物被分为了不同的矩形。因此，采用融合功能将上述房间和障碍物进行进一步绘制，选中想要融合的房间或矩形，单击鼠标右键，在右键下拉菜单中选择融合（Merge）选项，得到房间模型如图 9-9 所示。

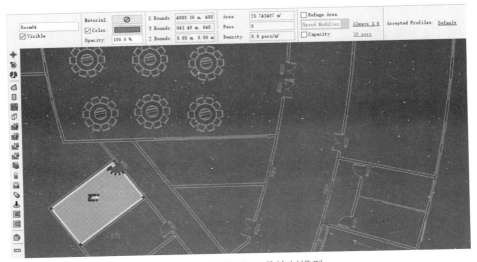

图 9-8　利用抓取工具绘制模型

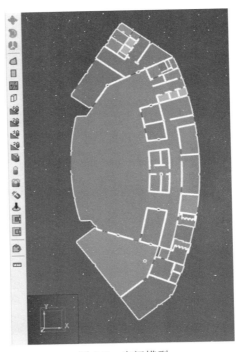

图 9-9　房间模型

　　模型绘制至此步骤时，0m 层模型的结构已经基本完成，现将 CAD 图层删除，点击 Z 左侧工具栏 ⊞ Imported Geometry / ⊞ 酒店图纸.dwg 并单击鼠标右键，在右键菜单中进行删除。在界面左侧工具栏中选择 🏠工具来绘制安全出口，该酒店模型中共有 5 个安全出口，分别位于酒店前方 1 个，侧方和后方各两个。在界面上方门的属性栏中设置前侧安全出口的宽度为 200cm，侧方和后方安全出口的宽度为 120cm。将鼠标拖动至绘图区域，可以看见一条黄色的预设的门在绘图区域距离光标位置较近的墙面进行自动捕捉，按照图纸中安全出口所在位置点击放置安全出口，即完成安全出口的绘制，如图 9-10 所示（注：安全出口在实际模型中的颜色显示为绿色）。

在界面左侧工具栏中选择 ![门工具] 工具来绘制门，在门的属性设置时，根据图纸的要求将该层门的宽度设置成规定要求。酒店模型中门的绘制结果如图 9-11 所示。

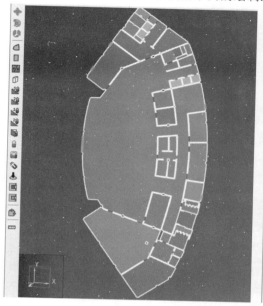

图 9-10　完成绘制安全出口

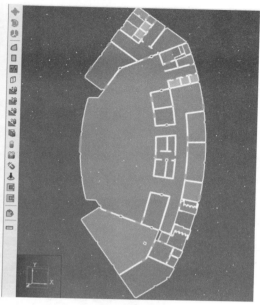

图 9-11　绘制模型中的门

在界面左侧导航视图中点击楼层下拉菜单 `Floor: [ Floor 0.0 m ▼ ]`，选择新建楼层选项（Add New…），并在弹出的新建楼层对话框中的楼层位置选项（Enter Floor Location）处分别依次输入−3.9m，4.2m，8.4m，12.6m、16.8m、21.0m、24.6m、28.2m、31.8m、35.4m、39.0m、42.6m、46.2m、49.8m、53.4m、57.0m、60.6m。创建的楼层可以在界面左侧的导航视图中显示，如图 9-12 所示。

酒店 2～5 层、6～16 层房的房间结构一致，在绘制 2～5 时，可以参照上述 0m 层的绘制方法进行绘制，也可以通过复制功能将 0m 层绘制的房间模型移动到上 2～5 层中。在绘制 6～16 层时，同样可以参照上述 6m 层的绘制方法进行绘制，也可以通过复制功能将 6m 层绘制的房间模型移动到 7～16 层中。本例中应用复制的方法来完成其余楼层的绘制。点击界面上方的 ![箭头] 选项，拖动鼠标选中 0m 层的所有模型，使得其呈现黄色的选中状态，点击界面左侧工具栏中的 ![移动] 工具，在界面上方的属性栏中选择复制选项，复制的份数为 4 份，由于为正向酒店楼层进行复制，故设置沿 Z 轴方向移动 4.2m。复制份数为 4 份时即表明将 0m 层沿着 Z 轴复制 4 份，且每个复制楼层间的间距为 4.2m。7～16 层沿 Z 轴方向移动 3.6m。复制份数为 10 份。复制属性栏的设置如图 9-13 所示。

图 9-12　创建的楼层

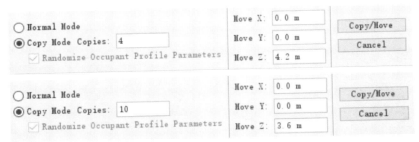

Normal Mode	Move X:	0.0 m	Copy/Move
Copy Mode Copies: 4	Move Y:	0.0 m	Cancel
Randomize Occupant Profile Parameters	Move Z:	4.2 m	

Normal Mode	Move X:	0.0 m	Copy/Move
Copy Mode Copies: 10	Move Y:	0.0 m	Cancel
Randomize Occupant Profile Parameters	Move Z:	3.6 m	

图 9-13　复制楼层属性栏的设置

复制得到的楼层如图 9-14 所示。由图可知，负 1 层到 6 层、7 层到 16 层每层楼的房间结构一致，且每层楼均具有安全出口（以绿色的门的形式表现）。将除 0m 层以外的其余层的安全出口删除。选中各层的安全出口，单击鼠标右键，选择删除选项，即可将各层的安全出口删除。

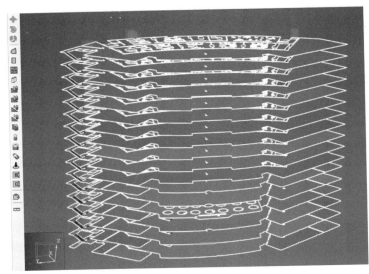

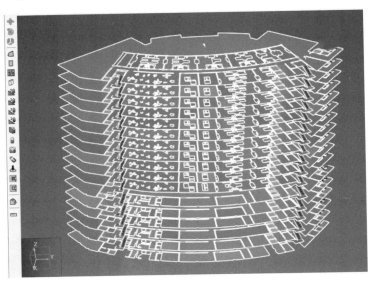

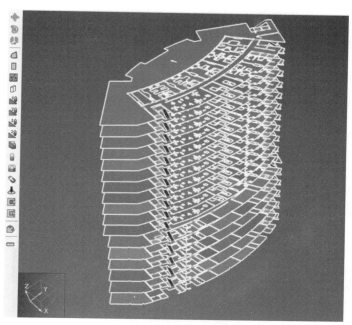

图 9-14　复制得到的楼层

复制楼层后，绘制酒店模型中的电梯，在 0m 层电梯间处绘制 1～5 层的 6 个电梯轿厢所在房间，并给每个房间绘制一个门，如图 9-15 所示。

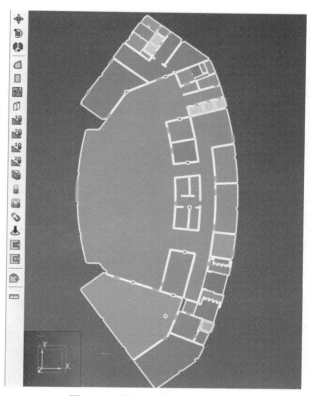

图 9-15　绘制电梯轿厢所在房间

在轿厢房间被选中的状态下，单击鼠标右键，在右键下拉菜单中选择 Create Elevator 选项，并在弹出的新建电梯对话框中设置电梯的属性特征值如图 9-16 所示。以同样的方法设置另一个电梯，属性特征值不变。

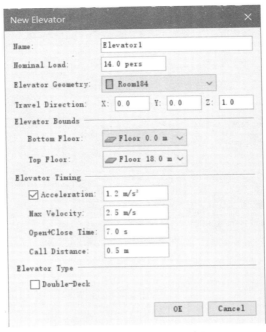

图 9-16　新建电梯对话框

采用上述方式对 6～17 层进行电梯创建，创建电梯后的模型如图 9-17 所示。

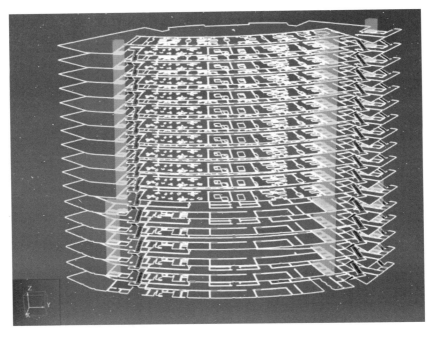

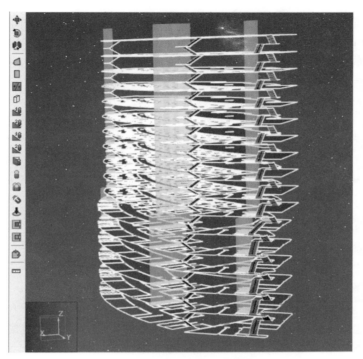

图 9-17　创建电梯后的模型

接下来绘制连接各层的楼梯。将当前楼层设置为 0m，在 0m 层绘制楼梯转弯缓台房间。点击界面左侧工具栏中的 ▢ 工具，拖动鼠标在绘图区域中绘制缓台房间，得到坐标房间如图 9-18 所示。

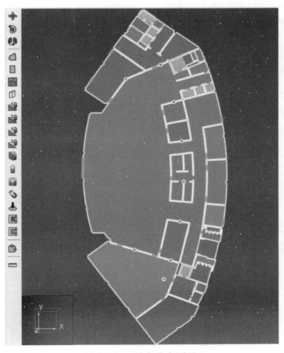

图 9-18　缓台坐标房间

由于楼梯转角缓台应位于两个楼层中央，故使用复制移动功能将该房间上移至 0m 层与 4.2m 层中央。选中该房间，点击界面左侧工具栏中的 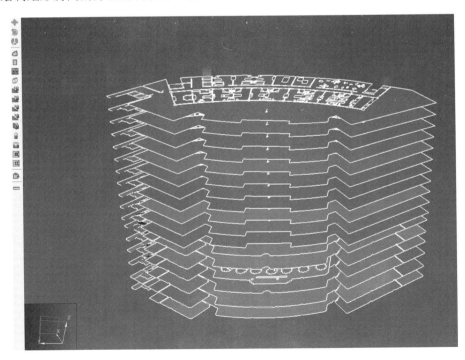 工具，在界面上方属性栏中选择正常模式（Normal Mode），即在复制房间的同时不保留原有房间。由于模型中 1~5 的楼层间距为 4.2m，故设置房间沿 Z 轴向上移动 2.1m，模型中 6~16 层的楼层间距为 3.6m，故设置房间沿 Z 轴向上移动 1.8m 如图 9-19 所示。

图 9-19 移动房间属性栏

点击 Move 选项进行房间的移动，采用同样的复制方法将该楼梯缓台复制到其余楼层间，复制楼梯缓台房间后的模型如图 9-20 所示（注：为了方便观察缓台平面，此时的视图为从模型侧方和后方观察模型时的视角）。

可以注意到，若在此时绘制连接各楼层及楼梯转角缓台的楼梯时，楼梯与各楼层的夹角为 90°，不符合实际使用需求。因此需要创建连接楼梯的界面切口。将作图层设置为 0m 层，使用上述绘制矩形房间的方法绘制楼梯连接房间，绘制结果如图 9-21 所示。

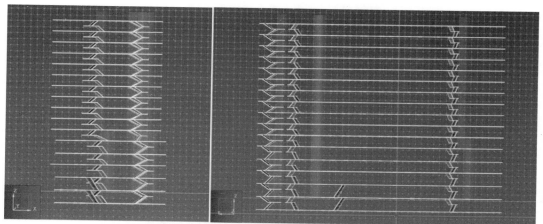

图 9-20　复制楼梯缓台房间后的模型

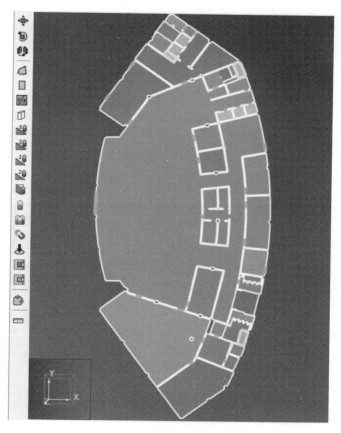

图 9-21　绘制楼梯连接房间结果

　　利用复制功能将上述绘制的 0m 层的楼梯连接房间复制到其余楼层，在复制时 Move Z 值 1～5 层应设置为 4.2m，复制份数为 5 份。复制完成后，删去连接房间，创建楼梯间，得到模型如图 9-22 所示（注：为了方便观察缓台平面，此时的视图为从模型后方观察模型时的视角）。

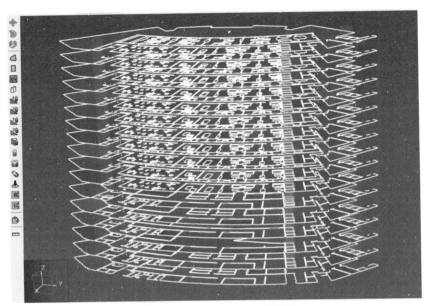

图 9-22   绘制楼梯间后得到的模型

点击界面左侧工具栏中的 选项，在界面上方的属性栏中设置楼梯的宽度为 140cm，拖动鼠标至绘图区域，软件将自动进行楼梯的捕捉，在 0m 处的楼梯接面缺口处单击鼠标左键，拖动鼠标至楼梯转台处，再次单击鼠标左键，即可绘制连接 0m 楼层与转角缓台平面的楼梯。采用同样的方式重复进行楼梯的绘制，绘制连接各楼层的楼梯，如图 9-23 所示（注：为了方便观察缓台平面，此时的视图为从模型后方观察模型时的视角）。

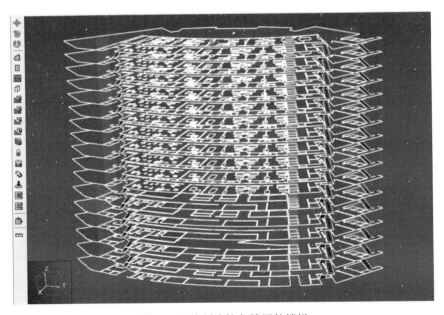

图 9-23   绘制连接各楼层的楼梯

9.2　人员参数建模

　　绘制完毕酒店的基本模型结构后，设置模型中的人员特性参数。选中导航视图中的人员特性选项 🗐 Profiles，单击鼠标右键，在右键菜单中选择新建人员特性选项（Add a Profile...），在弹出的命名对话框中将此人员特性命名为"KID"，点击 OK 键后在弹出的人员特性参数设置对话框内设置儿童肩宽为 30cm，疏散运动速度为 0.8m/s。点击 3D Model: 设置人员模型形状。点击 Apply 键及 OK 键，完成人员特性设置。采用上述方式对男士、女士及老人的人员特性进行设置，男士肩宽为 40cm，身高 1.8m，疏散运动速度为 1.19m/s。女士肩宽为 40cm，身高 1.7m，疏散运动速度为 1m/s。老人肩宽为 40cm，身高 1.68m，疏散运动速度为 0.9m/s。以上设置如图 9-24 所示。

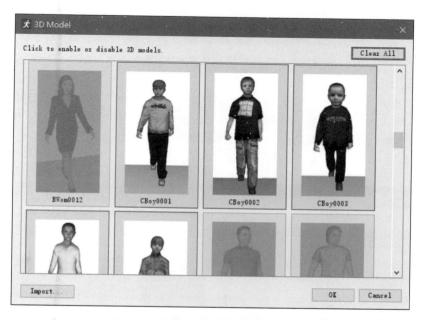

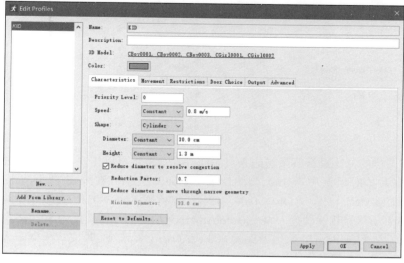

图 9-24　人员特性设置对话框

设置模型中人员的疏散行为，选中导航视图中的行为选项 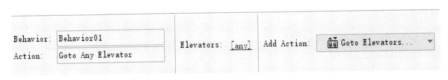 Behaviors，单击鼠标右键，在右键菜单中选择新建行为选项（Add a Behavior…），在弹出的命名对话框中将此行为命名为"Behavior01"，点击 OK 键。界面上方将出现该行为的属性栏，在属性栏的行为下拉菜单中将该行为设置为通过乘坐任意一个电梯逃生，如图 9-25 所示。

图 9-25　设置通过电梯逃生的行为

在模型中添加人员时，由于 0m 层的人员不需要通过楼梯和电梯进行疏散，故在设置行为时单独设置。点击界面上方的光标工具 ，再点击界面左侧导航视图中的楼层选项 Floor 0.0 m ，选中 0m 层，此时该楼层将呈现黄色的被选中状态。单击鼠标右键，在右键下拉菜单中选择添加人员选项（Add Occupant…），在弹出的添加人员对话框中单击人员特性的 Default 选项，在弹出的人员比例设置框内"KID"10%、"MAN"40%、"OLDMAN"10%、"WOMAN"40%，Default 项前的数字设置为 0，Behavior1 项前的数值设置为 0，Goto Any Exit 项前的数值设置为 100。将人员的添加方式设置为随机添加（Random），数值设置为 40，并点击 OK 选项，即完成 0m 层人员的添加，如图 9-26 所示。

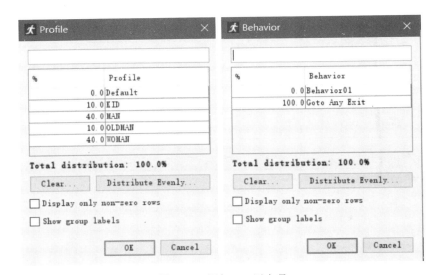

图 9-26　添加 0m 层人员

采用上述同样的方法进行其余层的人员添加，其余楼层可以作为一个整体进行人员添加。在弹出的添加人员对话框中单击人员特性的 Default 选项，在弹出的人员比例设置框内"KID"10%、"MAN"40%、"OLDMAN"10%、"WOMAN"40%，Default 项前的数字设置为 0，Behavior1 项前的数值设置为 50、Goto Any Exit 项前的数值设置为 50。将人员的添加方式设置为随机添加（Random），数值设置为 600，并点击 OK 选项，即完成模型中人员的添加，如图 9-27 所示。

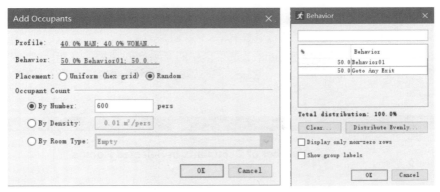

图 9-27　添加其余层人员

9.3　模拟结果

完成上述模型绘制后点击界面上方启动模拟运行任务选项 ，开始进行模拟仿真，模拟仿真计算后 Pathfinder 软件将自动弹出疏散结果 3D 展示窗口。疏散仿真结果表明，该酒店内有640 名人员进行疏散时，所需疏散时间为 639s。

在 3D 结果展示窗口中单击界面左侧的 Speed 选项，即可通过人员热图的方式观察该商场模拟疏散中人员的疏散行为的速度情况，如图 9-28 所示。

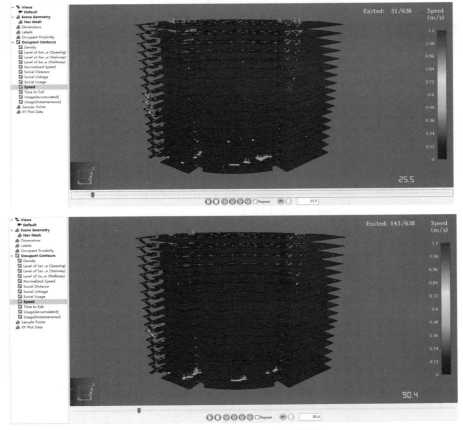

图 9-28　疏散结果人员速度热图

可以在 3D 结果视图中观察人员在疏散中的运动路径、疏散速度变化、各类设施使用率等。均需在 3D 疏散结果展示界面中进行点选操作。

在模型绘制界面的上方选择 Results 下拉菜单中的查看房间使用率（View Room Usage…）选项及查看门的流率（View Door Flow Rates…）选项，即可得到模拟中的人员疏散情况曲线，如图 9-29 所示。

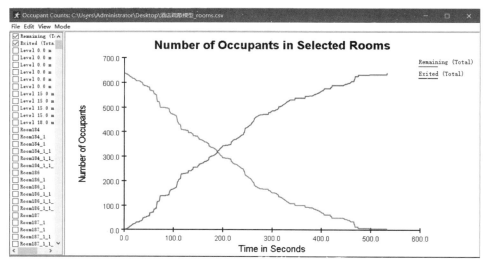

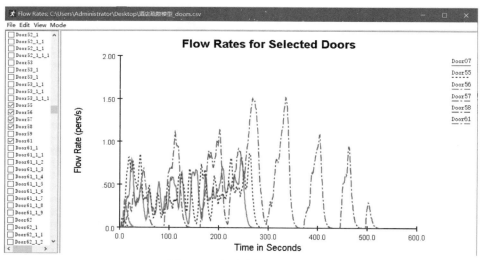

图 9-29　人员疏散情况曲线

参考文献

[1] 张莹. 基于 Agent 的大型场馆人员疏散仿真研究[D]. 河北工业大学, 2009.

[2] 陆峰, 朱国庆, 高云骥. 常用疏散模拟软件对比分析[C]. 中国消防协会科学技术年会论文集. 北京: 中国科学技术出版社, 2015: 528-530.

[3] 赵路敏, 郑宇, 谢金鑫. 基于 Anylogic 的城市轨道交通车站仿真应用研究[J]. 铁路计算机应用, 2016, 25(03): 62-66.

[4] 张顺勇. 基于 Legion 的地铁车站客流疏运仿真研究[J]. 未来城市设计与运营, 2022(09): 54-56.

[5] 刘尔辉, 谭明基, 崔丽娜, 等. 基于 Anylogic 仿真和改进社会力模型的地铁站外安检区设计指标研究[J]. 交通与运输, 2023, 39(01): 6-11.

[6] 吴鼎新, 周桂良, 毛丽娜, 等. Simio 仿真系统在集装箱运输教学中的应用[J]. 物流工程与管理, 2016, 38(10): 154-156, 115.

[7] 朱剡. 基于 STEPS 的历史地段火灾疏散模拟研究[J]. 上海城市规划, 2016(01): 45-50.

[8] 黄有波, 吕淑然. 建筑火灾仿真工程软件——PyroSim 从入门到精通[M]. 北京: 化学工业出版社, 2017.

[9] 王春雪, 吕淑然. 人员应急疏散仿真工程软件——Pathfinder 从入门到精通[M]. 北京: 化学工业出版社, 2016.

[10] 李胜利, 李孝斌. FDS 火灾数值模拟[M]. 北京: 化学工业出版社, 2018.

[11] 李炎锋. 建筑火灾安全技术[M]. 北京: 中国建筑工业出版社, 2009.

[12] 曾红艳. 人员紧急疏散模型的研究及仿真分析[J]. 科学技术与工程, 2010, 10(30): 7559-7562.

[13] 谭延鹏, 王志坤. 基于元胞自动机理论的公共场所人员疏散模型与仿真[J]. 山西电子技术, 2014(02): 16-19.

[14] 杨瀚申. 基于 Agent 的三维巷道人员疏散仿真研究[D]. 北京化工大学, 2018.

[15] 黄希发, 王东木, 王科俊, 等. 基于 Agent 的大型场馆内人员疏散仿真[C]//全国体育系统仿真与虚拟现实技术学术报告会. 中国体育科学学会; 中国系统仿真学会, 2004.

[16] Bierlaire M, Antonini G, Weber M. Behavioral dynamics for pedestrians[C]. International Conference on Travel Behavior Research, Elsevier, 2003:1-22.

[17] McGrattan K, Hostikka S, Floyd J, et al. Fire Dynamics Simulator(Versionb)Technical Reference Guide Volume 1: Mathematical Model[M]. US:National Institute of Standards and Technology Special Publication, 2023.

[18] Pathfinder Technical Reference[Z]. Thunderhead Engineering, 2018.

[19] 朱伟, 王亚飞, 马英楠, 等. 紧急疏散路径选择行为的实验研究[J]. 中国安全生产科学技术, 2016, 12(3): 115-121.

[20] 杜长宝, 朱国庆, 李俊毅. 疏散模拟软件 STEPS 与 Pathfinder 对比研究[J]. 消防科学技术, 2015, 34(4): 456-460.

[21] 何欣, 常力, 谢飞, 等. 基于 Revit 和 Pathfinder 的商场类建筑安全疏散研究[J]. 南开大学学报(自然科学版), 2016, 49(06): 14-20.

[22] 肖木峰, 周西华, 白刚, 等. 基于 Pathfinder 的装配式建筑施工安全应急疏散研究[J]. 中国安全生产科学技术, 2021, 17(07): 124-129.

[23] 周晓峰. 基于 STEPS 的某学校餐厅人员疏散模拟研究[J]. 中国制造业信息化, 2008, 37(24): 66-68.

[24] 李大燕, 朱国庆. 基于 STEPS 的音乐厅人员疏散模拟研究[J]. 消防科学与技术, 2016, 35(08): 1080-1083.

[25] 杜长宝, 朱国庆, 李俊毅. 疏散模拟软件 STEPS 与 Pathfinder 对比研究[J]. 消防科学与技术, 2015, 34(04): 456-460.

[26] 郑雄, 陈亮. 基于正交试验法和 Building EXODUS 仿真的某大型商业综合体疏散时间研究[J]. 消防技术与产品信息, 2016(12): 9-11.

[27] 罗茂颖. 基于路径优化的大型商业建筑火灾应急疏散研究[D]. 四川师范大学, 2021.

[28] 王桂芬, 张宪立, 阎卫东. 建筑物火灾中人员行为 EXODUS 模拟的研究[J]. 中国安全生产科学技术, 2011, 7(08): 67-72.

[29] 肖健夫. 基于 SIMULEX 仿真的商业综合体室内步行街疏散优化策略[D]. 哈尔滨工业大学, 2017.

[30] 张旸. 基于 SIMULEX 软件的小学人员疏散分析研究[J]. 现代装饰(理论), 2012(03): 132-133.

[31] 孙康娴. 基于 SIMULEX 的高层建筑疏散模拟与策略研究[D]. 上海应用技术大学, 2020.